**权威·前沿·原创**

皮书系列为
"十二五""十三五""十四五"时期国家重点出版物出版专项规划项目

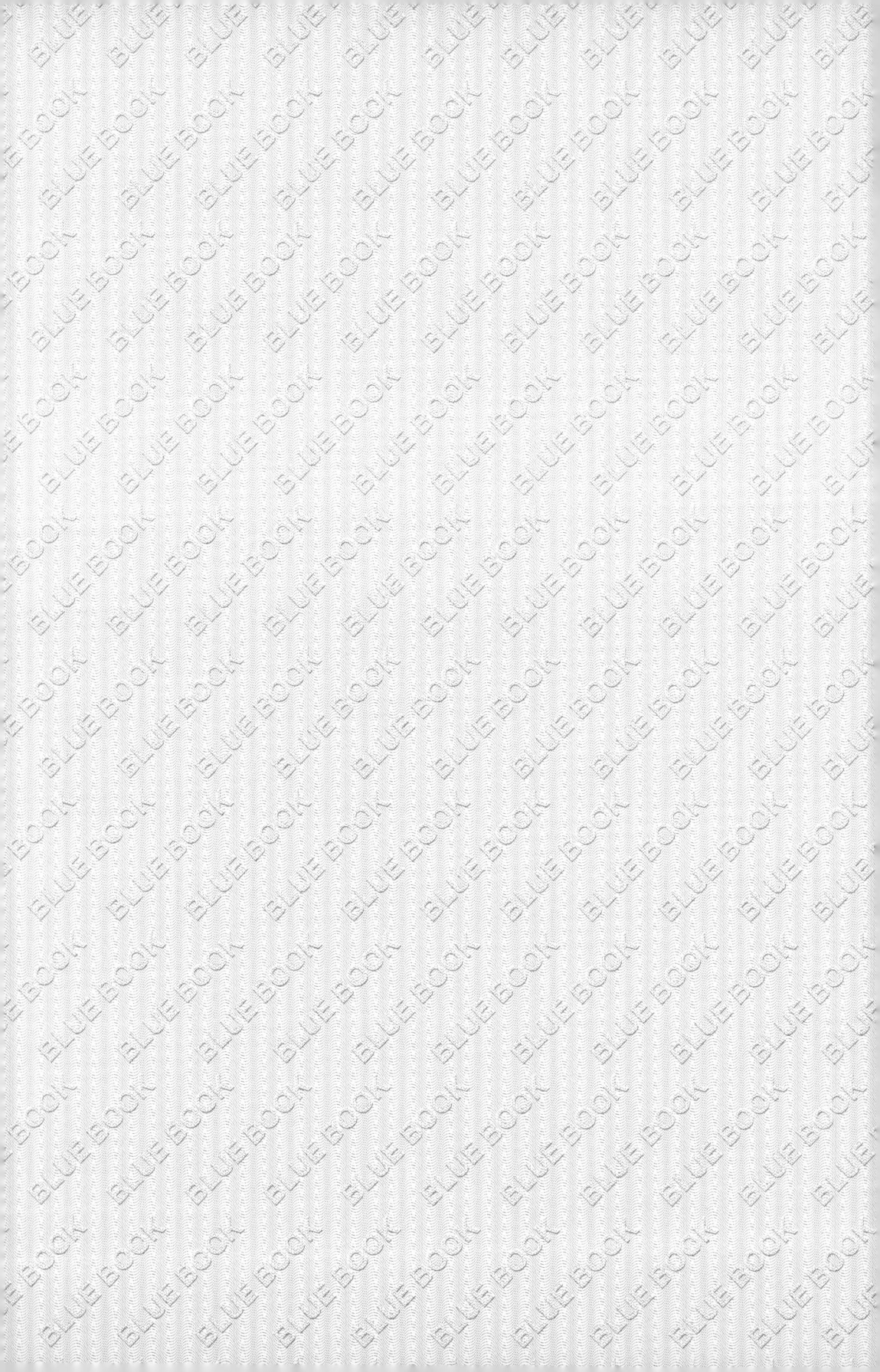

B

**BLUE BOOK**

智 库 成 果 出 版 与 传 播 平 台

开放科学蓝皮书

**BLUE BOOK** OF OPEN SCIENCE

# 北京开放科学发展报告（2023）

ANNUAL REPORT ON OPEN SCIENCE DEVELOPMENT IN BEIJING (2023)

组织编写／北京市科学技术研究院

主　　编／张士运　杨　萍

副 主 编／侯元元　李　梅　张　敏

社会科学文献出版社

SOCIAL SCIENCES ACADEMIC PRESS（CHINA）

**图书在版编目（CIP）数据**

北京开放科学发展报告 . 2023 / 张士运，杨萍主编；
侯元元，李梅，张敏副主编. -- 北京：社会科学文献出
版社，2024.2
（开放科学蓝皮书）
ISBN 978-7-5228-3283-8

Ⅰ.①北… Ⅱ.①张… ②杨… ③侯… ④李… ⑤张
… Ⅲ.①科学研究工作-研究报告-北京-2023 Ⅳ.
①G322.71

中国国家版本馆 CIP 数据核字（2024）第 037023 号

开放科学蓝皮书
**北京开放科学发展报告（2023）**

主　　编／张士运　杨　萍
副 主 编／侯元元　李　梅　张　敏

出 版 人／冀祥德
责任编辑／高　雁
文稿编辑／白　银　王雅琪　刘　燕　张　爽
责任印制／王京美

出　　版／社会科学文献出版社·经济与管理分社（010）59367226
　　　　　地址：北京市北三环中路甲 29 号院华龙大厦　邮编：100029
　　　　　网址：www.ssap.com.cn
发　　行／社会科学文献出版社（010）59367028
印　　装／天津千鹤文化传播有限公司

规　　格／开　本：787mm×1092mm　1/16
　　　　　印　张：21.5　字　数：322 千字
版　　次／2024 年 2 月第 1 版　2024 年 2 月第 1 次印刷
书　　号／ISBN 978-7-5228-3283-8
定　　价／158.00 元

读者服务电话：4008918866

# 主编简介

张士运　研究员，北京市科学技术研究院科技情报研究所党总支书记、所长，北京市委、市政府首都高端智库领军人物，北京市科学技术协会第十届委员会委员，中国科学学与科技政策研究会"杰出贡献学者"，兼任中国科学技术情报学会、中国科学学与科技政策研究会、中国科技指标研究会常务理事。主要研究领域：科技战略、政策与情报、开放科学。主持省部级及以上课题 100 余项，出版论著 27 部，发表论文近百篇，获得各类奖项 32 项，其中省部级奖励 7 项；20 余篇专报获得省部级及国家领导人的肯定性批示。在开放科学领域，撰写了《科技冷战背景下北京国际科创中心建设的开放科学路径》，得到市委主要领导批示；领衔编制《北京市促进开放科学实践行动计划（2022—2025年）》；主持"面向北京国际科技创新中心建设的开放科学行动计划研究""北京国际科技创新中心开放科学集成服务平台建设"等开放科学领域相关项目。

杨　萍　管理学博士，副研究员，北京市科学技术研究院科技情报研究所文献资源部主任，北京市统计学会第十一届理事，长期从事文献信息资源管理与服务领域的科技情报研究工作。主持和参与项目 40 余项，公开发表中英文论文 40 余篇，参编图书多部。近 3 年，参与北京市科学技术委员会、中关村科技园区管理委员会项目"面向北京国际科创中心建设的开放科学行动计划研究"，北京市科学技术研究院智库研究项目"开放科学背景下科研范式迭代升级及北京应对策略研究"，北京市科学技术研究院平台预研项目"北京开放科学集成服务平台提升与优化"，中关村国家自主创新示范区提升国际化发展水平项目"北京国际科技创新中心开放科学集成服务平台建设"等多项开放科学领域研究课题。

# 摘　要

当今世界正经历百年未有之大变局，人类生产生活面临前所未有的挑战，新冠疫情、气候变化、生物多样性丧失等全球性问题使各国之间的合作与交流不断加强。长期以来，人们一直在讨论开放科学的必要性，但缺乏关于开放科学的国际规范或政策指导。为此，2021 年联合国教科文组织（UNESCO）大会第 41 届会议审议通过《开放科学建议书》，这是首个国际开放科学政策和实践的全球标准制定框架，标志着开放科学迈入全球共识的新阶段。2023 年 12 月 14 日，UNESCO 发布 *Open Science Outlook 1* 报告。报告梳理了 UNESCO 开放科学建议书的最新实施情况，体现了 2023 年各地在实践过程中为推动可持续发展做出的积极贡献。我国作为全球科研大国，在全球开放科学治理中具有举足轻重的地位，推动开放科学发展对我国确定未来科学方向、建设世界科技强国至关重要。

习近平总书记多次强调"人类要破解共同发展难题，比以往任何时候都更需要国际合作和开放共享"。作为首都，"十四五"时期北京将"构建开放创新生态，走出主动融入全球创新网络新路子"作为重要任务。开放科学是以数字技术应用为基础、以科学研究整个生命周期过程开放为导向的科学新范式，强调面向全社会的科学开放、应用和参与，能够消除科学研究过程中的访问障碍，研究者可共享研究成果、数据、设施或工具，促进科学的自由传播，优化科研生态，对推进北京建设国际科技创新中心具有重要作用。本报告立足当前全球开放科学发展新形势，以系统视角研究北京开放科学发展动向与总体状况，开展开放科学发展指数研究，探讨开放获取、开放数据共享、开放合作交流、开放科学基础设施建设、开放科学与开放创新融合发展等重要问题；借鉴世界主要国家和地区开放科学发展经验和做法，探讨北京开放科学发展新思路和对策，为打造开放科学"北京样板"提供重要参考。

《北京开放科学发展报告（2023）》共分为总报告、指数篇、专题篇、国际篇、案例篇和附录六部分。总报告主要围绕全球、中国以及北京三个层面梳理分析开放科学发展现状、特点、趋势、面临的问题和挑战，并针对北京在开放科学推进过程中存在的顶层设计不足、理念认识不够、实践"孤岛"严重以及基础设施薄弱等问题，提出北京开放科学发展思路和对策建议。指数篇聚焦北京国际科技创新中心建设，基于开放科学与区域创新的内在联系和相互作用，从开放科学发展基础、实践活力、环境支撑、全球影响等多维度构建开放科学发展指标体系，据此对2018~2022年北京开放科学发展水平进行测算分析，并对北京与国内部分省市、全球科技创新城市进行比较，把握北京开放科学发展总体进展情况，揭示近年来北京开放科学呈现良好的发展态势，包括发展基础不断夯实、实践活力不断增强、支撑环境不断优化、全球影响力不断提升等。同时，北京在开放科学发展的基础条件、科研成果产出等方面表现出强大的规模优势，开放科学实践成效日益显著，但规模优势如何转化为发展优势、如何提升全球影响力和竞争力等仍是北京面临的难点。专题篇围绕开放获取、科学数据、基础设施等重点实践领域，以及开放科学时代背景下科研数字化转型、开放科学与开放创新融合发展、科研组织模式创新、国际科技合作与交流等重要议题展开研究，为北京全面推动开放科学实践提供决策依据。国际篇从国际视角出发，分析联合国教科文组织、欧盟等国际、区域组织以及德国、荷兰、美国、日本等国家开放科学发展的政策动态和推进举措，总结其趋势与特点，为北京乃至我国推动开放科学发展提供借鉴。案例篇整理收录了北京已开展的实践案例，包括政府部门、联盟组织和机构层面开展的实践，以及开放科学相关设施和平台、不同学科领域实践等，为更好地推动开放科学实践提供启示借鉴。附录部分收集整理国际开放科学相关政策。

**关键词：** 开放科学 科学数据 开放创新 北京

# 目 录 ⏎

## Ⅰ 总报告

## Ⅱ 指数篇

## Ⅲ 专题篇

## Ⅳ 国际篇

## Ⅴ 案例篇

皮书数据库阅读**使用指南**

# 总 报 告

## General Report

**B.1**

# 北京开放科学发展报告（2023）

课题组*

**摘　要：** 自21世纪以来，随着数字技术的蓬勃发展，科学界及全社会对开放科学研究的需求不断增强，以开放、透明、民主、责任、包容为特征的开放科学实践在全球范围内兴起。2021年，联合国教科文组织审议通过了《开放科学建议书》，开放科学成为全球共识，也迎来了崭新的发展机遇。顺应时代潮流，中国积极践行开放科学倡议，深度参与开放科学，国家和地方层面都积极推动开放科学实践。开放科学仍面临诸多问题和挑战，如研究者观念转变、品牌声誉的提升、攸关方权益平衡等，要想实现真正意义上的开放科学依然挑战重重。北京推动开放科学既是顺应全球发

* "开放科学背景下科研范式迭代升级及北京应对策略研究"课题负责人：侯元元，博士，北京市科学技术研究院副研究员，研究方向为产业技术、科技政策。课题执行负责人：杨萍，博士，北京市科学技术研究院副研究员，研究方向为文献资源管理、开放科学。课题组主要执笔人：李梅，北京市科学技术研究院副研究员，研究方向为区域创新、创新生态和开放科学；温亮明，博士，西南大学讲师，研究方向为开放科学、科学数据管理；张敏，博士，北京市科学技术研究院副研究员，研究方向为产业经济理论与政策、开放科学。

展形势的需要，又是解决重大发展难题和国际科技创新中心建设的内在需求，更是北京迈向世界级城市、跃升全球科创关键枢纽的必然路径。近年来，开放科学发展的基础条件逐渐具备、实践日趋活跃、环境不断优化、全球影响力逐渐提升，但在政策机制、理念认识、多主体联动、基础设施等方面存在诸多问题，应通过加强顶层设计和政策供给，加快推动公共资助研究成果的全面开放，搭建全球开放科学平台，构建开放科学治理体系以及营造开放科学价值导向的文化环境等举措，进一步推动北京开放科学实践。

**关键词：** 开放科学　实践路线图　科学治理体系　国际科技创新中心　北京

当前，国际形势复杂严峻，科技革命突飞猛进，学科交叉不断深化，全球挑战日益严峻，开放科学在打破学术资源垄断、驱动科研范式变革、推动国际科技合作、支撑全球科技治理等方面的作用日趋重要。[①] 把握全球开放科学发展趋势和梳理本地开放科学发展现状，对北京成为世界主要科学中心和创新高地具有重要意义。

## 一　开放科学的国际发展现状与趋势

### （一）开放科学的国际发展现状

随着科学研究边界扩散、科学工程技术发展、科学研究范式演进、

---

① 郭华东等：《推动开放科学，实现全球科学研究共享、共赢、可持续》，《科技导报》2021年第 16 期。

学术交流模式变革，开放科学的理念、内涵、政策、实践等都得到了长远发展。

### 1. 开放科学理念成为全球共识

欧洲较早研究和践行了开放科学理念。2012 年 4 月，时任欧盟委员会副主席 Neelie Kroes 指出"为了在科学上取得进步，我们需要开放和共享。……我们现在意识到信息与通信技术基础设施的开放性对科学变革的重要性，开放科学时代已经开启"。2015 年，欧盟委员会将开放科学列为其战略性优先领域之一；2016 年，欧盟委员会发布研究报告 *Open Innovation，Open Science，Open to the World—A Vision for Europe* 强调开放科学在全球科技创新中的重要地位；2020 年欧盟委员会发布开放科学未来十年愿景，指出"到 2030 年，开放科学已成为现实，全世界科研工作者将有一系列新的机会参与全球科学研究"。[①]

其他国际组织也积极表明其对开放科学的态度。自 2015 年起，经济合作与发展组织（OECD）先后发布了有关开放数据、开放基础设施、开放科研过程、开放软件等多个政策报告。[②] 2019 年 11 月 10 日，联合国将"世界和平与发展国际科学日"的主题定为"开放科学，不留下任何人"；2021 年 11 月，联合国教科文组织（UNESCO）审议通过了 *UNESCO Recommendation on Open Science*，这是首个开放科学全球性框架，标志着开放科学迈入全球共识新阶段。[③]

### 2. 开放科学内涵趋于认知化统一

在开放科学运动蓬勃发展的过程中，科学共同体对开放科学的概念内容形成统一认知。英国皇家学会将开放科学定义为科研数据、科学出版物的开

---

① "Open Innovation, Open Science, Open to the World - A Vision for Europe," European Commission, June 6, 2016, https：//ec. europa. eu/digital - single - market/en/news/open - innovation-open-science-open-world-vision-europe.

② "Open Science," OECD, July 20, 2021, https：//www. oecd. org/sti/inno/open-science. htm.

③ 温亮明等：《〈开放科学建议书〉制定背景、内容体系与科学价值》，《图书馆论坛》2022 年第 4 期。

放获取和有效交流;① 欧盟委员会认为开放科学是一种促进科学进步的新方法,促使科研方式从传统的科研成果发表转向科研成果在全球范围内共享;② 国际著名开放科学社区 FOSTER 认为开放科学是良好研究实践的核心组成部分,是一种未来的科学;③ UNESCO 认为开放科学是一个综合了多种运动和实践的概括性概念,旨在更加方便地向科研人员提供科学资源。④ 目前,两种流派统领开放科学认知:⑤ 一是认为开放科学是一种知识生产机制,科学家可据此获得知识并将其扩展传承;二是认为开放科学是一种理念和范式,探索如何实现科学知识在科学发现过程中开放共享。

### 3. 开放科学政策擢升为国家战略

当前,开放科学已由学术共同体的夙愿擢升为国家战略,英国、法国、日本等国家陆续制定政策支持开放科学发展,如表 1 所示。

**表 1 部分国家开放科学相关战略**

| 国家(机构) | 开放科学战略主要内容 | 年份 |
| --- | --- | --- |
| 英国 | 将建设"国家核心基础数据集"作为国家数据战略之一 | 2012 |
| 芬兰 | 制定《开放科学与研究计划》,成立"知识社会开放科学国家协调联盟",发布《2014~2017 年开放科学与研究路线图》 | 2014 |
| 欧盟委员会 | 提出"欧洲云计划",部署"欧洲开放科学云"项目 | 2016 |
| 日本 | 成立开放科学促进委员会,加快推进 2020 年国家论文发布平台 J-Stage 全面开放转型 | 2017 |

① "Science as an Open Enterprise," The Royal Society, July 21, 2012, https://royalsociety.org/topics-policy/projects/science-public-enterprise/.

② "Europe's Future: Open Innovation, Open Science, Open to the World," European Commission, June 16, 2016, https://digital-strategy.ec.europa.eu/en/library/open-innovation-open-science-open-world.

③ Silveira, L. et al. "Open Science Taxonomy: Revised and Expanded," May 6, 2023, https://doi.org/10.5281/zenodo.7940641.

④ 《教科文组织开放科学建议书》,UNESCO,2021 年 11 月 23 日,https://unesdoc.unesco.org/ark:/48223/pf0000374837_chi。

⑤ 温亮明、李洋、郭蕾:《我国开放科学研究:基础理论、实践进展与发展路径》,《图书馆论坛》2022 年第 2 期。

续表

| 国家（机构） | 开放科学战略主要内容 | 年份 |
|---|---|---|
| 荷兰 | 启动开放科学国家计划，发布《荷兰开放科学宣言》 | 2017 |
| 法国 | 发布《法国开放科学国家计划》，颁布《国家开放科学计划》 | 2018 |
| | 发布《开放科学路线图》 | 2019 |
| | 提出第二个国家开放科学计划 | 2021 |
| 美国 | 发布《开放科学规划》，发布《开放科学设计：实现21世纪科研愿景》报告，提出"开放科学设计"框架 | 2018 |
| | 发布《国家研究和开发设施战略概述》 | 2021 |
| | 将2023年定为"开放科学年" | 2023 |
| 塞尔维亚 | 通过《科学与研究新法》，承认开放科学是科学研究的一项基本原则 | 2019 |
| 德国 | 发布《德国公众科学战略2020绿皮书》，提出公民参与科学国家战略 | 2020 |
| 加拿大 | 《开放科学国家路线图》 | 2020 |

资料来源：根据互联网信息整理。

从发布开放科学报告到发布开放科学宣言，从制定开放科学规划到制定开放科学路线图，从建设功能性资源集到部署集成型科研基础设施，开放科学正从领域政策擢升为国家战略。

4. 开放科学实践覆盖面逐步扩大

在开放科学战略规划的指引下，各主体在多个方面进行了卓有成效的开放科学实践应用，表2展示了国际上部分开放科学典型实践。

**表2 开放科学典型实践**

| 实践主体 | 实践内容 | 实践方向 |
|---|---|---|
| 联合国教科文组织 | 发布 UNESCO Recommendation on Open Science | 开放获取/开放政策 |
| 国际科学理事会 | 发布报告 Advancing Science as a Global Public Good：Action Plan 2019–2021 | 开放获取/开放基础设施 |
| 世界工程组织联合会 | 推进"开放工程平台"建设 | 开放基础设施 |
| 国际图书馆协会联合会 | 发起 Realizing the Potential of Open for Equitable, Resilient Recovery 研讨会 | 开放获取/开放社区 |

续表

| 实践主体 | 实践内容 | 实践方向 |
|---|---|---|
| 国际科学数据委员会 | 启动 WorldFAIR 计划,推动"全球开放科学云"计划实施 | 开放数据/开放基础设施 |
| 欧洲科学协会 | 发起"开放获取 S 计划" | 开放获取 |
| 美国白宫科学技术与政策办公室 | 要求联邦资助研究的出版物及其支持数据不迟于 2025 年底向公众开放 | 开放获取/开放数据 |
| 美国航空航天局 | 发起"开源科学"倡议,推进"开源科学"计划,发起"向开放科学转型"倡议,举办开放科学峰会 | 开源软件/开放社区 |
| 美国开放科学中心 | 发布 Open Science Framework,组织元科学研讨会 | 开放社区/开放评估 |
| 美国霍华德·休斯医学研究所 | 发起《贝塞斯达开放获取出版宣言》 | 开放获取 |
| 法国国家科学研究中心 | 创建 HAL 开放档案,签署《自然与人文科学知识开放存取的柏林宣言》,成为国家开放科学基金运营商,发布开放科学路线图 | 开放获取/开放资助/开放政策 |
| 德国马普学会 | 发起《布达佩斯开放获取计划》《自然与人文科学知识开放存取的柏林宣言》《OA2020:大规模学术期刊开放获取倡议》 | 开放获取 |
| 荷兰研究理事会 | 启动开放科学基金 | 开放资助 |
| 美国科学促进会 | 要求受其资助研究的出版物立即免费阅读,督导 Science 提出"绿色 OA"模式 | 开放获取 |
| 学术出版和学术资源联盟 | 发起国际开放获取周(OA Week) | 开放获取 |
| 全球开放科学硬件社区 | 发表全球开放科学硬件社区宣言,发布 Global Open Science Hardware Roadmap | 开放社区/开放基础设施 |
| 施普林格·自然出版集团 | 与国际科研机构和高等院校签署开放获取转换协议,出版期刊 Scientific Data | 开放获取/开放数据 |
| Wiley 出版集团 | 启动"Wiley 开放科学大使项目" | 开放社区 |

资料来源:根据互联网信息整理。

　　当前全球开放科学实践的内容覆盖面逐步扩大,尽管开放获取仍是开放科学的主要实践方向,但开放数据和开放基础设施已成为开放科学新的发力点。

### （二）开放科学的国际发展趋势

综观开放科学的发展态势，在需求、政策、技术等多重因素的驱动下，开放科学的内涵和外延在不断扩展，总体向着融合与协作的大趋势发展。[①]

#### 1. 开放科学内容由单极化转向多元化

在开放科学实践早期，注重对科技文献、专利文献、学位论文、标准政策等科研成果的开放获取。进入 Science 2.0 时代，对科研过程、科研要素的公开成为新的需求，一方面向资源内容开放型拓展，[②] 另一方面向支撑环境开放型扩展。[③] 如欧盟委员会发布的《数据法案》涉及数据访问共享、国际数据传输、数据互操作等；美国国立卫生研究院（NIH）要求受资助对象自 2023 年起在资助申请中添加数据管理和共享计划，*Scientific Data*、*Earth System Science Data*、*Geoscience Data Journal*、*Polar Data Journal* 等数据期刊尝试进行数据出版，arXiv、medXiv、BioXiv、engrXiv、ChemRXiv 等预印本平台探索开放评审，Mendeley、Research Gate、Kudos 等开放科学社交工具具备学术交流与文献共享、科研合作、学术评价等功能。*UNESCO Recommendation on Open Science* 将开放科学的内容概括为四大类 14 小类，未来开放科学的内容边界将会进一步延伸，与科学研究相关的所有要素都可能成为"开放"的对象，"万物皆开放"或许会成为常态，全民参与、共同构建、正向反馈、互惠互利将是开放科学生态框架的显著特征。[④]

#### 2. 科研基础设施成开放科学新兴阵地

科学研究是高度依赖"设施硬件"和"制度软件"的系统化行为。随着学

---

① 温亮明、李洋、郭蕾：《国内外开放科学的实践进展与未来探索》，《图书情报工作》2021年第 24 期。

② 刘桂锋、钱锦琳、田丽丽：《开放科学：概念辨析、体系解析与理念探析》，《图书馆论坛》2022 年第 11 期。

③ "Open Data, Open Access and Open Science," Parthenos, October 18, 2018, https：//training. parthenos-project. eu/wp-content/uploads/2017/07/Open-Data-Open-Science-Open-Access-Transcription-ENGLISH. pdf.

④ Hampton, S. E. et al. "The Tao of Open Science for Ecology," *Ecosphere* 6 (2015), pp. 1-13.

科领域交叉融合进入重要窗口期，科学家们设想构建一种软硬件兼容的平台来整合监测数据、软件代码、科学推理、问题描述等，建设集多科研要素和科研生命周期于一体的科研基础设施成为现实需要。*UNESCO Recommendation on Open Science* 中已将开放科研基础设施列为开放科学的支柱之一，并定义其为"支持开放科学和满足不同群体需求的虚拟或物理基础设施"。[①] 一些国家和地区已先后启动与开放科学基础设施相关的研究和实践工作，多模式建设开放科学基础设施的国际格局已基本形成。[②] 例如，"欧洲开放获取基础设施"（OpenAIRE）、"非洲开放科学平台"（AOSP）、"欧洲天文和粒子物理科学集群研究基础设施"（ECSAPE）、"汉堡开放科学平台"（HOS）、"马来西亚开放科学平台"（MOSP）、澳大利亚"研究数据共享基础设施"（ARDC）等。人工智能时代的开放科研基础设施将是一个集资源汇聚、分析计算、交互共享、智能决策等多种功能于一体的数字学术基础设施。[③]

**3. 开放科学云助力科研基础设施联通**

随着信息技术与学术研究的深度融合，开放科研基础设施需要向数字化和数据化变革，越发成熟的云端远程即时交互模式为开放科学事务云端处理提供了可能，借助云服务模式运行的开放科学基础设施出现。2009 年，美国发起开放科学数据云（OSDC）项目；2015 年 10 月，欧洲网格基础设施（EGI）联合另外 4 家欧洲行业科研基础设施共同发布"开放科学云"声明；2016 年 4 月，欧盟委员会正式启动"欧洲云计划"，旨在为 170 万名欧洲科研人员提供跨境、跨域科研数据的访问、存储、管理、分析和再利用服务；"欧洲开放科学云"（EOSC）作为"欧洲云计划"的重要组成部分，希望借助云际交互理念将欧洲现有的科研基础设施联合起来，形成一体化、信息化的基础设施；欧盟委员会于 2018 年 3 月提交了 EOSC 计划路线图，将把现

---

[①] "UNESCO Recommendation on Open Science," UNESCO, November 23, 2021, https://unesdoc.unesco.org/ark:/48223/pf0000379949.locale=en.

[②] 郭华东等：《加强开放数据基础设施建设，推动开放科学发展》，《中国科学院院刊》2023 年第 6 期。

[③] 肖鹏：《在 AI 时代重新发现"数字学术基础设施"》，《图书情报知识》2023 年第 5 期。

有的科研基础设施整合为可以向全欧洲提供服务的云结构基础设施联邦。"适用开放科学场景+采取云际交互模式+互联科研基础设施"的未来综合形态将是"开放科学云"，这是一种面向新的科研范式和开放科学需求的科研基础设施服务新模式。[①]

### 4. 开放科研资源供给需要全球联邦化

学科交叉与融合对差异化且不可替代性的科研资源的需求加大，单一模式的资源供给已然不能满足全局性科研需求，科学家正在探索建立一个联邦型资源服务系统，将物理上分散的人员、机构、资源等通过云服务模式连接起来，形成逻辑上集成的分布式科研资源网络体系。[②] 2019 年 10 月，中国科技云发起"全球开放科学云"（GOSC）倡议，计划采用共同的技术规范和接口标准连接已有的科研基础设施，实现跨洲开放科研资源的互访问、互操作与联邦服务。2020 年 6 月，中国科技云与欧洲网格基础设施（EGI）基金会正式启动战略合作，双方共同推动中欧跨洲开放科学云协作与联邦服务。当前，全球开放科学云倡议持续获得国际认可，国际科学理事会数据委员会（CODATA）将 GOSC 列入未来十年工作计划，研究数据联盟（RDA）推动全球开放科研资源共同体（GORC）与 GOSC 展开深入合作。[③] 在构建人类命运共同体背景下，开放科研资源的全球联邦化供给趋势将得到进一步加强，*The Sustainable Development Goals Report*（2023）显示，联合国可持续发展目标（SDGs）中的 17 个总体目标均出现了数据不足现象，其中 4 个目标的数据缺失率超过 30%，G11 目标的数据缺失率甚至达到 60%，[④] 急需各成员国共同提供方法、技术、算法等资源。

---

① 赵艳、叶钰铭：《欧洲开放科学云的政策体系及其对我国的启示》，《情报资料工作》2021年第 6 期。

② 温亮明等：《开放科学云联邦：产生背景、应用架构及关键技术》，《高技术通讯》2022 年第 11 期。

③ Chen, Y. et al. "The Global Open Science Cloud Landscape," October 18, 2021, https：//doi. org/10. 5281/zenodo. 5575275.

④ "The Sustainable Development Goals Report," UN Department of Economic and Social Affairs, July 10, 2023, https：//sdgs. un. org/sites/default/files/2023 - 07/The - Sustainable - Development - Goals - Report-2023_ 0. pdf.

## 二　中国开放科学发展现状与趋势

### （一）中国开放科学实践路线图

中国虽然不是开放科学运动的发源地，但积极践行开放科学倡议，深度融入开放科学浪潮，在多个方面进行了实践。

#### 1. 开放基础设施实践

我国的大型科学仪器主要集中在高等院校、科研院所、大型企业等，由实验室或课题组管理和使用，审批手续难、利用效率低、共享范围小等问题凸显。2004 年 9 月，科学技术部印发《2004~2010 年国家科技基础条件平台建设纲要》，提出要完善科技文献资源建设，建立促进共知、共建、共享的文献平台；2015 年 1 月，《国务院关于国家重大科研基础设施和大型科研仪器向社会开放的意见》印发，要求加快推进科研设施与仪器向社会开放。在此基础上，科学技术部、国家发展和改革委员会、财政部于 2017 年 9 月联合印发《国家重大科研基础设施和大型科研仪器开放共享管理办法》。2018 年 2 月 13 日，科学技术部与财政部联合印发《国家科技资源共享服务平台管理办法》，提出"利用财政性资金形成的科技资源，除保密要求和特殊规定外，必须面向社会开放共享""鼓励社会资本投入形成的科技资源通过国家平台面向社会开放共享"。

#### 2. 开放获取文献实践

我国的开放获取实践可追溯至 2003 年论文预印本平台中国科技论文在线（Sciencepaper Online）的推出。2004 年，中国科学院和国家自然科学基金委员会在《关于自然科学与人文科学资源开放获取的柏林宣言》上签字。此后，在国际开放获取周（OA Week）的影响下，中国的开放获取进程从未停歇。2010 年，中国科学院与德国马普学会共同举办"第八届开放获取柏林国际会议"，并成立开放获取全球研究理事会；2012 年，中国科学院文献情报中心发起中国开放获取推介周（China OA Week），成为推动我国科技文献开放共享的高端学术论坛；2014 年 5 月，国家自然科学基金委员会和中国科学院分别发布《关于受资助项目科研论文实行开放获取的政策声明》《关于公共资助科研项目发表的论文实行开放获取的政策声明》，强调受资助科研成果必须以最快速度实施开放获取；2014 年 9 月，科学技术部发布《关于加快建立国家科技报告制度的指导意见》，要求在做好安全保密及知识产权保护措施的前提下对社会公众开放共享科技报告；2018 年 12 月，在第十四届柏林开放获取会议上，国家自然科学基金委员会、国家科技图书文献中心、中国科学院文献情报中心发表声明，明确表示中国支持"OA 2020 计划"和"开放获取 S 计划"；2019 年，中国科学技术协会组织实施"中国科技期刊卓越行动计划"，其中"高起点新刊项目"支持的新创办科技期刊一半以上采取开放获取形式；2020 年 5 月，中国科学院文献情报中心与英国牛津大学出版社达成国内首份开放出版转换协议。

### 3. 开放科学数据实践

我国科学数据管理与开放共享实践伴随科研活动从未停歇。[①] 1984 年，中国加入 CODATA 并成立中国委员会；1988 年，中国被世界数据中心（WDC）接纳为正式会员并建立了世界数据中心中国分中心；2001 年，科学技术部提出"实施科学数据共享工程"建议，并于 2002 年正式提出"科学数据共享工程"；2008 年 3 月，科学技术部发布《国家重点基础研究发展计划资源环境领域项目数据汇交暂行办法》；自 2016 年开始，国家科技基础条件平台中心组织编写《国家科学数据资源发展报告（2016—2017）》（2022 年改为《中国科学数据资源发展研究报告（2022）》），截至 2023 年已出版 6 本。2018 年 3 月，国务院印发《科学数据管理办法》，明确了科学数据利用"开放为常态、不开放为例外"的原则，鼓励社会单位对科学数据进行分析挖掘，形成有价值的科学数据产品，乃至开展市场化的增值服务。全国多个省份、国家部委、科研机构积极贯彻落实《科学数据管理办法》精神，也

---

[①] 张丽丽等：《国内外科学数据管理与开放共享的最新进展》，《中国科学院院刊》2018 年第 8 期。

出台了本地区、本部门、本机构科学数据管理实施细则。2018 年 4 月，由中国科学院计算机网络信息中心承建的"基础科学数据共享服务门户"新版网站上线；2020 年 2 月，上海科技创新资源数据中心正式成为 EOSC 首家非欧洲成员机构、亚洲第一家成员机构。

**4. 开放合作与交流**

为推动中国积极融入全球开放科学实践，国内学术共同体成立了多个以会议或论坛为载体的开放科学虚拟社区，促进合作与交流。从 2014 年开始，CODATA 中国委员会组织召开"中国科学数据大会"，截至 2023 年已举办 8 届；2017 年 6 月，中国地理学会召开全球变化科学研究数据出版与共享大会；2017 年 10 月，国家综合地球观测数据共享平台英文网站在地球观测组织（GEO）第 14 届全会上开通；2019 年 10 月，CODATA 中国委员会组织召开年会并发布了《科研数据北京宣言》，提出了科学数据开放共享的 10 条核心原则；2021 年 7 月，中国科学技术信息研究所与施普林格·自然共建"开放科学联合实验室"，面向科研人员进行开放科学主题基金项目招标；2021 年 9 月，中关村论坛期间，北京市科学技术研究院联合国内外多家机构成立"开放科学国际创新联盟"并发布"开放科学实践北京倡议"，呼吁共同搭建开放科学国际共享平台；2021 年 11 月 1 日，世界顶尖科学家论坛在上海召开，会上向全球发布了《开放科学：构建开放创新生态》倡议；2021 年 11 月 17 日，在第三届世界科技与发展论坛上，260 家国内外科技共同体发布了"开放、信任、合作"倡议；2022 年 6 月，中国科学技术协会倡议成立"开放科学促进联合体"，成员包括科技协会、学术团体、科技团体、科技情报机构、出版机构、服务机构等；2022 年 6 月 24 日，第五届世界科技期刊论坛在湖南长沙开幕，论坛以"共享科学，共享未来"为主题，聚焦开放科学背景下学术期刊发展议题；2023 年 8 月，中国心理学会出版工作委员会发布"心理学开放科学苏州倡议"，提倡实现科学研究全流程的公开透明、支持预印本公开交流、科研预注册、论文关联数据公开等；2023 年 9 月，在全球开放科学云国际研讨会上，来自 30 多个国家的200 多名科学家围绕开放科学和开放科学云的概念内涵、全球开放科学云的路线图、开放科学云联邦技术、开放科学云政策框架进行研讨；2023 年 10 月 21 日，大模型开源创新研究联合体在 2023 CCF 中国开源大会上正式成立；2023 年 11 月，首届"一带一路"科技交流大会在重庆举行，发布《国际科技合作倡议》，倡导携手共建全球科技共同体。

### （二）中国开放科学发展现状

#### 1. 国家层面规划开放科学方向

进入新时代，党和国家层面高度重视发展科学技术，在中央政治局集体学习、两院院士大会、中关村论坛等场合多次表达中国与世界各国共同推进科学研究事业发展的愿景。在国家领导的高度重视下，我国从国家层面开始布局规划开放科学相关议题。2016 年 3 月发布的《中华人民共和国国民经济和社会发展第十三个五年规划纲要》中分别提出"推动高校、科研院所开放科研基础设施和创新资源""建立统一的科技管理平台，健全科技报告、创新调查、资源开放共享机制"，还提出"把大数据作为基础性战略资源，全面实施促进大数据发展行动，加快推动数据资源共享开放和开发应用"。2016 年 12 月，《"十三五"国家信息化规划》中将数据资源开放共享作为一项优先实施行动计划；2018 年 1 月，国家确定上海等五地开展公共信息资源开放试点工作；2019 年 6 月，科学技术部联合财政部公布了首批 20 个国家科学数据中心和 30 个国家生物种质与实验材料资源库；2020 年 4 月，《中共中央、国务院关于构建更加完善的要素市场化配置体制机制的意见》首次将数据纳入生产要素范畴，并要求推进政府数据开放共享；2021 年 3 月，《中华人民共和国国民经济和社会发展第十四个五年规划和 2035 年远景目标纲要》中提出"要积极促进科技开放合作，实施更加开放包容、互惠共享的国际科技合作战略"；2021 年 12 月新修订通过的《科学技术进步法》第九十五条明确将推进开放科学作为国家发展目标；2022 年 11 月，党的二十大报告中提出"形成具有全球竞争力的开放创新生态"；2023 年 10 月 25 日，国家数据局正式揭牌，主要职责为"协调国家重要信息资源开发利用与共享、推动信息资源跨行业跨部门互联互通等"。从国家中长期规划到国务院文件，从国家部委政策到国家法律，从党的全国大会报告到新设国家机构，国家层面的开放科学正逐步从顶层规划走向落地实践。

## 2.地方政府推进开放科学实践

在国家的统一规划下，各地方政府积极谋划，推动相关政策助力开放科学实践。如《科学数据管理办法》出台后，陕西、黑龙江、甘肃、云南、湖北、天津、吉林、安徽、内蒙古、广西、重庆、江苏、海南、山东、四川、昆明、金昌、滁州、嘉峪关、巴中、成都等省市相继出台了本地科学数据管理实施细则，① 上海自2019年开始连续4年举办全球数商大会。此外，《重庆市科技资源开放共享管理办法》《北京市关于解决重大科研基础设施和大型科研仪器向社会开放若干关键问题的实施细则（试行）》《成都市科技数据管理实施办法》《广州市公共数据开放管理办法》等都是地方政府推进开放科学的良好实践。表3展示了全国主要城市的开放科学相关政策覆盖面。

表3　全国主要城市开放科学相关政策覆盖面

| 城市 | 开放科学相关政策覆盖面 |
| --- | --- |
| 北京 | 科研基础设施、科技创新中心、新型研发机构、科学活动、数字经济、数据要素、科技创新券等 |
| 上海 | 公共数据、科技创新中心、科研基础设施、科学技术普及、重点实验室等 |
| 天津 | 科学数据、大数据、科技创新券、科研仪器、数字经济、公共数据、重点实验室、区域协同等 |
| 重庆 | 科学数据、科技资源、科研仪器、公共数据、数字经济、区域协同发展、科技服务等 |
| 深圳 | 科技创新、科学技术普及、科技创新中心、科技成果转化、科研基础设施、公共数据等 |
| 广州 | 科学技术普及、科学研究、科技资源库、科技创新、科研基础设施、科技成果转化、公共数据、科研经费等 |

---

① 李洋、温亮明：《〈科学数据管理办法〉落实现状、影响因素及推进策略研究》，《图书情报工作》2021年第2期。

| 城市 | 开放科学相关政策覆盖面 |
|------|------------------------|
| 成都 | 大数据产业、科普基地、科技创新、科学数据、科技创新中心、科研基础设施、科技成果转化等 |
| 武汉 | 科研基础设施、科研仪器设备、科技成果转化、科技创新、科创中心等 |

资料来源：根据互联网信息整理。

回顾全国主要城市的开放科学相关政策，政策主题已相当丰富，基本覆盖 *UNESCO Recommendation on Open Science* 提及的开放科学内容体系各方面。

### 3.国家机构引领开放科学示范

开放科学只有真正落地应用才能实现价值最大化。我国多个国家机构在科学数据、科研基础设施、科技交流平台等方面的实践已形成一定示范引领效应。

2016 年，中国科学院主管的国内首本数据期刊《中国科学数据（中英文网络版）》创刊，此后国内相继创办了《全球变化数据学报》《农业大数据学报》《国际数字地球学报》等数据期刊。[①]《科学数据管理办法》颁布后，《月球与深空探测工程科学数据管理办法》（2019 年 1 月）、《中国科学院科学数据管理与开放共享办法（试行）》（2019 年 2 月）、《中国农业科学院农业科学数据管理与开放共享办法》（2019 年 7 月）、《交通运输科学数据管理办法（征求意见稿）》（2020 年 6 月）等相继出台，中国科学院还于 2021 年 12 月认定通过了首批 31 个科学数据中心（1 个总中心、18 个学科中心、12 个所级中心）。

开放基础设施支撑科技创新。为贯彻《"十三五"国家信息化规划》文件精神，中国科学院于 2017 年 12 月启动中国科技云（CSTCloud）建设工作。目前，CSTCloud 是国内唯一的综合性开放科学云服务平台，已汇聚了

---

① 李洋、温亮明、郭蕾：《我国数据期刊载文特征分析——以〈中国科学数据〉为例》，《科学观察》2021 年第 5 期。

315Pflops 计算资源、150PB 存储资源、1000＋软件资源、100G 网络资源，为科研用户提供云计算、云存储、数据信息、安全认证等九大类服务。[①]2023 年 6 月，中国科技云启动"2023 开放科学推进计划"，为入选项目免费提供云主机、云存储、云数据库、高性能计算、容器云、科研网络等服务资源。中国科技云已在 500 米口径球面射电望远镜（FAST）、欧洲大型强子对撞机开放网络环境（LHCONE）、地球大数据科学工程（CASEarth）、高海拔宇宙线观测站（LHAASO）等国内外重大科研项目中发挥了支撑作用。

高端信息平台支持科技交流。2003 年，教育部科技发展中心主办的中国科技论文在线[②]上线，解决了当时普遍存在的论文发表难、交流渠道窄、成果转化缓慢等问题。2010 年后，中国科学院文献情报中心推出中国科学院科技期刊开放获取平台 CAS－OAJ[③]和中国科学院科技论文预发布平台 ChinaXiv[④]，有效支撑了科技文献信息交流。2020 年 10 月，《中共中央关于制定国民经济和社会发展第十四个五年规划和二〇三五年远景目标的建议》将"构建国家科研论文和科技信息高端交流平台"[⑤]列入其中，中国科学技术信息研究所承担了该平台的建设任务，当前平台已上线的服务包括国家预印本平台、OA 期刊和开放学术社区平台、国家科研数据仓储等。此外，中国图书进出口集团开发的一站式科研服务平台 DataDimension、清华大学出版社承建的中国科技期刊卓越行动计划国际传播平台 SciOpen 等也较好地支撑了科技信息的国内外交流。

4. 开放成果助力全球科学治理

当前，我国科学家正在全球科学治理中贡献"中国方案"和"中国智慧"。在全球新冠疫情防控过程中，中国最早向世界卫生组织报告疫情情

---

① 中国科技云官网：https：//www. cstcloud. cn/。
② 中国科技论文在线官网：http：//www. paper. edu. cn/。
③ 中国科学院科技期刊开放获取平台官网：http：//www. oaj. cas. cn/。
④ 中国科学院科技论文预发布平台官网：http：//chinaxiv. org/home. htm。
⑤ 国家科研论文和科技信息高端交流平台官网：https：//napstic. istic. ac. cn/。

况，分离鉴定毒株并向世界卫生组织共享病毒全基因组序列，向 34 个国家派出 36 支医疗专家组，向 80 多个国家和 3 个国际组织提供疫苗援助，向 40 多个国家出口疫苗，同 10 多个国家开展疫苗研发和合作生产，组织上百场跨国视频专家会议毫无保留地分享抗疫经验。中华预防医学会于 2020 年 2 月 5 日率先研发出新冠肺炎知识与数据信息系统[①]，该系统实时汇聚国外药物与疫苗研发进展和隔离方法措施等信息，被国际地球观测组织（GEO）特设的新冠病毒网站链入。

从 2019 年开始，中国科学院"地球大数据科学工程"团队针对 SDGs 指标进行持续监测，连续 4 年发布《地球大数据支撑可持续发展目标报告》，《地球大数据支撑可持续发展目标报告（2020）》被外交部部长王毅在减贫与南南合作高级别视频会议上宣读。[②] 习近平主席在第 75 届联合国大会（2020 年 9 月）上宣布中国将成立"可持续发展大数据国际研究中心"（CBAS）。中心依托"地球大数据科学工程"团队建设运行。2021 年 11 月，全球首颗可持续发展科学卫星 SDGSAT-1 号成功发射，自 12 月起向全球发布卫星影像，自 2022 年 7 月开始向全球开放卫星数据。[③] 2023 年 2 月，第 77 届联合国大会主席克勒希参访 CBAS 后表示"中方在联合国 2030 年可持续发展议程方面的研究为世界其他国家树立了榜样"。[④]

## （三）中国开放科学发展面临的挑战

我国的开放科学实践已覆盖开放科学内容体系的绝大部分行动领域，但也存在行动不均衡的问题，要想实现真正意义上的开放科学依然挑战重重。

---

[①] 新冠肺炎知识与数据信息系统官网：http://geodoi.ac.cn/covid-19/index.aspx。

[②] Guo, H. et al., "Measuring and Evaluating SDG Indicators with Big Earth Data," *Science Bulletin* 17 (2022): 1792-1801.

[③] Guo, H. et al., "SDGSAT-1: The World's First Scientific Satellite for Sustainable Development Goals," *Science Bulletin* 1 (2023): 34-38.

[④] 《第 77 届联合国大会主席克勒希访问中科院》，中国科学院网站，2023 年 2 月 5 日，https://www.cas.cn/yw/202302/t20230205_4873993.shtml。

**1. 研究者观念的转变**

传统的科研人员常常依照自我认知进行研究，但开放式科学研究需要更开放、更多元的想法，新理念难以彻底改变根深蒂固的习惯和冲破既得利益集团的阻力。[①] 在制度层面，我国无论从国家层面还是地方政府层面都尚未出台专门针对开放科学的政策文件，未制定国家开放科学路线图，顶层制度的缺失容易导致推进措施的随意性和不连贯性。在认识层面，部分利益相关者对开放科学蕴含的机遇和风险挑战认识不够准确全面，存在固化认知和思维惯性，接受新的合作模式和科研理念仍需一段过渡期。在保障层面，政府部门、科研机构、科研人员、文献服务机构等各类主体在开放科学方面的服务效能不足，各类型数据中心、仓储平台、服务平台的联通能力有限。[②] 在评价层面，我国注重对科研结果的评估，而忽略对科研材料和科研过程的管控，急需学术界和政策制定者合作制定适应新科研模式的学术评价机制。在安全层面，开放科学研究需要共享大量数据和材料，但这些数据和材料可能面临数据外流、隐私泄露、违反伦理规范等问题。[③]

**2. 品牌声誉度的提升**

尽管我国在诸多方面进行了卓有成效的开放科学实践，但缺乏足够数量的能够代表中国形象的开放科学品牌。在科技论文开放获取方面，尽管中国在 OA 期刊上的发文量已超过美国成为世界第一，但年产出文章中仅有 35% 为开放获取，低于世界其他国家 OA 文章产出比例的最低值（44%），[④] 且中国学者有 75% 的论文发表在影响因子较低的 OA 期刊或掠夺性期刊上。在科

---

[①] 《抓住四大重点任务，促进我国开放科学发展》，"光明网"百家号，2023 年 7 月 21 日，https：//baijiahao.baidu.com/s？id=1771991373538400868&wfr=spider&for=pc。

[②] 李洋、温亮明、郭蕾：《开放科学环境下我国高校图书馆转型风险控制研究》，《图书馆建设》2023 年第 1 期。

[③] 李洋、温亮明：《我国科学数据外流：表现、问题与对策》，《图书馆杂志》2019 年第 12 期；温亮明、张丽丽、黎建辉：《大数据时代科学数据共享伦理问题研究》，《情报资料工作》2019 年第 2 期。

[④] "How Committed is China to Open Access and Open Science?" Alves T, October 17, 2023, https：//www.highwirepress.com/news/how-committed-is-china-to-open-access-and-open-science/.

学数据开放共享方面，欧美发达国家早已启动部署了一大批国家级科学数据中心或高水平数据库，而我国除了科学数据银行（Science Data Bank）① 获得部分国际主流学术期刊和出版机构认可外，国内其他的科学数据共享平台的国际影响力甚微。在国际一流科技期刊建设方面，目前我国仅有 1000 多种期刊进入全球最大的同行评议文献摘要和引文数据库 Scopus，仅占 Scopus 数据库的 4% 左右。未来，我国须有序推进、注重实效，逐步形成开放科学标志性成果，在建设一体化开放科研基础设施、建立国家开放科学研究中心、制定国家开放科学战略规划和发展路线图等方面发力，打造开放科学"中国品牌"。

### 3. 攸关方权益的平衡

我国的科技文献获取模式基本为团购订阅模式，中国高等教育文献保障系统（CALIS）主导采购价格框架的谈判，各图书馆负责订购，科研机构付款并拥有所购数据库在指定 IP 群的使用权。2012~2021 年我国发表的 OA 文章总量约为 110 万篇，以国际 APC 平均成本 1700 美元/篇计算，总成本已达 18.7 亿美元。目前，我国所付出的订阅费和文章处理费（APC）约占世界总额的 6%~8%，而我国在 2020 年发表的科学引文索引（SCI）论文数已占世界总额的 28.5%。② OA 模式下作者通常按照通用价格支付 OA 论文的 APC，但是采购方式的确定、使用者权利义务、数据所有权等问题需引起重视。③

### （四）中国主要城市开放科学实践与举措

开放科学发展如火如荼，全国主要城市进行了各具特色的开放科学实践。

---

① 科学数据银行官网：https：//www.scidb.cn/。
② 杨卫等：《构筑开放科学行动路线图把握开放科学发展机遇》，《中国科学院院刊》2023 年第 6 期。
③ 《杨卫院士：中国开放科学的两大考验、三道门槛、四条途径 | 第十七届中国科技期刊发展论坛》，中国科学技术协会网站，2022 年 9 月 9 日，https：//www.cast.org.cn/zk/ZKGD/art/2022/art_ 2a4508a093de4a998c52dc5e4d8dfd30.html。

**1. 上海：以数据竞赛引领公共数据开放共享**

从 2012 年开始，上海开始探索公共数据资源开放工作。2016 年 3 月，上海图书馆联合多家机构举办全国首个公共图书馆数据竞赛"上海图书馆开放数据应用开发竞赛"，[①] 以家谱世系、名人资料、图书期刊、墓志碑帖、古籍诗词、历史档案等为基础，面向社会征集产品原型和服务创意。2017年，赛事获得第十四届 IFLA BibLibre 国际营销奖，大赛构建的数字人文知识库服务平台入围 LODLAM2017 国际竞赛前 5 名。从 2020 年开始，该赛事升级为国际赛事，更名为"上海图书馆开放数据竞赛"，由国际科学技术信息理事会（ICSTI）与上海图书馆联合主办。举办 7 届以来，共有 1142 个团队、2907 人参加上海图书馆开放数据竞赛。[②] 2023 年，第八届上海图书馆开放数据竞赛应用开发类的 5 支优秀获奖团队将直通上海开放数据创新应用大赛（SODA）复赛，继续完善和孵化作品。

**2. 天津：加速建设开放基础设施及服务平台**

天津以基础设施为抓手，加快建设科技资源服务平台，推进开放科学相关主题落地。《天津市促进大数据发展应用条例》（2018 年 12 月）提出建设全市政务数据共享平台和开放平台，《天津市大型科研仪器设施开放共享管理办法》（2021 年 4 月）提出建设大型科研仪器开放共享平台并配套激励约束机制、服务成效记录、评价考核管理机制，《天津市重点实验室建设与运行管理办法》（2022 年 8 月）要求使用财政资金购买的大型仪器设备须加入天津市大型科学仪器开放共享平台。天津科技文献共享服务平台形成了文献检索服务、信息定制与推送服务、研究情报服务、竞争情报云服务平台等服务体系，服务资源包含 102 个全文数据库、683 个外文数据库，中文文献覆盖率近 100%，外文文献覆盖率近 90%，年均访问量超千万人次；[③] 天津

---

① 《上海图书馆举办全国首个公共图书馆开放数据应用开发竞赛》，中华人民共和国文化和旅游部网站，2016 年 6 月 3 日，https://www.mct.gov.cn/whzx/qgwhxxlb/sh/201606/t20160603_ 781731. htm。

② 上海图书馆开放数据竞赛官网：https://opendata. library. sh. cn/docs/。

③ 天津科技文献共享服务平台网站：https://www. linkinfo. com. cn/。

市信息资源统一开放平台现已开放 61 个市级部门和 16 个行政区提供的 4700 个数据集、897 个数据接口、16 个移动应用 App，90%以上数据资源无条件共享；① 天津市大型科研仪器开放共享平台已集聚各类科研仪器设备 4166 台（套），总价值 53.67 亿元，年均对外服务开机时间超 386 万小时，2022 年服务企业 1.46 万家。②

### 3. 重庆：围绕双城经济圈打造协同创新高地

重庆以成渝地区双城经济圈重大决策为契机，持续推进开放科学相关实践。2020 年 4 月，《重庆市委关于立足"四个优势"发挥"三个作用"加快推动成渝地区双城经济圈建设的决定》提出要大力推进基础设施互联互通，信息流成为重点统筹要素之一；2022 年 2 月，《关于支持西部（重庆）科学城高质量发展的意见》提出以"一城多园"模式合作共建西部科学城，加快建设成渝综合性科学中心，与西部（成都）科学城建立公共服务一体化机制；2023 年 3 月，《重庆市推动成渝地区双城经济圈建设行动方案（2023—2027年）》提出深入推进川渝协同创新，高质量合作建设川渝共建重点实验室，深化两地科研仪器设备等科技资源开放共享，推动成渝地区双城经济圈政务数据资源共享共用。在双城经济圈建设大背景下，重庆市与四川省共同设立 50 亿元科创基金，研究谋划 15 个重大科技基础设施，推动两地高校共建 3 个协同创新中心和 1 个重点实验室，联合实施 15 个重点技术研发项目。已建成的重庆市科技资源共享平台汇聚了仪器 9336 台/套、科技服务产品 4380 项、科技人才 265344 名，入驻科技服务店铺 604 个、科技型企业 55342 家。③

### 4. 深圳：依托区位优势建设国际开放前沿阵地

近年来，深圳依托其具有的国际性科创资源优势，连续举办了多场具有重要影响力的国际性会议。2016 年 3 月，深圳市发布《关于促进科技创新的若干措施》，鼓励海外人才团队发起设立新型研发机构，合作建设面向"一带一路"共建国家的科技创新基地；2018 年 10 月，深圳市举办第三届

---

① 天津市信息资源统一开放平台网站：https：//data. tj. gov. cn/。
② 天津市大型科研仪器开放共享平台网站：https：//tjlab. tten. cn/。
③ 重庆市科技资源共享平台网站：http：//www. csti. cn/。

全球开放科学硬件创新营活动和全球开放科学硬件大会，来自 34 个不同国家（地区）的专家学者共同探讨开放科学硬件与再生科学方面的经验；2020 年 12 月，深圳市发布《关于支持深港科技创新合作区深圳园区建设国际开放创新中心的若干意见》，提出加快建设综合性国家科学中心开放创新先导区和深港开放创新中心的目标；2021 年，深圳国际科学信息中心获批建设，为全市科研人员提供科技文献免费获取、前沿科技态势分析、领域数据库构建、产业战略咨询等服务；科学数据中心作为深圳国际科学信息中心的重要组成部分，整合全球数十亿条 PB 级科学数据资源，构建了 28 个学科领域专有科学数据库/数据湖/数据仓，为科研人员提供科学数据采集、检索、访问、计算、挖掘、分析等服务。此外，从 2021 年开始深圳已举办 3 届深圳国际数据中心大会暨展览会，每届大会超过 45 个主题、150 场研讨活动，共吸引 1600 余家大数据领域企业参会展出，为超过 15 万名观众提供科技信息。

### 5. 武汉：以期刊融合出版推动科研论文诚信

2018 年 11 月，《武汉市促进在汉高校科研院所科技成果就地转化行动方案（2018—2020）》提出要加大产业技术创新联盟和知识产权战略联盟的建设力度。2019 年 8 月，国家新闻出版署出版融合发展（武汉）重点实验室发起了开放科学计划（Open Science Identity，OSID），旨在帮助纸质科学刊物转型为智慧型的现代刊物。OSID 计划的支撑体系包括学术期刊融合出版能力提升计划项目、学术期刊出版融合技术编辑创新大赛、媒体融合系列培训讲座和学术沙龙、SAYS 开放科学与媒体融合工具包等。OSID 计划以开放科学标识码为媒介，主要通过 SAYS 工具包提供丰富的媒体融合应用，可实现作者语音介绍、作者在线问答、学术交流圈、开放数据与内容、刊物宣传订购等功能。截至 2023 年 10 月，OSID 计划已汇聚 2023 家期刊杂志社，168046 名作者创作的 253416 篇论文。①

---

① 开放科学计划（OSID）官网：https：//m.osid.org.cn/#section1。

# 三　北京开放科学发展现状、问题及对策

当前，应对国际科技竞争、实现高水平自立自强，推动构建新发展格局、实现高质量发展，迫切需要我国以更加开放的姿态和大国胸襟全方位融入全球创新网络。北京作为首都，将自觉站在"国之大者"高度，瞄准国际一流，加快打造世界主要科学中心和创新高地，率先建成国际科技创新中心，为实现高水平科技自立自强和建设科技强国提供战略支撑。开放科学是以数字化技术和新型协作工具为基础的协作型研究和新的知识传播方式，在促进科学数据和成果的开放共享、传播利用，加快推动科研范式变革，促进企业开放创新，构建区域开放创新生态等方面发挥重要作用。① 深刻认识开放科学对北京国际科技创新中心建设的作用，系统梳理北京开放科学发展现状、问题和挑战，为下一步北京推进开放科学提供思路和建议。

## （一）开放科学对北京国际科技创新中心建设的作用

### 1. 加快科学数据和成果的开放共享，加速提升北京的科研实力

近年来，北京高度重视科学数据和研究成果的开放共享，尤其是科研成果（含数据）的开放共享。2021 年 4 月，《北京市科技成果信息系统管理和使用办法》要求利用本市财政资金设立的科技项目在项目结题时向市科学技术部门和项目主管部门提交科技报告，并将科技成果和相关知识产权信息上传至本市科技成果信息系统，向社会公布并提供科技成果信息查询、筛选等公益服务。同年 11 月，《北京市"十四五"时期国际科技创新中心建设规划》指出，探索重大科技基础设施建设、运营和管理机制，建立科技信息公共服务平台，发布科研成果、技术指标、运行计划等信息，最大限度实现科学数据共享。在大数据和现代信息技术的推动下，开

---

① 张娟：《欧盟开放科学战略生态体系建设及其特征分析》，《世界科技研究与发展》2021 年第 1 期。

放科学能够结合科学研究整个生命周期的交流协作过程对科学技术兼收并蓄，基于科研过程数据和科研成果的统筹汇集与开放共享，推动创新由封闭式创新向开放式创新转变，将不同国家、不同区域、不同领域、不同团队的科研优势、科研成果进行多重耦合迭代，使全北京、全中国乃至全人类都能够站在巨人肩膀上做科学研究，形成累积效应，从而达到迅速提升科研实力的效果。

### 2. 引领科研范式变革，加快推动重点领域新型重大基础平台建设

《北京市"十四五"时期国际科技创新中心建设规划》指出，把握以大数据为特征的新科学研究范式变革窗口机遇期，加快推动集成电路、人工智能等重点领域新型重大基础平台建设。推动开放科学发展，将成为北京"十四五"时期乃至更长时期引领科研范式变革，加速建设"数据、算力、算法"驱动的公共关键技术和底层技术平台、促进新型科研组织模式创新的重要推动力。一方面，开放科学运动在全球纵深发展将加速开放实验室、开放科学平台、存储库、开放式创新试验台等关键性或探索性开放科学基础设施和平台建设，从而为科研机构、大学和企业等创新主体获取、移植、分析和集成数据、科学文献、专题科学优先事项提供必不可少的开放和标准化服务，满足重大科学发现和技术变革所需的重大科技基础设施、创新平台和极端试验条件，推动科学研究的路径与研究模式改变，支撑科研范式迭代升级。另一方面，开放科学加速 AI for Science 驱动的开放科学基础设施和开放创新平台布局，将加速科学研究范式变革和迭代升级。其中，科学研究从"小农作坊"模式向"平台科研"模式转变成为新一轮科技革命中的关键环节，而 AI for Science 恰恰是助推"平台科研"的关键动力。

### 3. 促进企业开放式创新，深度支撑北京高精尖产业体系建设

在知识经济时代，企业仅仅依靠自身内部资源开展高投入的创新活动，难以与日益激烈的行业竞争和快速变化的市场需求相契合，导致企业创新的主导模式逐渐由封闭式创新转向开放式创新。高精尖产业具有研发投入高、资源配置效率高、价值链地位高等典型特征，与其他产业相比更加需要开放科学的支持和助力，许多企业也通过开放科学理念和实践促进自身开放式创

新。当前全球火热的 ChatGPT 引爆了"人工智能+"，它以开放科学和开源创新的理念将自然语言处理、计算机视觉、机器学习等多领域大量研究人员，以及对前沿科技和市场需求十分敏感的投资人汇集到一起，通过相互之间的充分碰撞、沟通、合作，实现了"开放—协作—应用—升级"的开放创新生态循环。北京深入推进国际科技创新中心建设，瞄准新一代信息技术、医药健康等前沿领域，宣传推广开放科学理念，加快推进开放科学实践，布局一批关键共性技术研发和核心设备研制，完善产业共性技术平台，组建由高精尖企业参与的国家实验室，推动产业技术基础公共服务平台建设，将有效促进企业实现开放式创新，提升创新链、延伸产业链、融通供应链，深度支撑具有首都特色的高精尖产业体系建设。

**4. 构建开放创新生态，助力北京主动融入全球创新网络**

北京建设国际科技创新中心，形成具有全球竞争力的开放创新生态，走出主动融入全球创新网络新路子，亟待研究机构、大学、科学联合会和协会、学术团体、出版社、期刊、科研资助机构、社会公众尽快达成共识并开展开放科学实践，打造具有首都鲜明特色的开放创新合作机制，尝试探索国际创新合作的新路径，深度参与全球科技创新治理，助力形成更加开放、便利、公平的国际创新合作环境，加快形成具有首都特色和首都水准的国际科技交流合作新格局。开放科学在营造和优化开放创新生态方面将起到关键性作用。一是有利于重塑国际科技合作治理模式。开放科学有利于新科技革命和产业变革突破经典技术极限，形成新规则、新政策、新评估标准、新指标体系、新监测手段，助力北京掌握新一轮全球科技竞争战略主动权。二是有利于探索国际创新合作新路径。依托怀柔科学城推动大科学装置向全球开放共享，围绕生命科学、空间科学等基础研究领域发起国际性联合研究项目，集聚知名科学家和团队资源，打造具有国际资源吸附力和国际影响力的创新综合体。三是有利于构建高质量的开放创新环境。围绕打造品牌化国际交流平台，高水平高质量办好中关村论坛、北京国际学术交流季等影响力大的科技交流活动；支持在京举办高层次国际会议，邀请国际知名的高校院所、机构和企业来京举办国际学术交流活动，有利于加速形成高质量的开放创新环境。

## （二）北京开放科学发展现状

### 1. 开放科学发展的基础条件逐渐完善

持续不断的科研投入、日趋增长的科研人才、强大的知识创造力和成果转化能力等是一个城市开放科学发展的重要基础条件。近年来，北京不断加大研发和教育经费投入力度，科技成果不断涌现，科研人才规模大幅提升，成果转化不断提高，开放科学发展基础逐渐夯实。

北京 R&D 经费投入稳步增长，为研究成果产出提供经费保障。近年来，北京不断加大研发经费投入，为科技成果产出和创新能力提升提供经费保障。北京 R&D 经费投入由 2013 年的 1185.0 亿元增加到 2022 年的 2843.3 亿元，年均增长 10.2%，占全国 R&D 经费投入的比重为 9.2%；R&D 经费投入强度自 2017 年之后稳步增长（见图 1），为创新发展注入强大活力，在持续的经费投入下，北京的整体科技实力和创新能力有了显著提升，不断涌现高质量研究成果。以基础研究为例，2022 年全市基础研究经费为 470.7 亿元，约占全国的 1/4；基础研究经费占全社会研发经费的比重从 2013 年的 11.8% 提高到 2022 年的 16.6%；2021 年北京共有 64 项重大成果获国家科学技术奖。[①]

随着科研人员规模和知识创造力的逐渐提升，北京对开放研究的需求日趋强烈。北京作为科研机构和人才集聚区，其科研规模呈现逐年增长的趋势。据 Scopus 全球数据库统计，北京地区发文作者总数由 2018 年的 53.76 万人增至 2022 年的 75.37 万人，增长了 40%。同时，知识创造力不断提升，知识多样性日趋丰富。图 2 显示，北京的机构发表论文总量由 2018 年的 149658 篇增加到 2022 年的 229449 篇，增加了近 8 万篇，年均增长率为 11.3%；地区有效专利授权量也逐年增长，2022 年达 202722 件，较 2018 年增加了 64.2%。

科技成果转化成效显著，成果开放和社会影响力逐渐加强。科技成果转

---

[①] 《全社会 R&D 经费投入稳步增长企业创新主体作用进一步发挥——2022 年北京全社会研究与试验发展（R&D）经费投入情况》，北京市统计局网站，2023 年 9 月 19 日，https：//tjj. beijing. gov. cn/tjsj_ 31433/sjjd_ 31444/202309/t20230919_ 3262005. html。

图1 2013～2022年北京R&D经费投入情况

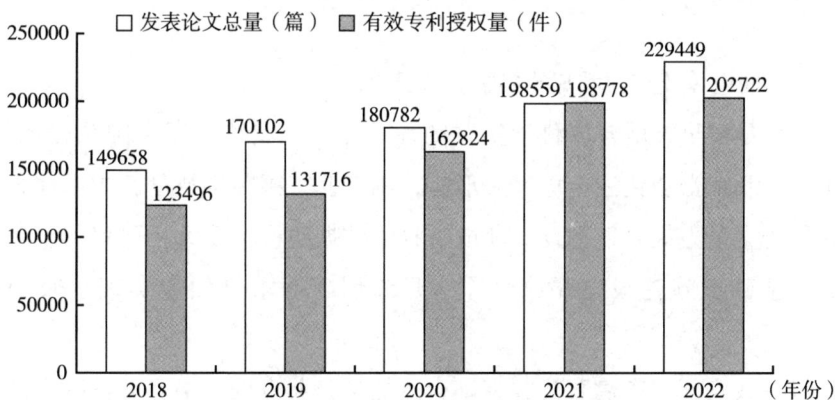

图2 2018～2022年北京知识创造产出情况

化成效对成果开放和社会影响力提升有重要影响。通过将科技成果转化为实际应用或产品，更好地向社会公开，促进成果的开放与共享，促进科研人员之间的合作与交流，显著提高科技在社会中的影响力。近年来，全市科技成果转化成效显著，2022年，全市技术合同成交总额达7947.5亿元，较2018年的4957.8亿元增加60.3%，年均增长率为12.5%，保持稳定上升趋势；技术合同交易额占地区生产总值的比重也呈现总体上升趋势。与此同时，2018～2022年，全市科学研究和技术服务业增加值逐年增长，从2578.3亿元增长至3465.0亿元，年均增长率为7.7%（见图3）。

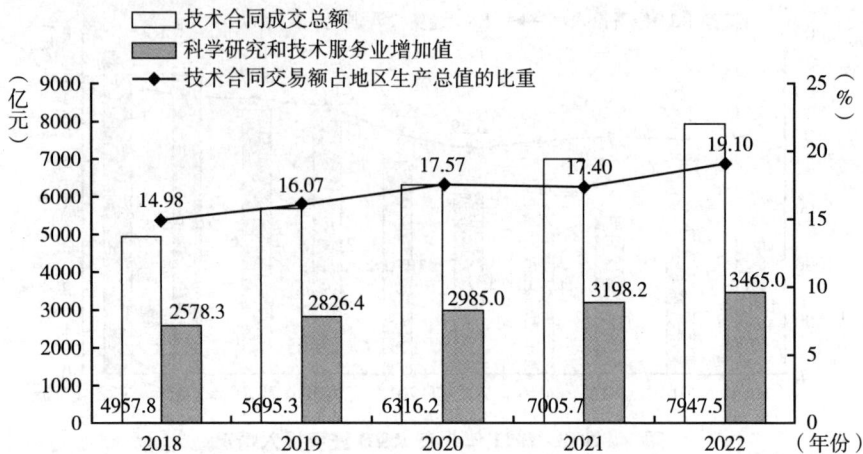

图3　2018~2022 年北京科技成果转化成效

## 2. 不同主体及其领域开放科学实践日趋活跃

北京是较早开展开放科学实践的地区之一，始终处于全国领先地位。近年来，北京密切关注全球发展形势，围绕北京国际科技创新中心建设目标和科研竞争力提升，在开放获取、科学数据建设、重大科研仪器设备的开放、基础设施建设、开放合作、开源创新等重点领域实现了较快的发展。

（1）政府部门搭建开放共享平台，加速公共资助成果和公共数据的社会公开

2009 年，为促进首都科技资源开放共享，北京市科委建设首都科技条件平台，建立了以中国科学院、北京大学、清华大学等 22 家研发实验服务基地为主体的"小核心、大网络"工作体系和科技资源开放服务体系，实现了对在京高校院所企业科技资源的有效整合、高效运营和市场化服务，形成了科技资源整合促进产学研用协同创新的"北京模式"。2022 年，首都科技条件平台服务合同额达 38.9 亿元。[①] 2017 年，为推动北京市科技计划、

---

① 首都科技条件平台官网：https://www.ncsti.gov.cn/kcfw/kczynew/tjpt/fbfw/202205/t20220504_76562.html。

科技报告的统一呈交、规范管理和共享使用，北京市科学技术委员会研究制定了《北京市科技计划科技报告管理办法（试行）》，明确提出科技报告按照"分类管理、受控使用"的原则，通过北京市科技报告服务系统面向社会开放共享。2021年，北京市科技成果信息系统正式上线，促进公共资助项目研究成果的开放共享。截至2023年10月，近4000条科技成果信息对外公布，包括大量的原始创新和集成创新成果。[1] 从公共数据开放情况来看，截至2023年10月，北京市公共数据开放平台参与建设单位115个，开放数据集18573个，已开放数据量高达71.86亿条，平台数据下载使用量为37.46万次。[2]

（2）积极推进开放获取实践，加速知识交流与成果开放共享

近年来，开放获取在科研资助机构、决策者、期刊出版商、大学、科研院所以及广大研究人员的共同努力下得到快速发展。

在公共资助机构开放获取方面，国家自然科学基金委员会是实践推动者和引领者，2014年5月，国家自然科学基金委员会发布了《国家自然科学基金委员会关于受资助项目科研论文实行开放获取的政策声明》，随后发布了"国家自然科学基金基础研究知识库"，收集国家自然科学基金资助项目的研究成果，并向社会公众提供开放获取。同时，北京市自然基金委、北京市科学技术委员会等资助机构通过完善管理制度、制定相关政策、建立数据库等举措，加强科学数据汇交、安全管理和开放共享，推动公共资助研究成果的开放获取。例如，北京市自然基金委修订项目管理制度，明确重要数据的汇总机制。一方面，将市财政资金资助的科技计划项目的非涉密科技报告定期汇交到国家科技部；另一方面，通过统一管理平台向科研人员提供开放服务。

高校、科研院所以机构知识库为载体大力推动开放获取。北京是大学和科研院所最为密集的地区，以中国科学院文献情报中心、北京大学、清华大

---

[1]　北京市科技成果信息系统：https：//www.bjcgdj.com/#/。

[2]　北京市公共数据开放平台：https：//data.beijing.gov.cn/index.htm。

学等高校院所为代表建立的机构知识库在开放获取发展中起到了重要的推动作用。据 OpenDOAR 开放获取知识库目录统计，截至 2023 年 10 月，全球有 5889 个注册成功的机构知识库，我国有清华大学机构知识库、北京大学机构知识库、北京科技大学机构知识库、国家基因库数据库、国家自然科学基金基础研究知识库等 70 多家机构知识库纳入其中，北京的机构占据 40% 以上。① 例如，北京大学机构知识库作为支撑北京大学学术研究的基础设施，收集并保存北京大学教师和科研人员的学术与智力成果，为教师、科研人员和学生的学术研究与学术交流提供服务，2013 年还出台《北京大学机构知识库开放获取政策（试行）》，促进成果的存储、管理和开放共享。中国科学院、中国科学院文献情报中心、教育部科技发展中心等机构，以及中国科技出版传媒股份有限公司、北京中科期刊出版有限公司、知网、维普等企业积极搭建开放获取基础设施平台，例如，COAJ 中国科技期刊开放获取平台、开发获取论文一站式发现平台（GoOA）、中国科技论文在线、慧科研服务平台、COAA 开放获取集成平台、SciEngine 科技期刊全流程数字出版与知识服务平台等，推动了开放获取的发展，促进了开放学术合作交流和知识服务。

从开放获取出版情况来看，《中国开放获取出版发展报告 2022》指出②，2011~2021 年，在每年中国科研人员发表的国际论文中，开放获取论文的数量从 2.5 万篇增长到 23.8 万篇，占比从 15.8% 增至 37.8%，年均增长率为 25.3%。报告还指出，目前在我国出版的近 5000 种科技期刊中，开放获取期刊约占 1/3。根据 Scopus 数据库统计，近年来，北京开放获取文献数量逐年上升，由 2018 年的 46044 篇提升至 2022 年的 86904 篇，以 17.2% 的年均增速快速增长（见图 4）。此外，2022 年开放获取文献数量占总发文量的比例达 37.9%。北京开放获取的高质量发展有力促进了全球范围内知识的共享和传播。

---

① OpenDOAR 开放获取知识库官网：https://v2.sherpa.ac.uk/view/repository_ visualisations/1.html。
② 中国科学技术协会：《中国开放获取出版发展报告 2022》，科学出版社，2023。

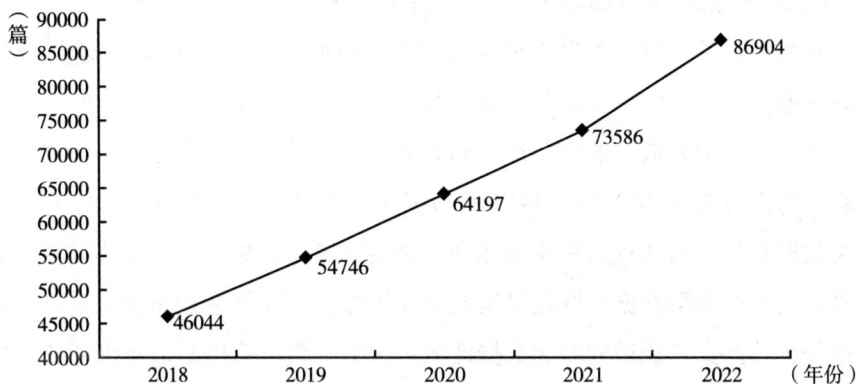

图 4　2018～2022 年北京开放获取文献数量

（3）以科学数据建设为抓手，加快提升科研效率和开放创新活力

由科技部和财政部在不同学科领域认定的 20 家国家科学数据中心，北京有 17 家。北京依托这些国家科学数据中心积极制定科学数据通用标准规范，建设运行科学数据公共服务平台，推动科学数据交叉融合应用。2021年，中国科学院计算机网络信息中心正式发布"科学数据银行"服务，支持论文关联数据发布与共享，为加快数据流转、促进国际合作提供平台和服务保障，成为国内唯一一家被国际知名学术出版机构 Scientific Data 和 Springer Nature 推荐的通用型数据存储库。① 还联合多家国家科学数据中心发起了《中国科学数据》出版联盟倡议，积极探索科学数据出版工作。《中国科学数据》（2015 年创刊）是国内唯一面向多学科科学数据出版的专门数字期刊，截至 2021 年 1 月，共发布数据集 360 余个，涵盖 17 个一级学科，共享科学数据 560GB（千兆字节），数据集访问量达 52 万余人次，下载量达 9 万余人次。② 近年来，北京论文关联数据的开放共享程度逐年提升。据 Scopus 全球数据库统计，2018～2022 年，附有开放数据的文献数量逐年上

---

① 《中科院发布"科学数据银行"服务将促进科研成果可信共享》，"新华网"百家号，2021 年 1 月 27 日，https：//baijiahao. baidu. com/s？id＝1690031277673081862&wfr＝spider&for＝pc。
② 《可信共享的科学数据公共服务发布会在京召开》，"人民资讯网"百家号，2021 年 1 月 27 日，https：//baijiahao. baidu. com/s？id＝1690094836179143105&wfr＝spider&for＝pc。

升，从 2018 年的 2416 篇增至 2022 年的 3907 篇，年均增长率为 12.8%。但附有开放数据的文献占总发文量的比例仍然较低，仅为 1.7%。随着开放科学理念的深入和实践的推进，论文关联数据的开放将大幅提升研究的可验证性和透明度，提升成果的受关注度和影响力，推动科研效率提升，促进科技进步。为助力北京建设国际科技创新中心和全球数字经济标杆城市，北京国际大数据交易所与北京市科学技术研究院在 2023 中关村国际技术交易大会开幕式上签约科学数据专区建设运营合作协议，共同打造全国首个专门针对科技领域数据交易流通的专题数据区域，拟引入市场化机制加速推动科学数据要素市场发展，促进科技创新。

（4）迎接开放科学新时代，加快推动区域科研数字化基础设施建设

开放科学时代的到来、数据密集型科研范式的兴起正加快推动新型科研数字化基础设施建设，建设智能升级、融合创新等服务的科学基础设施体系显得尤为重要。过去十多年，北京依托中国科学院计算机网络信息中心、中国科学院文献情报中心等央级研究机构，在科研信息化、数字化建设方面一直处于全国领先地位。例如，自 2013 年开始，国家科技图书文献中心、中国科学院文献情报中心、中国科学技术信息研究所、北京大学图书馆等国家级机构强强联手，启动国家数字科技文献资源长期保存体系建设，建设了国家数字科技文献资源长期保存示范系统；由国家投资建设、教育部管理、清华大学等高校承担建设和运行的全国学术性计算机互联网络——中国教育和科研计算机网（CERNET），作为我国第一个全国互联网主干网，接入单位超过 2000 家，用户超过 2000 万人，支撑了多个国家教育和科研重大项目，成为世界规模最大的国家学术互联网，国家教育现代化重大基础设施、互联网人才培养高地和互联网关键核心技术研发创新基地；2021 年 1 月，中国科学院计算机网络信息中心依托区块链等先进技术研发并推出了开放数据联盟链 ODC（Open Data Chain），成为我国首个获得国家互联网信息办公室区块链信息服务备案编号的科学数据区块链，将为科研成果的发布、确权以及科学数据的开放共享提供有力的技术支撑；为加速科学研究，提高科研工作效率，自 2016 年起，中国科学院文献情报中心构建了中国科学院科技论文

预发布平台 ChinaXiv，平台以"学界主导，公益服务，高效交流，开放传播"为宗旨，致力于打造支撑国内外学术团体构建新型学术交流体系的国家级新型基础设施。截至 2022 年 7 月，该平台有论文 1.64 万篇，访问用户人数超 290 万人次，下载量超 1616 万次。[①]

（5）一批具有影响力的开源社区和社会组织蓬勃兴起，促进企业开放创新与合作

开源软件和源代码开放是开放科学实践的重要组成部分，是激发企业创新活力、促进企业开放创新的推动力。近年来，国家层面高度重视开源发展，在《中华人民共和国国民经济和社会发展第十四个五年规划和 2035 年远景目标纲要》中，"开源"被首次提及，标志着发展开源成为我国"十四五"期间的重要工作之一；工信部发布《"十四五"软件和信息技术服务业发展规划》，将"开源重塑软件发展新生态"作为"十四五"期间我国软件产业的四大发展形势之一进行重点阐述，明确提出"建设 2~3 个有国际影响力的开源社区，培育超过 10 个优质开源项目"的发展目标。

北京是我国开源创新的策源地，早在 1998 年，冲浪平台（中国）软件技术有限公司研发的 Xteam Linux 中文操作系统成功在北京市政府研究室办公 OA 系统中实现应用。同年，中国第一批开源社区——阿卡社区（AKA）在清华大学成立，培养了我国最早一批 Linux 人才。1999 年，中国科学院软件所牵头研发中文版红旗 Linux 和 RedOffice，国内专业开发者社区 CSDN 成立。2000 年，为提升北京软件产业工程化水平，北京市科学技术委员会筹划建设北京软件产业基地公共技术支撑体系。

进入 21 世纪后，北京的开源软件和开源文化得到更快更好的发展，先后成立了 Sun 中国工程研究院、Intel 中国开源技术中心（OTC）、IBM 中国 Linux 解决方案合作中心、Mozilla 中国中心等研发机构。中国开源软件推进联盟、W3C（万维网联盟）、云计算开源产业联盟、新一代人工智能产业技术创新战略联盟、中国人工智能开源软件发展联盟、中国开放指令生态联盟

---

① 阎芳：《中科院预印本平台 ChinaXiv 实现全新升级》，《中国科学报》2022 年 7 月 18 日，第 3 版。

（RISC-V）、数字孪生体联盟、"科创中国"开源创新联合体、云计算开源产业联盟、开源工业互联网联盟、开放原子开源基金会、中国计算机学会CCF开源发展委员会、北京智源人工智能研究院、北京开源芯片研究院等开源组织，以及木兰开源社区、ALC-Beijing、星策开源社区、长安链开源社区等具有影响力的开源社区先后在京成立。同时，依托清华大学、中国信息通信研究院、中国电子技术标准化研究院、百度、字节跳动、第四范式等知名机构和企业，培育了一批优质的开源项目。例如，2017年百度正式对外开源Apollo自动驾驶，截至2021年底，该平台已完成11个版本迭代，全球拥有135个国家超80000名开发者，合作伙伴超210个，开源代码量总计70万行；2019年，由百度主导研发的全球首个通用安全计算平台Teaclave进入Apache孵化；2020年，清华大学发布自主研制开源时间序列数据管理系统Apache IoTDB，成为中国高校首次在Apache国际开源社区发布的软件项目；2021年，第四范式的机器学习数据库OpenMLDB开源，短短半年时间机器学习数据库、内存数据库、特征存储等方向进入全球代码托管平台GitHubtopics排行榜；2022年，字节跳动开源自研数据集成引擎BitSail，支持20多种异构数据源间的数据同步，服务于字节跳动内部几乎所有业务线，包括抖音、今日头条等大家耳熟能详的应用，同时支撑火山引擎多个客户的数据集成需求。

在标准制定方面，以中国电子技术标准化研究院、中国信息通信研究院等行业知名机构以及众多联盟组织为核心，完成了首个开源领域国家标准《信息技术开源　开源许可证框架》、木兰开放作品许可协议和开源治理系列标准、可信开源标准体系等，引领我国开源软件发展和开源文化传播。

### 3. 开放科学发展环境不断优化

近年来，北京数字技术环境、相关政策环境、开放市场环境不断优化，公民科学素质不断提升，科研合作交流不断加强，有力支撑开放科学发展。

（1）数字技术与数字产业不断发展，成为开放科学发展的强力支撑

数字技术的进步是开放科学兴起和发展的重要原因之一，开放科学被视

为以数字技术应用为核心的科学新范式。一个城市数字技术与数字产业不断发展，为开放科学发展提供良好的技术支撑。北京作为中国数字化发展进程中的先行者，数字经济规模持续攀升，产业基础逐渐夯实。全市数字经济增加值由 2015 年 0.87 万亿元提高至 2022 年 1.70 万亿元。数字技术创新取得新突破，2021 年北京首个超导量子计算云平台上线，率先建设超大规模人工智能模型"悟道 2.0"，发布国内首个自主可控区块链平台"长安链"。国家人工智能创新应用先导区获批建设，北京国际大数据交易所正式运行。与此同时，企业竞争力显著增强，数字科技不断进步。在美国福布斯发布的全球数字经济百强榜单中，北京有 8 家企业上榜，占国内半数以上；在胡润研究院发布的"2022 年全球独角兽榜"中，北京有 90 家企业入榜，排名全球第三。① 2021 年，数字经济核心产业企业发明专利授权量达 4.3 万件，占全市发明专利授权量的比重达 54.2%。据 Scopus 数据库统计，2022 年北京在计算机科学、人工智能领域发文量超 2.5 万篇，在全球城市中排首位。

（2）开放科学理念和共识度不断提升，开放政策、开放合作交流和科学传播环境逐步优化

北京是开放科学实践引领者，也是开放科学文化和理念的提倡者。自 2018 年以来，北京先后发布《世界公众科学素质促进北京宣言》《科研数据北京宣言》《开放科学实践北京倡议》《数字丝路北京宣言》，呼吁国际社会共同致力于维护开放、共享、协作的创新环境。尤其是近两年，社会各界对开放科学的认识和理解进一步加深，北京紧跟国际发展步伐，依托丰富的高校和科研机构资源以及顶尖科学家集聚的优势，加快引领开放科学发展。

地方层面的开放科学政策正在紧锣密鼓的制定中。北京在遵循国家政策框架的基础上，围绕科学数据、研究成果共享、重大科研基础设施和大型科研仪器开放共享、科研诚信、扩大开放合作、开放性科学实践等方面制定了

---

① 池梦蕊：《北京加快建设全球数字经济标杆城市一季度数字经济迎来"开门红"》，人民网，2023 年 4 月 25 日，http://bj.people.com.cn/n2/2023/0425/c14540-40391518.html。

地方性政策，如《北京市人民政府办公厅关于加强首都科技条件平台建设进一步促进重大科研基础设施和大型科研仪器向社会开放的实施意见》（2016年）、《北京市科技计划科技报告管理办法（试行）》（2017年）、《北京市关于解决重大科研基础设施和大型科研仪器向社会开放若干关键问题的实施细则（试行）》（2018年）、《关于弘扬科学家精神加强作风学风与科研诚信建设的实施意见》（2020年）、《北京市关于支持外资研发中心设立和发展的规定》（2022年）、《北京市专利开放许可试点工作方案》（2022年）、《北京市公共数据专区授权运营管理办法》（2023年）等。2022年，北京市科学技术委员会、中关村科技园区管理委员会启动编制《北京市促进开放科学实践行动计划（2022—2025年）》，助力北京开放科学实践推进。《北京市"十四五"时期国际科技创新中心建设规划》的第九部分专门提出了开放科学相关的内容。

积极搭建国际合作交流平台，推动开放合作与共享，优化国际环境。近年来，北京通过搭建国际交流平台、加大创新政策供给、深化政府间交流合作、激发民间主体力量等举措，大力推动科技国际交流合作。[①] 一是在京举办各种学术交流论坛，营造"学术北京"氛围。据不完全统计，2023年全国及北京市属科技类学会、基层组织在京举办的学术活动超过千场，其中学科类品牌学术交流活动有424场，推动基础前沿领域科技创新。二是聚焦开放科学领域，积极搭建学术交流平台。近两年，北京密切关注全球发展形势，举办了多场开放科学主题相关的论坛活动。例如，由中国科学院文献情报中心创立并主办的中国开放获取推介周，自2012年启动以来，已连续举办11届，成为目前国内开放获取领域规模最大、内容最丰富、学术水平最高的盛会，是该领域展示新成果、推广新理念、交流新经验、寻求合作共享的重要平台。2021年9月20日，北京自然辩证法研究会联合北京科普发展和研究中心共同承办的"开放科学与科学教育国际论坛"在北京科学中心成功举办，与会专家学者主要围绕开放科学与科学研究、开放科学与科学教

---

① 《走出去、引进来！北京科技创新国际交流合作成效显著》，北京国际科技创新中心网站，2022年9月14日，https://www.ncsti.gov.cn/kjdt/xwjj/202209/t20220914_97562.html。

育、开放科学与科技治理等议题进行了精彩的报告交流；2023 年 5 月 28 日，以"共议开放科学　共建开源生态"为主题的 2023 开放科学论坛在京举办；2023 年 5 月 30 日，2023 中关村论坛举行了"科学数据与开放科学"平行论坛，聚焦科学数据开发利用和开放共享，通过打造科学数据领域高端交流平台，聚焦开放科学背景下科学数据在促进科学研究、加强国际合作等方面的政策与实践，推动科学数据国际合作和信息共享。三是建设链接全球创新网络的中关村节点。2015 年，中关村发展集团在美国硅谷设立了第一家海外子公司——中关村（北美）控股公司，建立了第一个海外创新中心——中关村硅谷创新中心。截至 2022 年，中关村发展集团已在美国硅谷、德国海德堡、以色列特拉维夫设立创新中心。依托海外创新中心提供投融资和空间服务，各创新中心累计孵化超过 400 个项目，推荐 300 多个项目、近 200 位人才来京发展。四是依托怀柔科学城推动大科学装置面向全球开放共享。围绕物质科学、空间科学、生命科学等基础研究领域发起国际联合研究项目，集聚国际知名科学家和团队资源，打造具有国际影响力和国际资源吸附力的创新综合体。五是支持知名国际机构和组织落地北京。截至 2023 年 6 月，共有 113 家国际组织在京落户，其中，政府间国际组织及其驻华代表机构有 32 家，非政府间国际组织总部有 38 家、非政府间国际组织代表机构有 43 家，各类国际组织总部和代表机构数量均居全国首位。与 2019 年专项工作组成立之初相比，在京国际组织新增 28 家，增幅达 33%。[1] 近年来，中国科学技术协会大力支持我国科学家联合其他国家科学家和科技组织，在我国发起设立国际科技组织。国际氢能燃料电池协会、世界机器人合作组织、国际智能制造联盟、国际介科学组织等在京设立，来自全球的成员单位积极推进在全球范围内举办高水平国际会议，撰写相关领域研究报告，发起国际合作研究项目，搭建专业化的国际学术交流合作平台。[2]

营造开放的科技市场环境，促进优质研究成果产出和转化。2023 年 9

---

① 徐美慧：《113 家国际组织在京落户，国际交往中心建设成绩单来了》，《新京报》2023 年 6 月 26 日。

② 张璐：《多个国际科技组织近期成立并落地北京》，《新京报》2023 年 5 月 26 日。

月，北京市十六届人大常委会五次会议审议《北京国际科技创新中心建设条例（草案）》，该条例提出，北京将推动国家服务业扩大开放综合示范区、中国（北京）自由贸易试验区对标国际规则，推动科技领域的制度创新；培育具有国际影响力和竞争力的科技领军企业，支持其在市场需求、集成创新、组织平台等方面发挥创新带动作用；北京将建立以信任为前提的战略科学家负责制，赋予战略科学家和科技领军人才充分的人财物自主权和技术路线决定权。这些举措必将大大推动北京"两区"建设，促使北京更好地对接国际市场，并从市场需求层面推动高质量研究成果的产出，提升科技成果的社会影响力，为开放科学发展注入新动能。另外，伴随北京对外开放进程的推进，科学研究与技术服务业吸引外商直接投资也迎来了大好机会。2022 年，科学研究与技术服务业全年实际利用外商直接投资额达 69.8 亿元，较 2018 年增长了 189.6%，年均增长率高达 30.5%；全年实际利用外商直接投资中科学研究与技术服务业的占比从 2018 年的 13.9% 提升至 2022 年的 40.1%，成效十分显著（见图 5）。

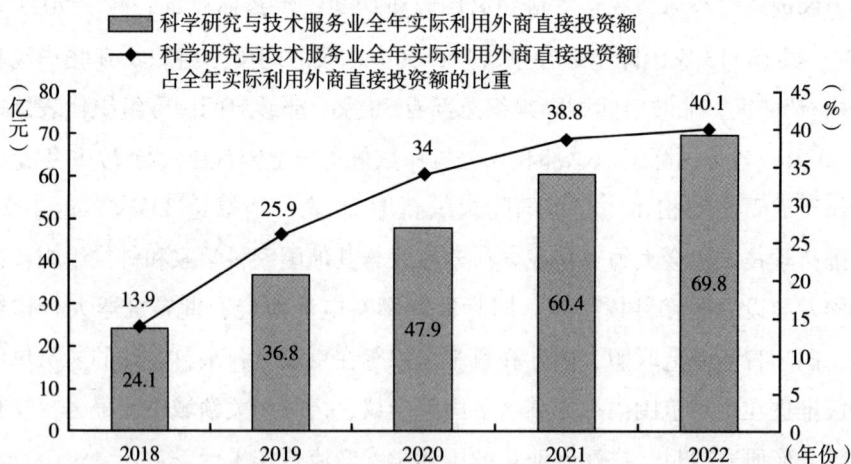

**图 5  2018~2022 年北京科学研究与技术服务业全年实际利用外商直接投资情况**

除此之外，近年来，全市科普基地建设成效及全民科学素养有了普遍提升，为开放科学文化与理念传播奠定了基础。北京科普资源十分丰富，现有

133家全国科普教育基地、400多家市级科普教育基地，是科学传播的重要载体。"十四五"时期，北京市公民科学素质水平继续保持快速增长态势，2022年具备科学素质的北京市公民占比达26.30%，居全国首位，比2015年（17.56%）提高了8.74个百分点，为国际科技创新中心建设积蓄了创新人才。[①]

**4. 开放科学推动科研成果全球影响力和竞争力提升**

中国是科研产出大国，也是全球开放科学的重要参与力量。近年来，中国的科技界、出版界已深度融入全球开放科学实践，在学术、社会等方面的影响力和竞争力有了大幅度提升，而提升全球科研影响力也是我国引领开放科学的关键。

科研产出全球贡献度不断提升，学术影响力高于世界平均水平。2018～2022年，北京发文量占全球发文量的比例从2018年的4.5%提升至2022年的5.7%。在开放科学的推动下，科研成果向全球开放，无论是开放获取还是论文关联数据开放均处于全球领先水平，其全球贡献度日益提高。学术影响力方面，2022年北京的归一化引文影响力（FWCI）为1.21，超过世界平均水平（FWCI＝1.00）。

北京大力促进科研合作与交流，积极融入全球科研合作网络。2018～2022年，北京国际合作论文数量呈现上升趋势，2022年总量达50832篇，年均增长率为7.5%，占北京总发文量的22.2%（见图6）。

北京坚持与国际标准接轨，国际竞争力逐渐提升。自2018年以来，国家人口健康科学数据中心、中国地球物理学科中心、国家空间科学数据中心等7个科学数据中心陆续申请并通过国际科学数据可信认证——CoreTrustSeal，成为获得国际认可的可信数字仓储。国家科技图书文献中心开展了国家数字科技文献资源长期保存示范系统建设，遵循ISO 16363：2012等国际可信认证标准，对数字科技文献资源进行审计认证。在国际竞

---

① 张璐：《北京市公民具备科学素质比例达到26.30%，位列全国首位》，《新京报》2023年4月7日。

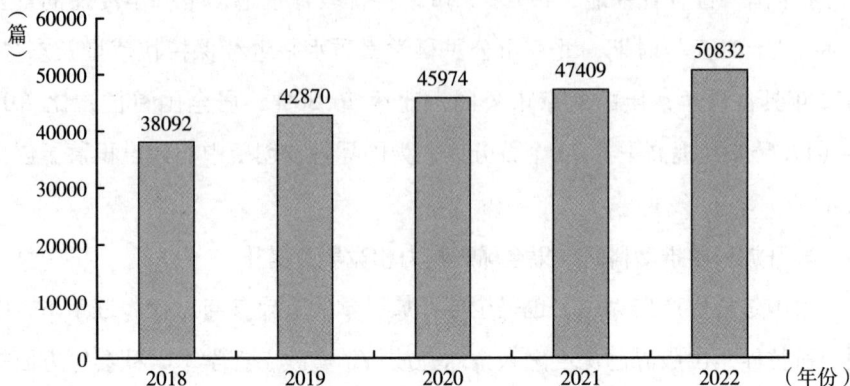

**图6 2018～2022年北京国际合作论文数量变化**

争力方面，2018～2022年，北京高被引科学家数量和PCT国际专利申请量逐年增加。根据科睿唯安发布的全球高被引科学家名单，2022年北京高被引科学家数量达442人次，其中，中国科学院排名全球第二，清华大学排名第五。PCT国际专利申请量也逐年增加，由2018年的6500件增至2022年的11463件，年均增长率为15.2%，专利质量和全球竞争力逐渐提升（见图7）。

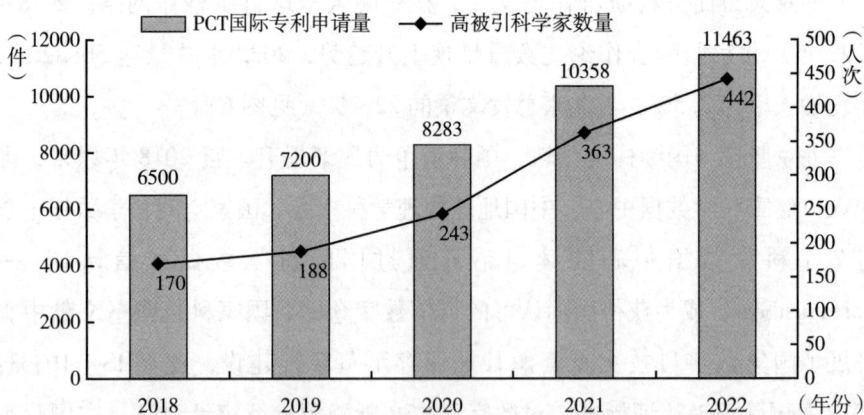

**图7 2018～2022年北京高被引科学家数量和PCT国际专利申请量**

说明：北京高被引科学家数量由课题组根据科睿唯安发布名录统计获得。

### （三）北京开放科学发展中的问题与挑战

**1. 开放科学顶层设计不足，政策的推动作用亟待加强**

2021 年，新版《科技进步法》提出"推动开放科学的发展"，为开放科学发展提供了法律依据。北京积极响应国家政策，陆续出台开放获取、科学数据管理办法、重大基础设施和大型仪器设备社会开放、科研诚信等促进开放科学发展的政策文件，但政策体系尚不完善，在顶层设计、细化措施等方面仍存在不足。在顶层设计层面，北京开放科学仍处于研究探索阶段，尚缺乏战略规划与系统设计，战略目标和阶段性目标、主要任务、推进方式和路径等尚不明确。在政策层面，相关政策主要集中在重大科研基础设施和大型科研仪器开放、公共数据开放、国际科技合作、科研环境等方面，且各部门出台的政策或多或少提及开放科学相关内容，强调开放、共享、合作理念，但至今尚未出台开放科学直接相关的政策文件，其原因之一是开放科学涉及科技、信息化、教育、国际合作等多个管理部门和领域，需要多方协调，整合难度较大。总而言之，适应开放科学发展的制度框架尚未形成，政策体系也不完善，无法满足当前各部门和各领域对开放科学的政策需求。

**2. 理念认识不够深刻，开放科学发展路径和模式尚不清晰**

党的二十大给北京国际科技创新中心赋予了更高的定位，要把推进北京国际科技创新中心建设放在实现中华民族伟大复兴的战略全局中谋篇布局，推动北京在代表我国参与国际创新合作和引领全国创新发展中发挥更重要的示范作用，在实现高水平科技自立自强中创一流、作标杆、出示范。[①] 近年来，北京围绕国际科技创新中心建设和功能定位，积极探索并推动开放科学实践，但仍存在认识不足、路径不明、家底不清等突出问题。在区域层面，政府部门及社会各界对开放科学发展蕴含的机遇和风险挑战的认识仍不够准

---

① 《科技部、北京市共同召开部市共建北京国际科技创新中心现场推进会议》，中华人民共和国科学技术部网站，2023 年 4 月 7 日，https：//www.most.gov.cn/。

确全面，开放科学对国际科技创新中心建设以及区域创新体系的作用、影响机理、互动路径等不够清晰，与数据安全保护等方面存在的问题共同影响开放科学的发展进程。在市情层面，对全市开放科学发展的情况了解不清。开放科学是一个新理念新机制，若要形成一种文化或共识需要漫长的时间。课题组在调研过程中发现，管理部门对全市开放获取、科学数据、基础设施、开源软件等方面的总体发展情况并不清晰，摸底工作尚未开展，经验总结也不足。在主体意识层面，很多机构和科研人员对开放科学定义、内涵的理解不深刻，对其必要性及迫切性尚未完全认清，依然保留着封闭不开放的科研态度，与"开放、共享、透明、包容、协作"的开放科学价值观和科研氛围仍有一定差距。

### 3. 开放科学实践孤岛情况严重，尚未形成多主体联动新格局

17 世纪，科学期刊的出现推动了第一次开放科学变革，经过 300 多年的发展，开放获取、开放数据、全球性开放治理三个发展浪潮合流促成当前开放科学发展态势，全球开放包容的多元主体治理格局正在形成。[1] 我国并非全球开放科学的发起者，在全球开放科学的实质性参与不够，尚未明确发展目标，适合开放科学发展新需求的治理框架体系尚未形成。在此背景下，北京的开放科学实践经历了自发探索、逐渐深入的过程，经过十多年的实践探索，在不同学科领域不同主体已积累了一定的经验。例如，中国科学院、国家自然基金委员会、国家科技图书文献中心、中国科学院文献情报中心以及北京大学、清华大学等通过机构知识库开展开放获取实践，推进了开放科学进程，加速相关数据库、平台和工具的研发；开放数据通过政府与市场机制相结合，依托各类公共数据共享和成果发布平台、科学数据中心建设等，推动科学数据标准规范完善，加速数据要素流动，加强国际科技交流和合作。但是开放科学实践孤岛情况严重，各个部门和机构各自为政，尚未形成真正的合力，且在开放科学方面的相关实践经验仍然不足，尤其是科研全流程数

---

[1] 《推动开放科学，我国应如何做？》，广西科协网，2023 年 10 月 15 日，https：//m. thepaper.cn/baijiahao_ 24939706。

据的开放和共享方面实践进展十分缓慢。事实上，开放科学不仅是科学界的事情，还涉及政府、产业界和社会公众，需要利益相关方尽快达成共识，并构建开放包容、透明可信的多主体科研治理体系，推动科学研究透明化、科研数字化转型升级，使各主体共同解决开放科学发展面临的各种挑战。

**4. 开放科学基础设施薄弱，难以满足实践推进的新规则新需求**

近年来，北京在重大科研基础设施、大科学装备、科学数据库建设等方面取得了显著成效，但支撑开放科学发展的各类基础设施建设仍然滞后。一是现有基础设施无法满足开放科学发展的新规则新需求。例如，各类已建数据库在促进数据复用、促进创新等方面面临巨大挑战，包括不同类型数据中心、仓储和平台的互联互通不够，科学数据质量和基础设施服务效能不佳，知识产权确认和激励机制不健全，开放包容性不足等。二是适合开放科学底层逻辑和技术框架的一体化基础设施缺失。开放科学基础设施应支持开放获取、开放可重复研究、开放数据、开放科学评估等科学研究的各个环节，但目前无论是平台和工具开发，还是底层技术标准等都有所欠缺。三是缺乏面向区域发展的开放科学基础设施。当前，北京开放科学实践在学科领域开展得较好，面向区域发展中存在的重大问题以及全球性难题解决的实践滞后，现已搭建的或正在搭建的基础设施难以满足区域发展过程中重大问题的发现和解决，北京迫切需要一朵属于自己的"科研云"。

## （四）北京推进开放科学的思路和对策建议

作为一种新的创新理念和研究范式，开放科学与党的二十大报告提出的"扩大国际科技交流合作，加强国际化科研环境建设，形成具有全球竞争力的开放创新生态"，以及"稳步扩大规则、规制、管理、标准等制度型开放"的战略部署高度契合。推动开放科学发展既是推动我国科技发展的内在要求，也是世界各国携手应对人类共同挑战、努力缩小全球科技创新鸿沟的客观需要。北京的开放科学实践刚刚起步，开放科学理念落地沉淀并形成行为规范还有漫长的路要走。基于目前北京开放科学发展中的问题和挑战，本报告提出如下对策建议。

**1. 加强顶层设计，指导和规范全市开放科学实践**

开放科学是一项系统性、复杂性和全局性工作，涉及多方主体，以及文化、技术、政策、经济等诸多方面，需要宏观层面政策制定和支持，以及微观层面机构转型，二者缺一不可。一方面，尽快开展摸底调查，结合北京国际科技创新中心建设方向、目标任务和开放科学发展现状，加强顶层设计和战略规划。建议加强开放科学战略研究，以开放科学运动的全球发展态势为基础，从科学研究成果的生产、管理、扩散一体化系统思维出发，制定规划并推进落实，强化科技、教育、文化、信息化、国际合作、宣传等管理部门之间的协调合作，尽快出台专门针对北京开放科学发展的中长期规划以及相关政策，指导和规范全市开放科学实践，促使实践探索迈出实质性步伐，同时，加快形成全社会共识，探索地区层面的应对策略。另一方面，组织开展开放科学发展试点示范，围绕科学数据开放、开放科学平台、开放出版、开放科学社区、工具研发等方面，支持一批具有广阔应用前景的示范项目，推动形成一系列相对成熟完善的支持政策、规范标准、运行模式等，有力促进北京开放科学发展。

**2. 加快推动公共资助研究成果的全面开放**

随着开放科学运动在全球范围内持续推进，以开放科学提高政府研发投入成效和影响力成为各国政策和措施的重要抓手。其中，公共资助研究成果的开放利用是各国政策推进的重要方面。国际上已有大量开放获取政策经验可供中国借鉴，例如，美国国家科学基金会、欧洲研究委员会、英国研究理事会、哈佛大学等机构都制定了强制性开放获取政策。一是推动更高水平的开放。结合强制性政策、鼓励性政策规范，推动公共资助研究成果以数字化方式及时对外开放，鼓励对公共出版物的开放存取；根据数据安全等级、知识产权保护、用户需求等，制定并调整不同研究成果的公开方式和流程，最大限度向用户开放研究成果。二是促进研究成果的高效利用。支持在公开和利用研究成果的过程中进行开放型合作，尤其要鼓励科学数据的复用、数据分析工具和软件开发，促进以数据为基础的科研合作，提高成果转化率和社会影响力。三是构建供需双方"共享+沟通+合作"体系。通过举办数据科学公开赛、开放科学平台公开赛等，建立成果供需双方共享、沟通、合作体系，发挥公共资助研究成果的社会价值，促进隐性知识和现场经验的开放交流。同时，对社会影响力和使用率高的研究成果给予适当补偿；加快产学研合作，实现科学研究与产业需求的高效对接，让最新科研成果转化为全社会的创新利器，让创新潜力转变为创新红利。

### 3. 聚焦国际科技创新中心，搭建全球开放科学平台

开放科学与开放创新加快融合是当前区域创新的必然趋势。《北京市"十四五"时期国际科技创新中心建设规划》明确提出"构建开放创新生态，走出主动融入全球创新网络新路子"，具体包括打造具有首都特色的开放创新合作机制、探索符合新形势新要求的国际合作新路径、构建高质量的开放创新环境三方面内容，而搭建全球开放科学平台是实现这一目标的重要载体和新路径。一是密切关注全球开放科学发展态势，充分利用首都国际交往中心优势，积极围绕开放科学领域开展国际合作，支持顶尖科学家发挥人脉网络优势和国际学术影响力，构建全球开放科学合作网络；支持有实力的机构联合搭建特色科学数据库，为开放科学实践提供资金、空间、设施等全方位支持。二是打造开放科学思想和文化荟萃地。高水平办好中关村论坛开放科学平行论坛、中国开放获取推介周、北京国际学术交流季等科技交流活动，邀请全球知名学者、企业负责人汇集北京，努力打造开放科学领域高端国际学术会议品牌和交流合作平台。三是聚焦北京国际科技创新中心重点科技领域，如量子科学、干细胞、脑科学与类脑研究等领域，支持学会、高校院所等联合，牵头成立相关国际学术会议组委会，持续推进该领域国内外同行深度对话。同时，依托怀柔科学城大科学装置，面向全球发起重大国际合作项目，加快前沿科学、数据科学等领域的顶尖人才培养，探索具有北京特色的开放科学发展路径和实践模式。

### 4. 构建开放包容、透明可信的开放科学治理体系

开放科学的兴起对当前科研范式起到深刻影响，它在现有科研系统的基础上，引入一些新的元素和机制，影响科学研究全生命周期，塑造新的开放

数据生态和负责任的诚信科研环境，需要重构开放包容、透明可信的科研治理框架和开放科学治理体系。开放科学治理体系构建是一项长期而复杂的系统工程，需要战略规划引领、多元主体参与、平台工具支撑、行为规范和机制保障，涉及主体要素、功能要素和环境要素。

一是加快构建多主体参与的开放科学实践模式。开放科学相关利益方包括科研管理和资助机构、大学和科研院所、大科学装置平台、出版商、期刊、学术团体、数据中心、企业、公众等，需要多主体"各司其职、各尽所能"。目前，北京的开放科学实践层出不穷，主要在机构层面展开，已积累了较丰富的经验，但多主体参与意愿和参与程度较低，且主体间尚未形成联动合力，需要探索并推动多元主体参与。应通过开放科学重大示范工程，引导和汇集具备能力的科研主体积极参与开放科学事业，同时，支持开放科学相关联盟组织、联合体、基金会等，发挥其组织、协调、桥梁以及共享平台作用，汇集开放科学相关要素和资源。二是加强开放科学行动中的功能要素整合和配套。面向区域发展重大问题和全球性难题，构建从发现问题到成果传播的全链条生态体系，在各个环节提供适宜开放科学行动实施的规章制度、技术工具、科学数据管理、成果存取、服务创新等配套功能。三是加大资金投入，加强基础设施建设和机制保障。设立开放科学基金，重点投资开放科学基础设施和服务、人才培养和科研数字化能力建设等方面，确保科学相关信息、数据、源代码和硬件等研究成果得到长期保存、共享和重复使用，加强各级开放科学基础设施和服务的整合与互操作，促进跨国科技合作研究等，同时，不断完善监管机制、利益协调机制、激励机制、评估机制、信任机制等各项机制，为北京开放科学提供良好的发展环境。四是建立适宜开放科学发展的人才培养体系。支持将开放科学理论和实践引入高校课程体系，开设科学数据管理、科研数字化管理、开放科学等课程，鼓励大学和研究机构开展实践培训以及竞赛，系统化培养、挖掘开放科学领域人才；为科研工作者开设短期培训课程，提升科研人员数字化素养。①

① 薛菁华等：《与数共舞——全球科研范式数字化转型》，上海人民出版社，2022。

**5. 加快形成开放科学价值导向的文化理念和环境**

社会性是当代开放科学文化的核心价值之一。开放科学不仅是科学界的事，更是全社会的开放性运动，因此，构建学术界、产业界、政府、非政府组织、公众等共同参与的开放科学文化体系将是未来开放科学运动的重要方向。一是紧跟国际形势，以国际经验推动开放科学价值体系建设。政府部门、学术界、产业界、科普传播机构等多方合力传播"开放、公平、透明、守正"的开放科学文化，发挥科普机构、学会、协会、联盟等组织作用，挖掘和传播优秀做法和案例。二是构建安全透明可信的开放科研生态。开放科学需要建立公正和透明的科学评价体系，应进一步完善科研诚信制度，明确科研人员的职责和义务，规范科研行为，保障科研成果的真实性和可信度；以科研成果的质量和价值、开放效益等为评价导向，建立适应开放科学时代的科研成果评价体系，同时，优化信息公开、合作共享、审核监督等方面的机制，为形成良好的开放文化和科研环境提供保障。三是加大开放科学文化传播力度，培育开放创新文化。依托全市丰富的科普场馆、基地、组织等资源优势，大力传播开放科学理念和文化，结合社区科普活动，让公民尽快理解开放科学理念及其重要性，提升公民参与意识。同时，抓住"两区"建设契机，营造良好的开放市场环境，促进科研服务、数字科研等产业的蓬勃发展。

# 指数篇

Exponential Report

# B.2
# 北京开放科学发展指数报告

李梅 杨萍 张敏 张士运*

**摘 要：** 城市是开放科学发展的空间载体，肩负着推动科学发展、承载创
新活动以及示范创新驱动发展的历史使命。近年来，北京紧紧围
绕国际科技创新中心建设，积极推进开放科学实践，充分发挥开
放科学的基础性作用，激发创新活力，支撑和驱动地区高质量发
展。本报告从城市层面探讨开放科学发展，聚焦北京国际科技创
新中心建设，强调开放科学与区域创新的内在联系和互融互促，
从开放科学发展基础、实践活力、环境支撑、全球影响四个维度
构建北京开放科学发展指标体系，并据此对 2018～2022 年北京
开放科学发展水平进行测算分析，同时将北京与国内部分省市、
全球科技创新城市进行比较，得出结果如下：（1）2018～2022

---

\* 李梅，北京市科学技术研究院副研究员，研究方向为区域创新、创新生态和开放科学；杨
萍，博士，北京市科学技术研究院副研究员，研究方向为文献资源管理、开放科学；张敏，
博士，北京市科学技术研究院副研究员，研究方向为产业经济理论与政策、开放科学；张士
运，北京市科学技术研究院研究员，研究方向为科技战略、科技政策和管理。

年，北京开放科学发展指数逐年提升，呈现发展基础不断夯实、实践活力不断增强、支撑环境不断优化、全球影响力不断提升等态势；（2）北京开放科学的发展优势突出，"粤浙苏沪"发展加速，尤其是在人才储备方面，同时，粤浙地区在开源创新领域彰显蓬勃活力；（3）北京在科研规模实力、开放科学实践和全球影响方面表现优异，规模效应逐渐凸显，但在科研成果的开放度、透明度、学术影响等方面与伦敦等全球科技创新城市相比存在较大差距，具有很大的提升空间。基于此，本报告围绕增强科研成果质量优势、推动开放科学实践、提高成果全球影响力等方面提出对策建议。

**关键词：** 开放科学　开放式创新　环境支撑　实践活力　北京

　　"十四五"时期，我国面临着前所未有的机遇和挑战。为了适应新时代的发展需求，我们需要不断提高自身的变革能力，以更加开放的姿态积极探索新的发展模式和路径，增强创新能力和竞争力，推动经济高质量发展。党的十九届五中全会提出，坚持创新在我国现代化建设全局中的核心地位，把科技自立自强作为国家发展的战略支撑。习近平总书记强调，"人类要破解共同发展难题，比以往任何时候都更需要国际合作和开放共享"，"要努力增进国际科技界开放、信任、合作，以更多重大原始创新和关键核心技术突破为人类文明进步作出新的更大贡献，并有效维护我国的科技安全利益"。[①]

　　进入 21 世纪，随着开放科学对知识创造、要素流动、成果扩散和区域创新生态的"基础性""决定性"作用日益凸显，世界各国纷纷出台政策促进开放科学实践，全球知名企业通过开放科学寻求创新突破。当

---

① 《切实加强基础研究 夯实科技自立自强根基》，《人民日报》2023 年 2 月 23 日，第 1 版。

前，北京国际科技创新中心建设进入关键时期，紧跟全球发展形势，积极融入全球创新网络，构建良好创新生态，迫切需要发挥开放科学的基础性作用，激发开放创新活力，支撑和驱动首都高质量发展，应对全球性挑战。北京推动开放科学实践，可以吸引全球优秀的科技人才和创新资源，促进国内外科技创新的交流和合作，加速科技成果的转化和应用，提升北京国际科技创新中心的核心竞争力和影响力，推动中国科技创新向世界前沿迈进。

近年来，北京紧紧围绕国际科技创新中心建设，不断推进开放科学实践，取得了显著成效。但开放科学作为一种新理念，认识水平还需提高，实践路径也需进一步探索。为了更好反映当前北京开放科学发展状况和趋势，本报告从发展基础、实践活力、环境支撑、全球影响四个维度构建北京开放科学发展指标体系，评价近年来北京开放科学发展水平，开展国内外对比研究，明晰北京在开放科学领域的优势和短板，为进一步推动开放科学实践和国际科技创新中心建设提供决策参考。

# 一　北京开放科学发展指标体系构建

## （一）指标体系构建思路

### 1. 以开放科学理论和实践为依据

开放科学理论和实践表明，开放科学是以数字技术应用为基础的科学新范式，是开放研究全生命周期过程的新规范，是面向全社会的科学开放、应用和参与。城市作为推动开放科学实践的重要空间载体，在加快构建高质量区域创新体系目标下，以知识资源和创新要素禀赋为发展基础，以开放科学实践为主要抓手，以提升全球影响力为牵引，以开放科学环境优化为保障，基于科研界、产业界、政府、公众等多主体跨越知识边界和空间地理边界进行开放交流与合作，加快知识传播和共享，创新资源优化配置，从而产出高价值的科研成果，实现科学研究的社会价值。因此，一个城市的创新系统是开放科学与创新融合发展的产物，两者既相互独立又相互联系，评价城市层面的开放科学发展水平不仅要考虑发展基础、规模和能力，还要考虑实践因素、环境因素以及外部影响因素。

### 2. 以代表性开放科学及全球城市创新指标体系为借鉴

国内外关于开放科学、全球城市创新、区域创新指标体系的代表性研究机构、专家及成果主要有：世界知识产权组织（WIPO）发布的《2022年全球创新指数报告》，澳大利亚智库研究机构 2thinknow 的全球创新城市指数，施普林格·自然集团、清华大学产业发展与环境治理研究中心面向全球发布的"国际科技创新中心指数2022"，英国《自然》杂志增刊发布的"2023年自然指数—科研城市"，中国科学院杨卫院士团队构建的开放科学成熟度指标体系（国家层面），上海社会科学研究院数字化绿色化协同发展研究中心、上海数据交易所研究院、德勤企业咨询（上海）有限公司联合发布的"全球重要城市开放数据指数"，复旦大学数字与移动治理实验室发布的"中国开放数林指数"等。充分借鉴上述指标体系的设计思想、指标选取原则、评价方法，构建北京开放科学发展指标体系。

### 3. 以开放科学与区域创新融合发展为统筹

开放科学在促进高水平开放合作、驱动高质量发展以及应对全球性挑战等方面发挥重要作用。开放科学与创新融合是区域发展的必然趋势，两者相辅相成，北京推动开放科学的目的是在政府、科研界、产业界、社会公众等共同推动下，引入更加开放的理念、文化及机制，优化科研生态环境，加快提升以数字技术为核心的科研竞争力，推动形成数据密集型科学研究范式；促进跨学科领域交叉融合、合作和知识共享，提高科学研究的质量和效率，不断产出高价值、高质量研究成果，寻求新的解决方案并引领全球创新；共同挖掘科学研究的社会公共价值，提高科学的社会影响力。因此，开放科学发展指标体系的设计，既要考虑开放科学和区域创新相关指标，还要考虑两者融合综合指标，如投入水平、知识创造、人才规模、成果转化等。

### 4.以统计数据、调查数据和大数据为基础

为了使指数结果更加科学、客观，北京开放科学发展指数测算的数据来源除了统计年鉴之外，还有 Scopus 数据库[①]、机构官网、蓝皮书、行业发展报告等。在本报告所构建的北京开放科学发展指标体系中，约 1/3 的指标数据来自权威机构发布的统计报告，约 1/3 的指标数据来自 Scopus 数据库，约 1/3 的指标数据通过信息调查研究获得。

综上，北京开放科学发展指数以开放科学理论和实践框架为依据、代表性开放科学及全球城市创新指标体系为借鉴、统计数据和调查数据等为基础，从开放科学与区域创新的关系视角出发，充分考虑开放科学发展对北京国际科技创新中心建设的基础性、关键性作用，强调开放科学对知识产生与扩散、知识应用与利用、区域社会经济和开放文化等各子系统效能的积极影响，以及与外部系统的协同联动、开放合作。基于此，本报告从发展基础、实践活力、环境支撑和全球影响四个维度构建北京开放科学发展指标体系，反映 2018~2022 年北京地区开放科学发展状态和水平。其中，发展基础从投入水平、人才规模、知识创造、成果转化等方面体现开放科学与创新融合的资源基础和规模水平；实践活力从开放获取、论文关联数据、开放服务、基础设施、开放合作和开源创新六个方面反映北京地区开放科学实践动向和态势；环境支撑从数字化潜力、政策环境、科学素养和开放市场四个方面评价开放科学发展的外部环境；全球影响从学术影响、社会影响、国际认可、国际竞争力等方面反映北京的全球科研创新引领力以及在全球开放科学体系中的地位。

---

① 本报告所使用的 Scopus 数据库，是爱思唯尔的同行评议文章摘要和引文索引数据库，涵盖约 105 个国家的 7000 家出版商在 39000 多种期刊、丛书和会议集中发表的 7730 万篇文章。Scopus 数据库的覆盖范围是多语种和全球性的：Scopus 数据库中大约 46% 的文章是以英语以外的语言发布的（或以英语和其他语言发布的）。此外，超过一半的内容来自北美以外地区，代表了欧洲、拉丁美洲、非洲和亚太地区的许多国家。在开放获取（Open Access）的文章类型方面，Scopus 数据库包含约 789 万篇文章，涵盖 5500 多本金色 OA 期刊。

### （二）指标体系构建

#### 1.评价指标选取原则

系统性原则。指标体系要具有多维性、层次性、逻辑性。一级指标需要从不同维度反映北京开放科学发展状况和影响因素；将一级指标分解到二级指标，要遵循从宏观到中观再到微观的顺序层层深入；二级指标之间要具有一定的逻辑性，能够从不同侧面反映北京开放科学发展情况，最终形成一个有机统一的评价体系。

前瞻性原则。指标体系设计将视角转向开放科学对区域创新的推动作用，关注两者融合成效，重视科学对社会经济发展的影响，充分发挥对北京开放科学实践跟踪监测的"风向标"作用，从中发现开放科学发展的总体态势与变动方向，以便于为各级政府制定相关政策提供决策参考。

问题导向原则。指标体系的设计要综合考虑现阶段北京开放科学发展关键环节存在的突出问题、矛盾和障碍，并着眼于问题解决、矛盾化解、障碍消除等重要方面，适当选择靶向性指标，以便于发挥开放科学发展指数揭示关键环节及突出问题的"晴雨表"作用。

可操作性原则。指标选取注重代表性与可得性相结合，宏观指标与微观指标相结合，充分考虑指标的内涵与数据采集难易程度。同时，采用实用性强的指数测算方法，确保指数测算结果能比较准确地反映北京开放科学发展的历史轨迹及现实情况。

#### 2.指标体系的研究设计

基于开放科学内涵、开放科学与区域创新融合发展关系，借鉴国内外开放科学相关指标体系构建方法，本报告从发展基础、实践活力、环境支撑、全球影响四个维度选取指标，构建北京开放科学发展指标体系，一级指标、二级指标的设计框架见图1。

在此框架下，自上而下逐层分解确定指标，最终形成了包括4个一级指标、18个二级指标、38个三级指标的北京开放科学发展指标体系（见表1）。

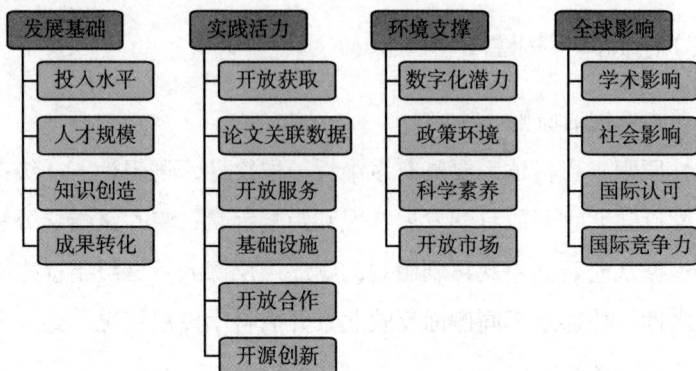

**图1 北京开放科学发展指标体系框架**

**表1 北京开放科学发展指标体系**

| 一级指标 | 二级指标 | 三级指标 |
|---|---|---|
| 发展基础 | 投入水平 | R&D经费投入中基础研究占比(%) |
| | | 教育经费支出(亿元) |
| | 人才规模 | 科研人员总数(人) |
| | | 高等院校毕业生人数(万人) |
| | 知识创造 | 发表论文总量(篇) |
| | | 有效专利授权量(件) |
| | 成果转化 | 技术合同交易额占GDP比重(%) |
| | | 科学研究和技术服务业增加值(亿元) |
| 实践活力 | 开放获取 | 开放获取文献数量(篇) |
| | | 具有影响力的开放获取平台数量(个) |
| | 论文关联数据 | 附有开放数据的文献数量(篇) |
| | 开放服务 | 首都科技条件平台服务合同额(亿元) |
| | | 公共资助项目研究成果开放共享情况 |
| | | 北京市公共数据开放平台信息发布量(条) |
| | 基础设施 | 国家科研信息化基础设施落地情况 |
| | | 国家级科学数据中心落地情况 |
| | 开放合作 | 机构间合作完成的发明专利数量(件) |
| | | 国际合作发文量(篇) |
| | | 科技交流与合作支出占科学技术支出比例(%) |
| | | 在京落户的国际组织总部及代表机构数量(个) |
| | 开源创新 | 开源创新相关各类组织或载体数量(个) |

| 一级指标 | 二级指标 | 三级指标 |
|---|---|---|
| 环境支撑 | 数字化潜力 | 计算机科学领域基础科研实力 |
| | | 人工智能领域基础科研实力 |
| | 政策环境 | 国家层面出台的开放科学相关政策情况 |
| | | 地方层面出台的开放科学相关政策情况 |
| | 科学素养 | 每百万人公共博物馆与图书馆数量(个) |
| | | 公民具备科学素质的比例(%) |
| | 开放市场 | 地区出口总额中高技术产品所占比例(%) |
| | | 科学研究与技术服务业全年实际利用外商直接投资(亿美元) |
| | | 全年实际利用外商直接投资中科学研究与技术服务业的占比(%) |
| 全球影响 | 学术影响 | 归一化引文影响力(FWCI) |
| | | 在同期全球发文量中的占比(%) |
| | 社会影响 | 被国外政策文件引用的文献数量(篇) |
| | | 研究成果在国际媒体以及社交媒体上提及的次数(次) |
| | 国际认可 | 全球数据库产品数量(个) |
| | | 获得 Core Trust Seal 认证的科学数据中心数量(个) |
| | 国际竞争力 | 高被引科学家数量(人次) |
| | | PCT 国际专利申请量(件) |

### 3. 指标解释及说明

(1)发展基础。一个城市的开放科学发展受区域科学研究与创新能力的影响。发展基础维度包含"投入水平"、"人才规模""知识创造"和"成果转化"4个二级指标。

"投入水平"指标选取了 R&D 经费投入中基础研究占比和教育经费支出2个三级指标,其中,R&D 经费投入中基础研究占比为全市基础研究经费占 R&D 经费的比重。以上两个指标反映地区开展教育活动、科研活动的经费投入情况。

"人才规模"指标选取了科研人员总数和高等院校毕业生人数2个三级指标,科研人员作为开放科学的核心主体,其规模是地区发展开放科学的重要基础之一。其中,科研人员总数指 Scopus 数据库中发文作者的数量。

"知识创造"指标选取了发表论文总量和有效专利授权量 2 个三级指标，反映了城市的科技产出规模和知识创造水平，知识创造水平越高代表城市对开放科学的内在需求越大。

"成果转化"指标选取了技术合同交易额占 GDP 比重、科学研究和技术服务业增加值 2 个三级指标。一个城市成果转化水平越高，说明科技成果对区域社会经济发展的贡献和影响越大，而提升科学研究成果的社会影响力是推动开放科学发展的目标之一。

（2）实践活力。实践活力是对城市开放科学发展动力的重要评判标准。开放科学实践十分广泛，包括开放获取、开放数据、基础设施建设、开源创新、开放合作、开放式同行评议、全民科学等。结合数据可获得情况，实践活力维度设置了"开放获取"、"论文关联数据"、"开放服务"、"基础设施"、"开放合作"和"开源创新"6 个二级指标。

"开放获取"指标选取开放获取文献数量和具有影响力的开放获取平台数量 2 个三级指标。其中，开放获取文献是指 Scopus 数据库中收录的所有开放获取类型的文献，包含 Gold、Hybrid Gold、Bronze 和 Green 开放获取类型；具有影响力的开放获取平台是指当前在京上线的开放获取类平台，如中国科学院文献情报中心 GoOA、国家自然科学基金开放获取仓储平台 OAR 等。以上两个指标能够较好地反映当前北京在开放获取方面的情况。

"论文关联数据"指标选取 1 个三级指标，即附有开放数据的文献数量。论文关联数据是科学数据开放的重要内容，也是提高科研可再现性和促进科学数据复用的重要方面。

"开放服务"指标选取首都科技条件平台服务合同额、公共资助项目研究成果开放共享情况、北京市公共数据开放平台信息发布量 3 个三级指标，反映科研设施与仪器、研究成果、公共数据等科技资源与信息的开放共享程度和服务成效。首都科技条件平台是国家科技基础条件平台指导下的北京地方科技条件平台，通过政府投入，推进科技资源面向社会开放共享，提高资源利用效率，将科技资源优势转化为创新发展优势，是推动北京成为具有国际影响力的创新中心的重要载体。因此，用"首都科技条件平台服务合同额"表示近年来北京科研设施与仪器开放服务体系建设成效。公共资助项目的研究成果开放是当前各国提高政府研发投入成效的抓手以及开放科学政策的重要内容。《北京市科技计划科技报告管理办法（试行）》"第四章　共享使用"提出，科技报告按照"分类管理、受控使用"的原则，通过北京市科技报告服务系统面向社会开放共享。本报告以北京市科技计划综合管理平台——科技报告服务系统中每年发布的报告数量衡量北京市公共资助项目研究成果开放共享情况，了解全市科技投入与产出的基本情况。北京市公共数据开放平台信息发布量则反映公共数据共享服务状况。

基础设施是开放科学发展的重要物质基础。"基础设施"指标选取了国家科研信息化基础设施落地情况和国家级科学数据中心落地情况 2 个三级指标，反映开放科学相关基础设施建设现状。其中，国家科研信息化基础设施是指用于科研交流与协作，科研信息的获取、处理以及应用服务等科学研究环境和科学研究活动的新一代基础设施。国家级科学数据中心落地情况指以在京机构作为运行服务机构的国家科学数据中心和国家资源库的数量。

开放合作是开放科学的重要内容，"开放合作"指标选取机构间合作完成的发明专利数量、国际合作发文量、科技交流与合作支出占科学技术支出比例、在京落户的国际组织总部及代表机构数量 4 个三级指标，从微观和宏观两个层面反映开放合作情况。其中，机构间合作完成的发明专利是指发明专利涉及 2 个及以上申请机构视为合作完成；国际合作发文量是指一篇论文有多位作者，且作者中至少有一位隶属于国外/境外研究机构；科技交流与合作支出占科学技术支出比例是指在科技总支出中用于科技交流与合作的支出所占百分比。"国际组织"是国家之间相互联系的纽带和桥梁，是国际合作与交流的重要载体，在国际社会中发挥重要作用。国际组织总部集聚对北京国际科技创新中心建设影响深远、意义重大，尤其是国际科技组织有助于我国科技工作者更多地参与全球科技治理，有助于促进国际科技界开放信任合作，为构建人类命运共同体汇聚国际科技界智慧与力量。由于国际科技组织相关数据缺失，因此以在京落户的国际组织总部及代表机构数量反映北京地区国际组织集聚情况。

开源软件的成功实践为当今开放科学的发展提供了全新范例，开源软件成为开放科学和开源创新最活跃的实践领域之一。为了反映北京在开源创新方面的实践，"开源创新"指标选取了开源创新相关各类组织或载体数量为三级指标，具体包括联盟、联合体、开源组织、基金会、开源社区等多个类型组织。

（3）环境支撑。一个城市开放科学发展离不开环境的支撑，开放科学发展受数字技术环境、教育和科研环境、社会环境、政策环境、市场环境、科学素养等外部环境的综合影响。其中，科技与教育投入、科研人员规模等反映教育和科研环境的代表性指标已在发展基础维度有所涉及，在此不重复列出。环境支撑维度设置了"数字化潜力"、"政策环境"、"科学素养"和"开放市场"4个二级指标。

"数字化潜力"指标选取计算机科学领域基础科研实力和人工智能领域基础科研实力2个三级指标来衡量数字化潜力。2个三级指标结合计算机科学与人工智能领域研究成果发布特点，以国际会议论文数量作为基础数据。

"政策环境"指标选取国家和地方层面出台的开放科学相关政策情况作为三级指标，考虑到政策的连续性、可持续性和相关性，采用了赋分制，直接相关的赋5分、密切相关的（分领域）赋3分、一般相关的赋1分，最终得到综合累计值。

"科学素养"指标选取每百万人公共博物馆与图书馆数量、公民具备科学素质的比例2个三级指标。开放科学鼓励全社会的科学开放、应用和参与，因此应关注公民科学素养水平的提升和基础环境的营造。公共博物馆与图书馆是科学普及和提升公民科学素养的重要载体。公民具备科学素质的比例是指人们了解必要的科学技术知识、掌握基本的科学方法、树立科学思想、崇尚科学精神，并具有一定的应用科学处理实际问题、参与公共事务能力。公民具备科学素质的比例越高越有利于公众科学、开放科学的发展。

　　"开放市场"指标选取地区出口总额中高技术产品所占比例、科学研究与技术服务业全年实际利用外商直接投资、全年实际利用外商直接投资中科学研究与技术服务业的占比3个三级指标。开放的市场环境是开放科学相关产业发展的基础环境之一。北京市打造国家服务业扩大开放综合示范区，建设以科技创新、服务业开放、数字经济为主要特征的自由贸易实验区，将有利于激发市场活力，推动以市场需求为导向的数字科研产业发展。上述3个三级指标能够间接反映科技创新领域市场吸引力和进出口市场现状。

　　（4）全球影响。《北京市"十四五"时期国际科技创新中心建设规划》提出，将北京建设成为世界主要科学中心和创新高地。若要实现这一目标必须提高北京在国际科学格局中的影响力和地位，因此，提高全球科研影响力是提升北京开放科学领域引领力、融合全球开放科学体系的重要路径。全球影响维度设置了"学术影响"、"社会影响"、"国际认可"和"国际竞争力"4个二级指标。

　　"学术影响"指标选取归一化引文影响力（FWCI）和在同期全球发文量中的占比2个三级指标。归一化引文影响力是基于Scopus数据库收录的论文测算的，在一定程度上反映了被评估主体发表文章的学术影响力。归一化引文影响力是标准化后的论文影响力，计算的是对象论文的被引用次数与相同学科、相同年份、相同类型论文平均被引用次数的比值，这种方法是目前国际公认的定量评价科研论文质量的最优方法。当归一化引文影响力≥1时，代表评估对象的论文质量达到或超过了世界平均水平。

　　"社会影响"指标选取了2个三级指标，分别是被国外政策文件引用的文献数量、研究成果在国际媒体以及社交媒体上提及的次数，反映北京科研成果的国际社会影响力和传播程度。被国外政策文件引用的文献数量是指有多少文献被政府、智库、NGO等的公开政策文件①参考引

---

① "政策文件"为非营利性组织、政府组织和智库研究成果文件；文件形式可以为政府发布的白皮书、专著、书籍、小册子、文章等，也可以是标题包含"政策"、"指南"、"建议"或"指导"等关键词的文件。政策文件数据来源主要为PlumX和Overton平台，这两个平台主要统计英文文件。

用。研究成果在国际媒体以及社交媒体上提及的次数中的"国际媒体"指博客（Blog）、Reddit 或 YouTube 平台（YouTube comments）和维基百科（Wikipedia）等；社交媒体指 Facebook、Twitter、YouTube（YouTube likes）、Figshare 等，体现了研究成果在社交媒体和国际媒体上被传播的程度。

"国际认可"指标选取全球数据库产品数量、获得 Core Trust Seal 认证的科学数据中心数量 2 个三级指标，反映与开放科学密切相关的产品或科学数据中心在国际上的认可程度。全球数据库产品数量是统计面向全球且具有影响力的开源和闭源数据库产品数量，数据主要通过调研行业发展报告、开源社区等获得。科学数据中心获得 Core Trust Seal 认证，表明科学数据中心的资源汇聚、规范管理和长期安全保存等数据仓储管理能力及可信任性得到国际认可。

"国际竞争力"指标选取高被引科学家数量、PCT 国际专利申请量 2 个三级指标，反映北京在人才方面的国际竞争力。高被引科学家数量是用于统计科学家被引频次的指标，代表一个地区在科学领域的全球引领力和竞争力。PCT 即专利合作条约，是专利领域的一项国际合作条约，也是反映专利质量和创新竞争力的重要指标。

## （三）指标权重与数据来源

### 1. 指标权重确定

目前，常用的指标权重确定方法包括熵值法、专家评分法、德尔菲法、层次分析法等。为了避免各评价指标权重受人为因素干扰，有效克服主观确定权重的缺陷，本报告采用了熵值法确定指标权重，具体计算过程如下。

计算无量纲化数据比重，具体公式如下：

$$P_{ij} = Y_{ij} \Big/ \sum_{i=1}^{m} Y_{ij} \tag{1}$$

计算第 $j$ 个评价指标的熵值 $e_j$, $e_j \in [0, 1]$, 公式如下:

$$e_j = -\frac{1}{\ln(m)} \sum_{i=1}^{m} P_{ij} \ln P_{ij} \tag{2}$$

计算第 $j$ 个指标的熵权 $W_j$。

$$W_j = (1 - e_j) \Big/ \sum_{i=1}^{m} (1 - e_j) \tag{3}$$

将无量纲化处理后的标准化数据与指标体系中各指标的权重进行加权求和, 得到评价得分 $P_i$, 计算公式如下:

$$P_i = 100 \times \sum Y_{ij} \times W_j \tag{4}$$

本报告利用 SPSS PRO 数据分析平台进行测算, 通过测算确定了每一项指标的权重。

### 2. 数据来源说明

为了保证评估结果科学准确、客观, 评价指标数据尽量采用国家和北京市权威统计部门数据、官网公布的数据及具有全球影响力的数据库数据。需要注意的是, 开放科学是一个新的领域, 统计指标尚不完善, 某些指标缺乏公开统计数据, 因此, 部分指标采用了信息调查数据、主流媒体公布数据（见表 2）。

## 二 北京开放科学发展指数评估结果

北京作为全国政治中心、文化中心、国际交往中心和科技创新中心, 在我国的开放科学研究与实践中始终处于引领地位。基于上述指标体系, 本报告对 2018~2022 年北京开放科学发展情况进行综合测评。将 2020 年作为基期, 使 2020 年的指标数据标准化为 100, 对其他年份数据进行标准化处理, 公式如下:

$$P_t = \frac{y_t}{y_{2020}} \times 100 \tag{5}$$

表 2 北京开放科学发展指标体系指标权重及数据来源

| 一级指标及权重（%） | 二级指标及权重（%） | 三级指标 | 三级指标权重（%） | 数据来源 |
| --- | --- | --- | --- | --- |
| 发展基础（17.471） | 投入水平（3.483） | R&D 经费投入中基础研究占比（%） | 1.395 | 《北京统计年鉴》 |
| | | 教育经费支出(亿元) | 2.088 | 《北京统计年鉴》 |
| | 人才规模（4.785） | 科研人员总数（人） | 2.140 | Scopus 数据库 |
| | | 高等院校毕业生人数（万人） | 2.645 | 《北京统计年鉴》 |
| | 知识创造（5.217） | 发表论文总量（篇） | 1.842 | Scopus 数据库 |
| | | 有效专利授权量（件） | 3.375 | 北京市知识产权局统计年报 |
| | 成果转化（3.986） | 技术合同交易额占 GDP 比重（%） | 1.960 | 北京市国民经济和社会发展统计公报 |
| | | 科学研究和技术服务业增加值（亿元） | 2.026 | 北京市国民经济和社会发展统计公报 |
| 实践活力（41.443） | 开放获取（5.366） | 开放获取文献数量（篇） | 2.193 | Scopus 数据库 |
| | | 具有影响力的开放获取平台数量（个） | 3.173 | 网络信息调研 |
| | 论文关联数据（1.476） | 附有开放数据的文献数量（篇） | 1.476 | Scopus 数据库 |
| | 开放服务（7.768） | 首都科技条件平台服务合同额（亿元） | 2.294 | 首都科技条件平台及公开信息 |
| | | 公共资助项目研究成果开放共享情况 | 1.925 | 北京市科技计划综合管理平台——科技报告服务系统 |
| | | 北京市公共数据开放平台信息发布量（条） | 3.549 | 北京市公共数据开放平台 |
| | 基础设施（15.673） | 国家科研信息化基础设施落地情况 | 5.689 | 信息调研 |
| | | 国家级科学数据中心落地情况 | 9.984 | 国家科技基础条件平台 |

续表

| 一级指标及权重（%） | 二级指标及权重（%） | 三级指标 | 三级指标权重（%） | 数据来源 |
|---|---|---|---|---|
| 实践活力（41.443） | 开放合作（8.578） | 机构间合作完成的发明专利数量（件） | 2.007 | 北京市知识产权局 |
| | | 国际合作发文量（篇） | 1.733 | Scopus 数据库 |
| | | 科技交流与合作支出占科学技术支出比例（%） | 3.110 | 中国国际科技创新合作报告 |
| | | 在京落户的国际组织总部及代表机构数量（个） | 1.728 | 信息调查、主流媒体报道 |
| | 开源创新（2.582） | 开源创新相关各类组织或载体数量（个） | 2.582 | 中国开源发展蓝皮书 |
| | 数字化潜力（4.083） | 计算机科学领域基础科研实力 | 2.573 | Scopus 数据库 |
| | | 人工智能领域基础科研实力 | 1.510 | Scopus 数据库 |
| | 政策环境（4.162） | 国家层面出台的开放科学相关政策情况 | 1.694 | 中华人民共和国科学技术部 |
| | | 地方层面出台的开放科学相关政策情况 | 2.468 | 北京市科学技术委员会、中关村科技园区管理委员会官网 |
| 环境支撑（18.763） | 科学素养（3.491） | 每百万人公共博物馆与图书馆数量（个） | 1.477 | 《北京统计年鉴》 |
| | | 公民具备科学素质的比例（%） | 2.014 | 中国科协发布的中国公民科学素质调查结果 |
| | 开放市场（7.027） | 地区出口总额中高技术产品所占比例（%） | 3.425 | 北京市国民经济和社会发展统计公报、主流媒体公布信息 |
| | | 科学研究与技术服务业全年实际利用外商直接投资（亿美元） | 1.974 | 北京市国民经济和社会发展统计公报 |
| | | 全年实际利用外商直接投资中科学研究与技术服务业的占比（%） | 1.628 | 北京市国民经济和社会发展统计公报 |

续表

| 一级指标及权重(%) | 二级指标及权重(%) | 三级指标 | 三级指标权重(%) | 数据来源 |
|---|---|---|---|---|
| 全球影响 (22.324) | 学术影响 (7.125) | 归一化引文影响力(FWCI) | 4.781 | 基于 Scopus 数据库测算 |
| | 社会影响 (4.351) | 在同期全球发文量中的占比(%) | 2.344 | Scopus 数据库 |
| | | 被国外政策文件引用的文献数量(篇) | 1.665 | Scopus 数据库 |
| | | 研究成果在国际媒体以及社交媒体上提及的次数(次) | 2.686 | Scopus 数据库 |
| | 国际认可 (5.033) | 全球数据库产品数量(个) | 3.024 | 中国开源发展蓝皮书,信息调查 |
| | | 获得 Core Trust Seal 认证的科学数据中心数量(个) | 2.009 | 信息调查 |
| | 国际竞争力 (5.815) | 高被引科学家数量(人次) | 3.221 | 科睿唯安发布的全球高被引科学家名录 |
| | | PCT 国际专利申请量(件) | 2.594 | 北京市国民经济和社会发展统计公报 |

其中，$y_t$ 为某指标在第 $t$ 年的数值，$y_{2020}$ 为某指标在 2020 年的数值，$P_t$ 为在第 $t$ 年该指标标准化后的数值。

## （一）北京开放科学发展总体情况

基于北京开放科学发展指标体系和权重计算方法，对 2018～2022 年北京开放科学发展水平进行了综合评估，结果如下：以 2020 年为基期（100），2018 年和 2019 年北京开放科学发展指数分别为 83.5 和 87.6；2021 年为 121.6，比 2020 年提升了 21.6，增长幅度最大；2022 年指数为 134.8，比 2021 年提升 13.2（见图 2）。北京开放科学发展指数总体呈现明显上升趋势，指数的逐年增长显示了北京开放科学发展的良好态势。

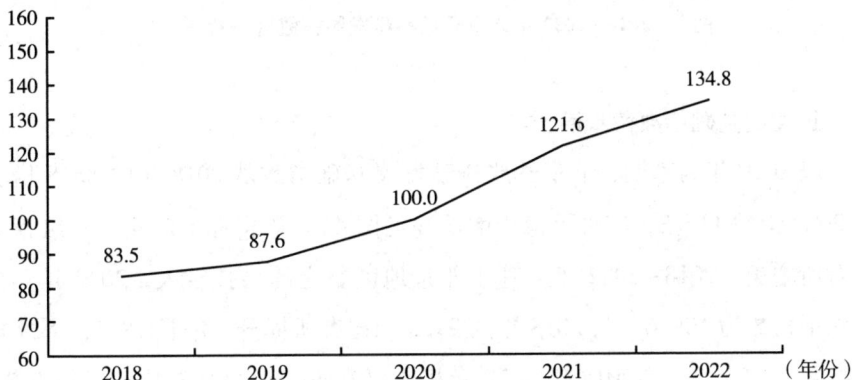

图 2　2018～2022 年北京开放科学发展指数

## （二）分类别北京开放科学发展情况

分类别计算结果显示，北京开放科学发展基础不断夯实，实践活力不断提高，支撑环境不断优化，全球影响力不断提升。其中，实践活力指数的增长最快，由 2018 年的 93.7 增长至 2022 年的 158.5，增长 64.8；其次是环境支撑指数，2022 年达 130.0，较 2018 年增长 56.5；全球影响指数由 2018 年的 72.2 提升至 2022 年的 113.1，增长 40.9；发展基础指数增长最慢，2018～2022 年增长 29.0（见图 3）。发展基础指数、实践活力指数、环境支撑指数、全球影响指数的年均增长率分别为7.5%、14%、15.3%和11.9%，呈现整体向好发展趋势。

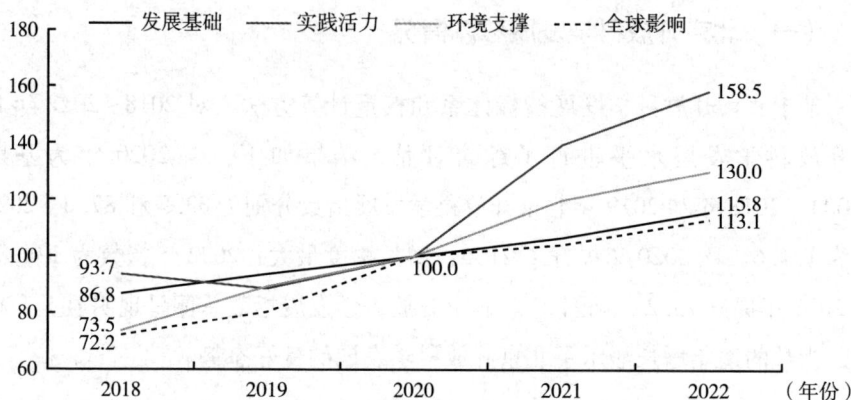

**图3 2018~2022年北京开放科学发展指数（一级指标）**

### 1. 发展基础指数稳步增长

以2020年为基期，北京开放科学发展基础指数从2018年的86.8增长至2022年的115.8，实现了稳步增长（见图4）。该指标下的4个二级指标均有所增长。2018~2022年，基于北京地区稳定的科技投入，2022年，投入水平指数为109.6，与2018年的91.3相比有所提升，增长18.3；人才规模指数为125.6，与2018年的78.9相比提升46.7，呈现较快的增长态势，年均增长率为12.3%；知识创造指数为113.4，与2018年相比，提升21.7，实现了稳步增长；成果转化指数为112.7，与2018年相比提升26.7（见图5）。

### 2. 实践活力指数加速增长

近年来，北京地区开放科学实践逐步开展，尽管2019年实践活力指数略有下降，但在经济面临较大下行压力以及各行各业均不景气的情况下，开放科学实践仍得到了良好的发展。2022年实践活力指数为158.5，与2018年（93.7）相比，增长69.2%，在波动中实现了增长（见图6）。在实践活力指标之下，除了开放合作指标之外，其余的5个指标均实现了增长，

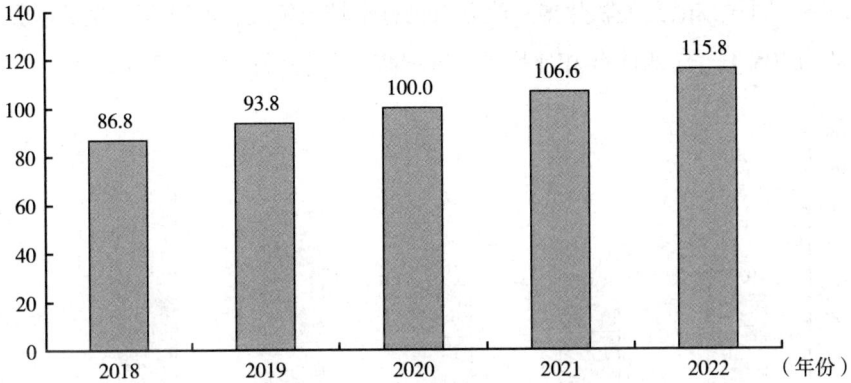

图 4　2018~2022 年北京开放科学发展基础指数

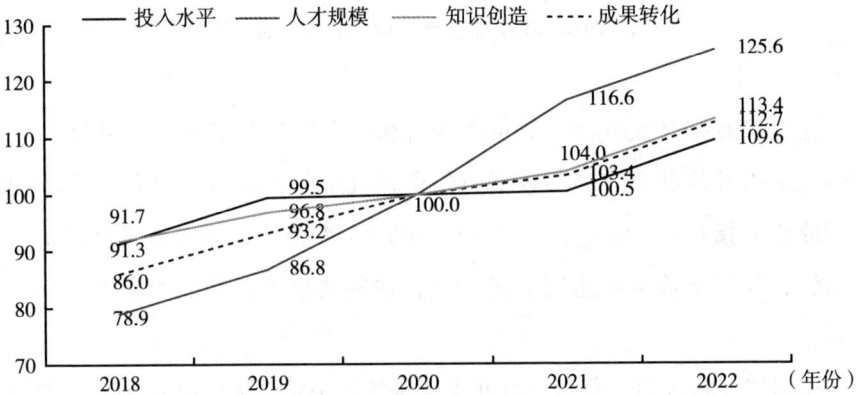

图 5　2018~2022 年北京开放科学发展基础指数（二级指标）

有的甚至显著增长。

在开放获取方面，中国科学院文献情报中心、国家自然科学基金委等在京中央机构，积极开展了开放获取实践，搭建了中国科技期刊开放获取平台（COAJ）、开放获取论文一站式发现平台（GoOA）、CNKI 开放获取集成平台（COAA）、中国科技论文在线、开放存取数据库（OALib）、国家数字科技文献资源长期保存体系等开放获取平台，大大推动了开放获取实践。2022 年，开放获取指数为 114.5，与 2018 年的 80.0 相比有较大幅度的提升，增长率达

43.1%。同样，论文关联数据开放方面也有了较大发展，2022 年论文关联数据指数为 108.1，与 2018 年相比增长了 61.8%，年均增长率达 12.8%。

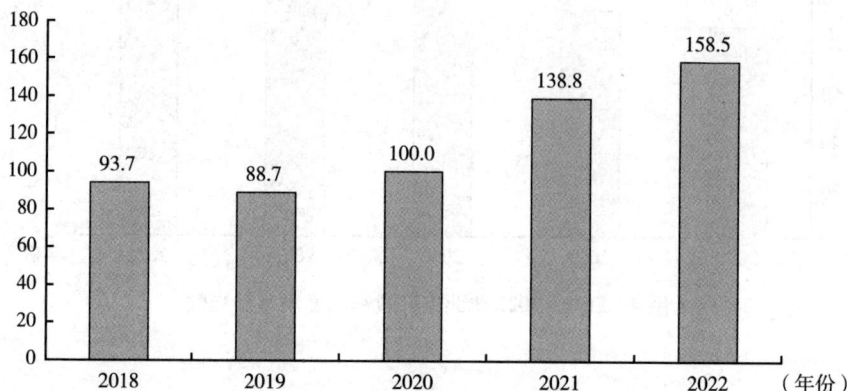

**图 6　2018~2022 年北京开放科学实践活力指数**

在公共数据开放方面，北京市政府和各委办局积极推动公共资助项目的研究成果开放共享、公共数据向公众开放服务，取得了显著成效。2022年开放服务指数达 209.5，与 2018 年的 56.4 相比，增长了 271.5%，增长最快，年均增长率也达到了 38.9%，说明北京市公共数据开放共享成效显著。

在基础设施方面，北京一直处于全国领先地位，尤其是近年来，在原先的基础上，北京的开放科学相关基础设施取到了长足进步。基于云计算的国家科研信息化基础设施——中国科技云 2.0 版正式上线，向中国科学院乃至中国科技界提供科技资源和信息服务，成为促进我国科研范式转变、助力重大科技成果产出和国家科技创新能力提升的重要支撑。2021 年，中国科学院计算机网络信息中心正式发布"科学数据银行"服务，成为国内首个通用型论文关联数据存储平台。2022 年，基础设施指数达 174.7，与 2018 年相比，增长了 74.7%。

受复杂国际环境、新冠疫情等影响，开放合作指数变化趋势具有波动性，总体呈现下降趋势，其中，2021 年指数达到最低值（93.6）。2022

年，开放合作指数为 119.0，相比于 2018 年，下降了 8%。相比而言，开源创新得到了较快发展。2018～2022 年，北京地区成立了中国人工智能开源软件发展联盟、中国开放指令生态联盟、开源工业互联网联盟、开放科学国际创新联盟、北京开源创新委员会、开放原子开源基金会、"科创中国"开源创新联合体等一批开源创新组织，还成立了北京智源人工智能研究院、北京开源芯片研究院等新型研发机构，涌现了 GitCode 社区、星策开源社区、CSDN—专业开发者社区、长安链开源社区、百度安全开源大规模图数据库 HugeGraph、万里数据库 Great SQL 等一批具有影响力的开源社区和开源项目。因此，开源创新指数从 2018 年的 78.6 提升至 2022 年的 128.6，增长了 63.6%，年均增长率为 13.1%（见图 7）。此外，北京充分发挥中关村论坛的国际影响力，搭建开放科学学术交流平台，加强国际交流和开放合作。

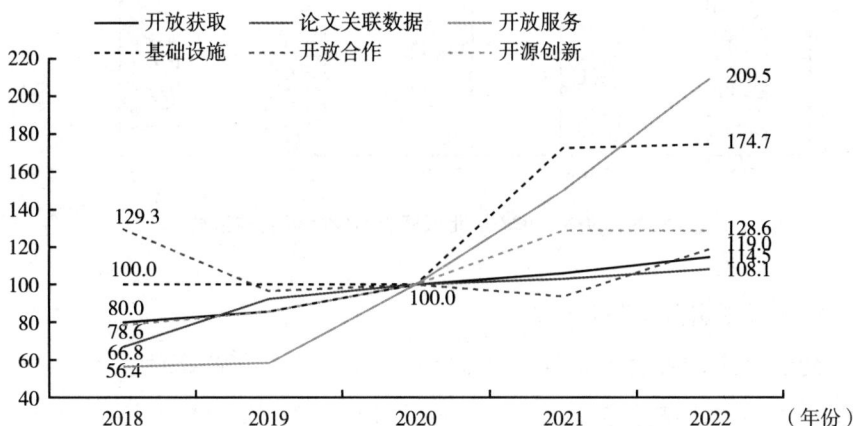

图 7 2018～2022 年北京开放科学实践活力指数（二级指标）

### 3. 环境支撑指数显著增长

随着开放发展理念的逐渐树立，北京地区开放科学发展环境日趋优化，环境支撑指数从 2018 年的 73.5 增长至 2022 年的 130.0，年均增长率保持在 15%以上，实现了持续快速增长（见图 8）。2018～2022 年，该指标下的 4 个二级指标均实现了不同程度的提升。具体来看，2022 年数字化潜力指数为 121.0,相比 2018 年增长了 35.2%,整体呈现"M"形变化趋势。政策环境指数从 2018 年的 72.2 提升至 2022 年的 134.8,增长了 86.7%,实现大幅提升。现行的科技政策不同程度地提及了有关开放科学实践的方方面面,但与开放科学直接相关的政策较少,需要尽快制定并出台相关政策。科学素养指数提升较慢,2022 年为 105.9,相比 2018 年,仅增长了 20% 左右。随着北京"两区"建设加速推进,开放市场指数从 2018 年的 57.6 提升至 2022 年的 144.4,增长了 150.7%,年均增长率达 25.8%,呈现良好的增长态势,成效显著(见图 9)。

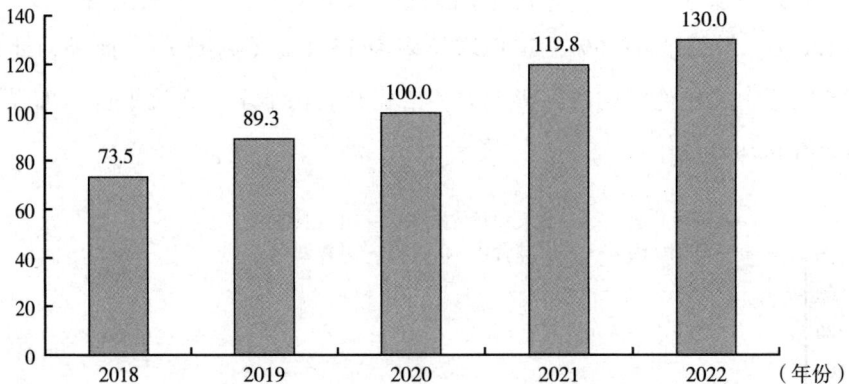

图 8  2018~2022 年北京开放科学环境支撑指数

### 4. 全球影响指数不断增长

随着北京研发投入和科研成果持续增加,全球影响指数也不断提升。2022 年,全球影响指数达 113.1,相比 2018 年(72.2)增长了 56.6%,年均增长率接近 12%(见图 10)。该指标下,除了社会影响指标之外,其余 3 个二级指标均实现了不同程度的增长,其中,国际认可和国际竞争力指标有显著的提升。2022 年,学术影响指数为 98.5,比 2018 年提升了 8.0,总体增长较缓慢。社会影响指数先上升后下降,2020 年达到最高峰(100),2021 年断崖式下降至 51.2,较上年下降 48.8;2022 年达到最低值,为 40.2,较 2018 年(59.4)下降了 32.3%。这是因为

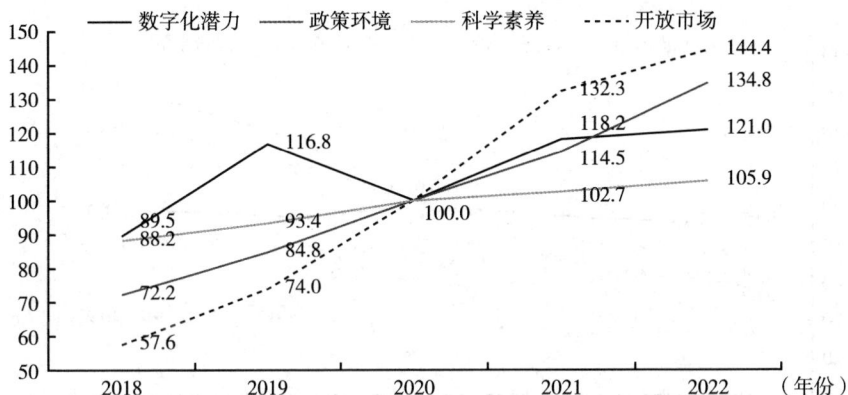

**图9　2018~2022 年北京开放科学环境支撑指数（二级指标）**

2020 年发表的论文中有不少与新冠病毒相关的成果，吸引了学术界广泛关注。这一现象也体现在社会影响指标上。与之相反，随着高被引科学家数量、PCT 国际专利申请量、全球数据库产品数量、获得 Core Trust Seal 认证的科学数据中心数量等有所提升，2022 年，国际认可和国际竞争力指数分别达到 141.8 和 160.9，远高于 2018 年的 55.9 和 73.6，分别增长了 153.7%、118.6%，表明北京的国际竞争力和国际认可度逐渐提高（见图 11）。

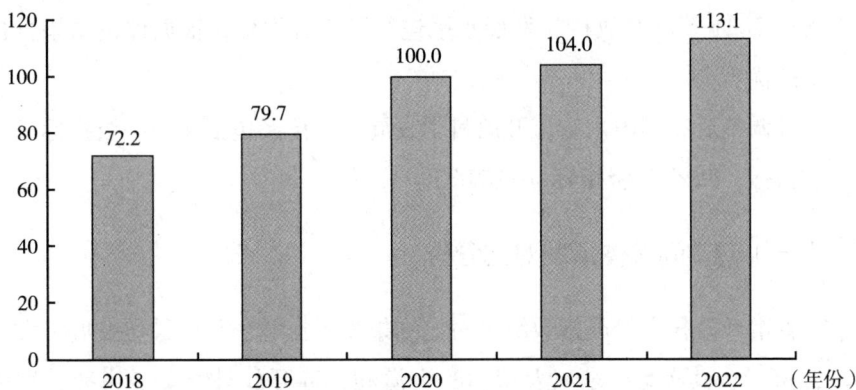

**图10　2018~2022 年北京开放科学全球影响指数**

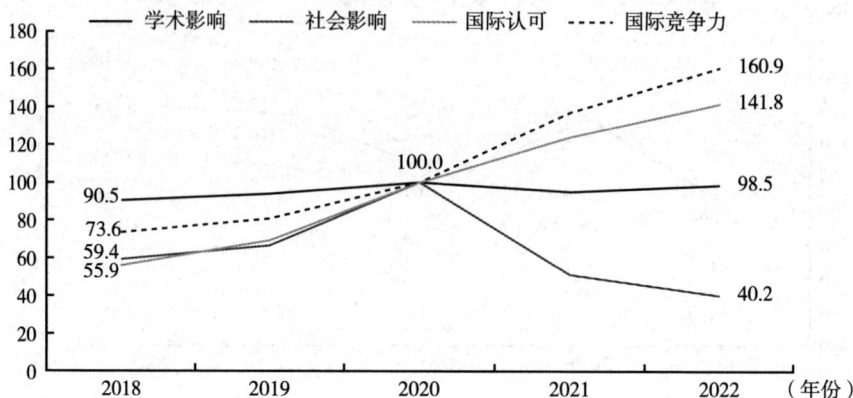

**图11 2018~2022年北京开放科学全球影响指数（二级指标）**

## 三 北京与部分省市开放科学发展指数横向对比分析

基于已构建的北京开放科学发展指标体系，选取科技创新能力较强的部分省市进行横向对比分析，包括北京、上海、山东、江苏、浙江、广东六省市。一级指标和二级指标基本遵循北京开放科学发展指标体系，三级指标根据地区特点和数据可获得性进行了调整。依然采用熵值法确定指标权重，并对六省市2021年的开放科学发展水平进行了综合评估，根据评估结果分析各省市的优劣势。

经过调整后，国内六省市开放科学发展指标体系包括4个一级指标、17个二级指标、32个三级指标（见表3）。

### （一）省市间总体情况对比分析

六省市开放科学发展指数综合对比结果显示：北京开放科学发展指数最高，为86.2；其次是广东，为65.1；上海和江苏开放科学发展指数分别为52.9和51.8，水平接近；浙江和山东开放科学发展指数分别为46.0和39.1，分别排在第五位和第六位（见图12）。

表3 北京与六省市开放科学发展指标对照

| 一级指标 | 二级指标 | 北京开放科学发展指标<br>三级指标 | 六省市开放科学发展指标<br>三级指标 | 数据来源 |
|---|---|---|---|---|
| 发展基础 | 机构实力 | — | 顶尖科研机构数量（个） | Scopus 数据库 |
| | 投入水平 | R&D经费投入中基础研究占比（%）<br>教育经费支出（亿元） | R&D经费投入（亿元）<br>R&D经费投入中基础研究占比（%） | 《中国统计年鉴》 |
| | 知识创造 | 发表论文总量（篇）<br>有效专利授权量（件） | 发表论文总量（篇）<br>万人有效专利授权量（件） | Scopus 数据库；<br>《中国统计年鉴》 |
| | 人才规模 | 科研人员总数（人）<br>高等院校毕业生人数（万人） | 科研人员总数（人）<br>2018~2021年发文作者复合年均增长率（%） | Scopus 数据库 |
| | 成果转化 | 技术合同交易额占GDP比重（%）<br>科学研究和技术服务业增加值（亿元） | 技术合同交易额占GDP比重（%） | 《中国统计年鉴》 |
| 实践活力 | 开放获取 | 开放获取文献数量（篇）<br>具有影响力的开放获取平台数量（个） | 开放获取文献数量（篇）<br>开放获取文献占总数的比例（%）<br>2018~2021年开放获取文献复合年均增长率（%） | Scopus 数据库 |
| | 论文关联数据 | 附有开放数据的文献数量（篇） | 附有开放数据的文献数量（篇）<br>2018~2021年附有开放数据的文献复合年均增长率（%） | Scopus 数据库 |
| | 基础设施 | 国家科研信息化基础设施落地情况<br>国家级科学数据中心落地情况 | 超算中心或智算中心数量（个）<br>入选2021年国家新型数据中心典型案例的数据中心数量（个） | 2021年中国高性能计算（HPC）TOP100榜单；<br>工信部 |

续表

| 一级指标 | 北京开放科学发展指标 | | 六省市开放科学发展指标 | 数据来源 |
|---|---|---|---|---|
| | 二级指标 | 三级指标 | 三级指标 | |
| 实践活力 | 开放合作 | 机构间合作完成的发明专利数量（件）<br>国际合作发文量（篇）<br>科技交流与合作支出占科学技术支出比例（%） | 国际合作发文量（篇）<br>国际合作论文占总数的比例（%） | Scopus 数据库 |
| | 开源创新 | 开源创新相关各类组织或载体数量（个） | 入选"科创中国"开源创新排行榜的项目数量（个）<br>入选"科创中国"开源创新排行榜的开源社区数量（个） | 中国科学技术协会 |
| | 数字化潜力 | 计算机科学领域基础科研实力<br>人工智能领域基础科研实力 | 计算机科学与人工智能领域基础科研实力<br>开设数据技术专业的高校数量（个） | Scopus 数据库；零壹智库报告 |
| | 政策环境 | 国家层面出台的开放科学相关政策情况<br>地方层面出台的开放科学相关政策情况 | 地方层面出台的开放科学相关政策情况 | 各省市科技部门 |
| 环境支撑 | 传播环境 | 每百万人公共博物馆与图书馆数量（个）<br>一 | 互联网普及率（%）<br>每百万人公共博物馆与图书馆数量（个） | 各省市统计年鉴或统计公报；网络信息调查 |
| | 科学素养 | 公民具备科学素质的比例（%） | 大专以上学历人口占常住人口的比例（%）<br>公民具备科学素质的比例（%） | 《中国统计年鉴》；各省市统计年鉴 |

续表

| 一级指标 | 二级指标 | 北京开放科学发展指标 三级指标 | 六省市开放科学发展指标 三级指标 | 数据来源 |
|---|---|---|---|---|
| 环境支撑 | 开放市场 | 地区出口总额中高技术产品所占比例（%）<br>科学研究与技术服务业全年实际利用外商直接投资（亿美元）<br>全年实际利用外商直接投资中科学研究与技术服务业的占比（%） | 一 |  |
|  | 学术影响 | 归一化引文影响力（FWCI）<br>在同期全球发文量中的占比（%） | 归一化引文影响力（FWCI）<br>在同期全球发文量中的占比（%） | Scopus 数据库 |
|  | 社会影响 | 被国外政策文件引用的文献数量（篇）<br>研究成果在国际媒体以及社交媒体上提及的次数（次） | 被国外政策文件引用的文献数量（篇）<br>研究成果在国际媒体以及社交媒体上提及的次数（次） | Scopus 数据库 |
| 全球影响 | 国际认可 | 全球数据库产品数量（个）<br>获得 Core Trust Seal 认证的科学数据中心数量（个） | 一 |  |
|  | 国际竞争力 | 高被引科学家数量（人次）<br>PCT 国际专利申请量（件） | 高被引科学家数量（人次）<br>PCT 国际专利申请量（件） | 科睿唯安发布的全球高被引科学家名录；<br>各省市国民经济和社会发展统计公报 |

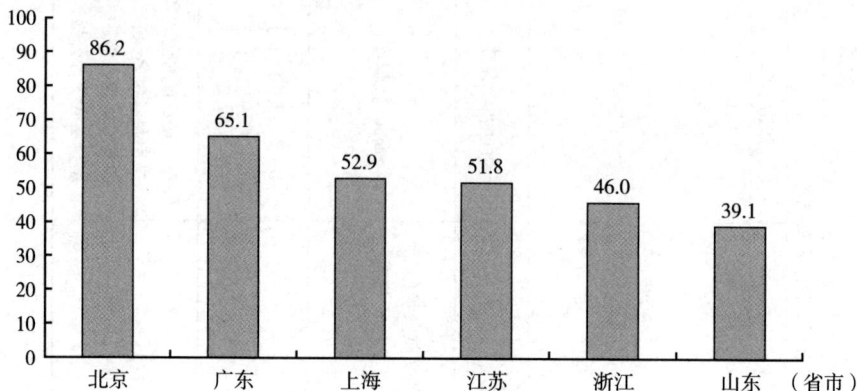

**图 12　2021 年六省市开放科学发展指数**

## （二）省市间一级指标对比分析

为了了解六省市在发展基础、实践活力、环境支撑、全球影响等不同维度的状况，对一级指标进行对比分析，结果如下。

### 1. 发展基础

发展基础维度在原来的基础上增加了顶尖科研机构数量指标，是指 2021年拥有的全球发文量前 100 科研机构数量，以反映区域内机构的科研实力。有效专利授权量指标由万人有效专利授权量指标替换，用于衡量科研产出质量和市场应用水平。人才规模指标下增加了三级指标 2018~2021 年发文作者复合年均增长率，以反映这一时期发文作者数量的实际增长速度。

北京具有人才、科技创新等方面的天然优势，开放科学发展基础良好，发展基础指数处于遥遥领先地位，为 94.0；上海、广东和江苏发展基础指数分别为 47.7、47.6 和 43.2，基础科研实力和创新发展的规模及水平有待提高；浙江（32.2）和山东（30.4）分别排在第五位和第六位（见图 13）。

### 2. 实践活力

近年来，六省市围绕开放共享平台建设、科学数据开放、数字化基础设施建设、开源创新等多个方面，积极探索并开展开放科学实践活动。实践活

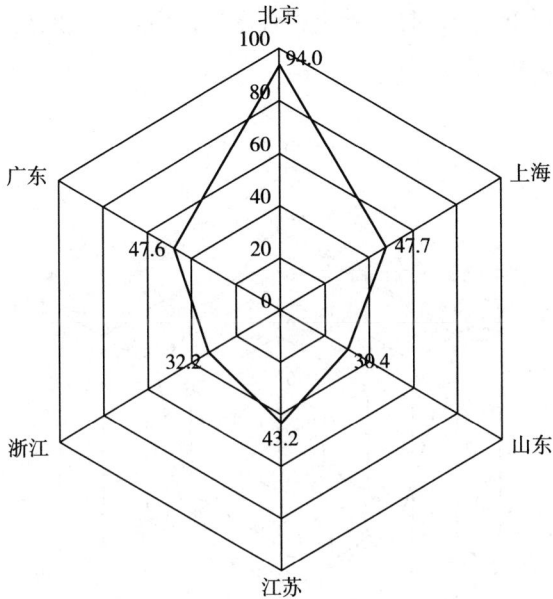

**图 13　2021 年六省市开放科学发展基础指数对比**

力维度结合当前开放科学实践活动，主要从开放获取、论文关联数据、基础设施、开放合作、开源创新等方面进行评价，具体增加的指标如下。开放获取指标下除了三级指标开放获取文献数量之外，增加了开放获取文献占总数的比例、2018~2021 年开放获取文献复合年均增长率两个相对指标。论文关联数据指标下增加了 2018~2021 年附有开放数据的文献复合年均增长率，反映每年文献数量的增长情况。基础设施指标选取了超算中心或智算中心数量、入选 2021 年国家新型数据中心典型案例的数据中心数量 2 个三级指标来体现各省市数字化基础设施建设现状。在开放合作方面，除国际合作发文量外，增加了三级指标国际合作论文占总数的比例，反映科研成果开放合作情况。开源创新指标下的三级指标分别统计了各省市入选中国科协发布的"科创中国"开源创新排行榜的项目和社区数量，以反映各省市在开源创新领域的实践成效。

　　结果显示，广东的开放科学实践活力指数最高，为 82.2；北京排名第二，实践活力指数为 81.7；排名第三、第四和第五的分别是江苏（60.5）、

浙江 (55.5)、上海 (55.4), 处于中等水平; 山东的实践活力指数为 45.2,
排在第六位 (见图 14)。

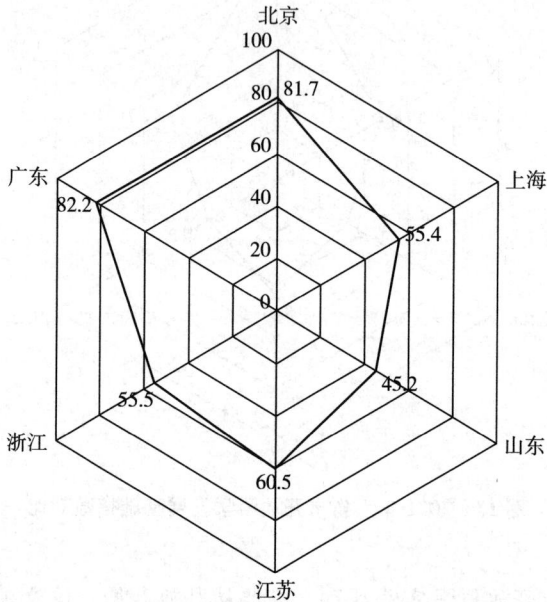

**图 14 2021 年六省市开放科学实践活力指数对比**

3. 环境支撑

环境支撑维度重点考量各省市开放科学发展所需的外部环境, 包括数字
化潜力、政策环境、传播环境、科学素养等方面, 具体指标调整如下。数字
化潜力指标下增设了开设数据技术专业的高校数量指标, 更好地反映了省市
数字技术人才培养情况。传播环境指标下设互联网普及率、每百万人公共博
物馆与图书馆数量 2 个三级指标, 反映科研成果传播应用的基础环境建设情
况。科学素养指标下增加了大专以上学历人口占常住人口的比例指标, 反映
地区人口素质水平。综合评价结果显示, 北京的环境支撑指数最高, 为 87.8;
其次是上海, 为 69.4, 两个直辖市环境支撑力较好; 之后依次为浙江
(58.7)、江苏 (54.3)、广东 (52.6) 和山东 (50.8), 环境支撑指数均超过
了 50, 环境支撑力总体不错 (见图 15)。

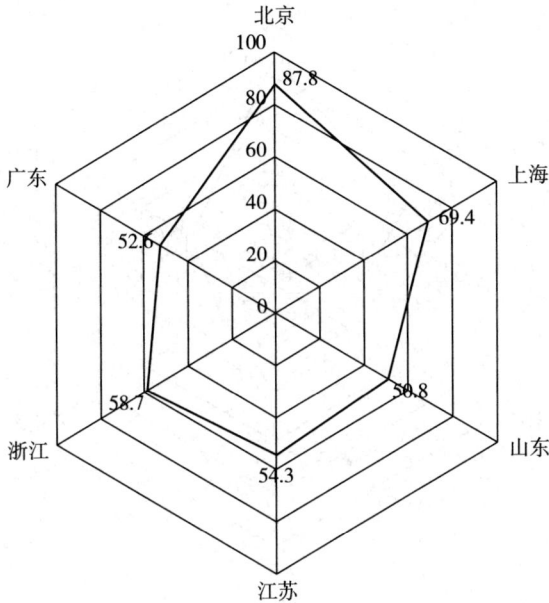

**图 15 2021 年六省市开放科学环境支撑指数对比**

#### 4. 全球影响

全球影响维度主要考虑学术影响、社会影响和国际竞争力三个方面，反映地区开放科学在全球的影响力。结果显示：北京的全球影响指数最高，遥遥领先于其他省市，为 86.7；广东排在第二位，指数为 59.7；江苏和上海分别排名第三和第四，指数分别为 41.0 和 37.6；浙江和山东指数较低，分别为 28.5 和 24.2（见图 16）。

### （三）基于关键指标的优劣势分析

为了进一步分析六省市的具体表现和优劣势，本报告基于一些关键指标，结合综合评价结果，主要得出如下结论。

#### 1. 北京开放科学发展基础良好，其他省市人才增长速度加快

北京作为我国科技基础最为雄厚、创新资源最为集聚、创新主体最为活

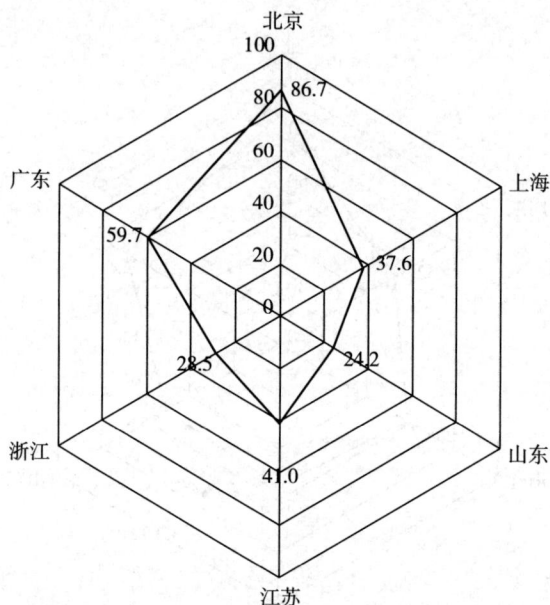

**图 16　2021 年六省市开放科学全球影响指数对比**

跃的地区之一，在教育、科技、人才等方面具有独特优势，[①] 这为北京推进开放科学发展提供了良好的基础。北京开放科学发展基础指数（94.0）在六省市中排首位，比排第二位的上海高出 46.3，发展基础良好，这在顶尖科研机构数量、R&D 经费投入中基础研究占比、发表论文总量、科研人员总数、技术合同交易额占 GDP 比重等规模或存量表现指标上均有体现（见图 17）。但是北京的 2018～2021 年发文作者复合年均增长率在六省市中最低，仅为 8.8%，原因是基数较大而增长空间有限。广东、浙江和山东在该指标上表现良好，2018～2021 年发文作者复合年均增长率均在 16% 以上，广东高达 18.6%，人才增长速度加快（见图 18）。

2. 北京开放科学实践成效显著，粤浙更加彰显蓬勃活力

北京是开放科学实践的引领者和推动者，是最早提出开放科学实践倡议

---

[①] 《加快建设北京国际科技创新中心（人民要论）》，"人民网"百家号，2023 年 9 月 7 日，https：//baijiahao. baidu. com/s？id=1776328859469098548&wfr=spider&for=pc。

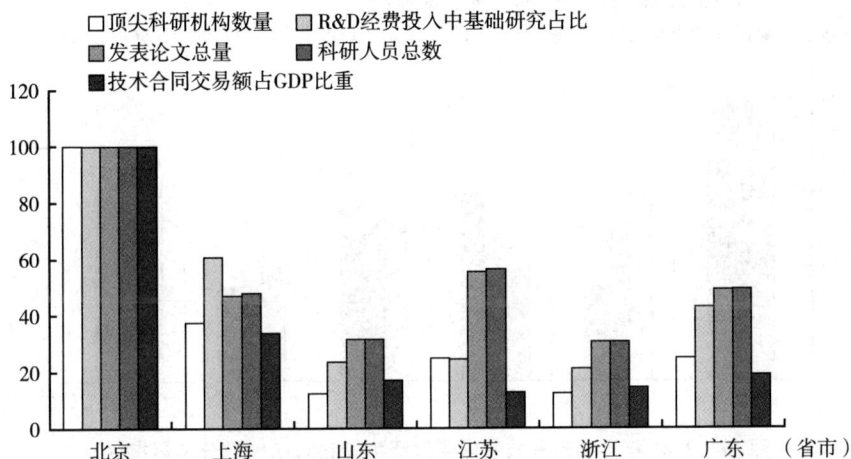

图 17　2021 年六省市开放科学发展基础指数对比（部分三级指标）

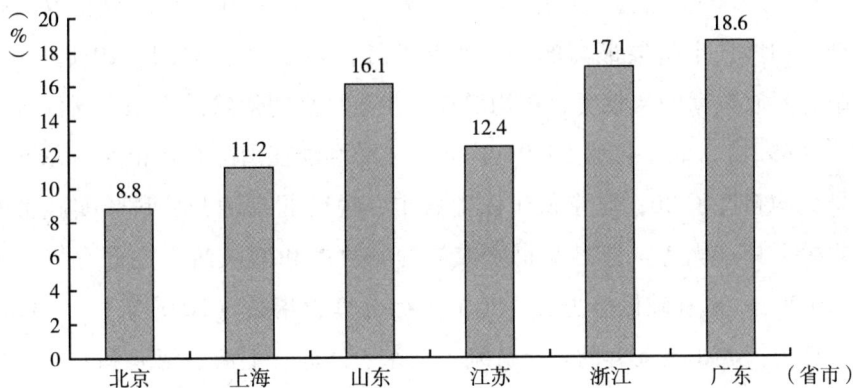

图 18　2018~2021 年六省市发文作者复合年均增长率对比

的地区。北京开放科学实践成效体现在开放获取文献数量、附有开放数据的
文献数量、国际合作发文量及入选 2021 年国家新型数据中心典型案例的数据
中心数量等指数均高于其他省市（见图 19）。尽管北京在以上总量指标上具有
优势，但是在相对指标上优势并不明显。例如，开放获取文献占总数的比例、
国际合作论文占总数的比例等体现开放程度的指标，以及 2018~2021 年开放
获取文献复合年均增长率等体现增长速度的指标。

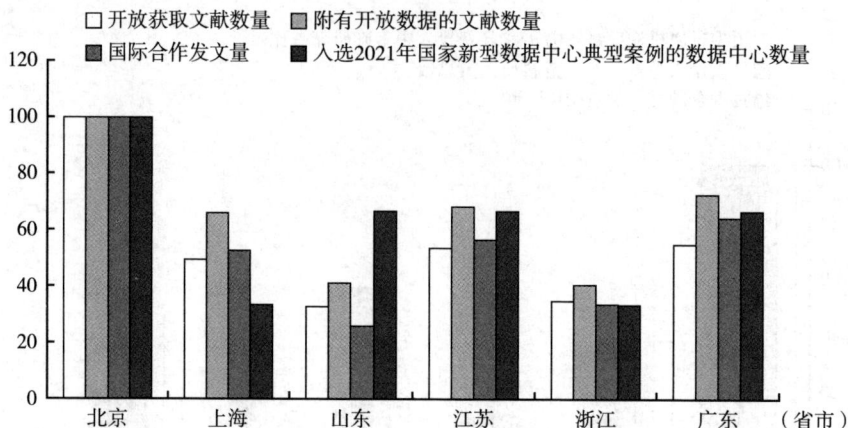

图 19  2021 年六省市开放科学实践活力指数对比（部分总量指标）

具体来看，浙江开放获取文献占总数的比例指数最高（100），其次是广东（98.6），北京仅排第五位（88.1）。2018～2021 年开放获取文献复合年均增长率指数最高的是广东和浙江，高出北京 34.4；2018～2021 年附有开放数据的文献复合年均增长率指数最高的依然是广东，浙江排第二位（89.1），北京仅为 55.9。广东、上海和浙江国际合作论文占总数比例指数均超过了 80，北京低于以上省市，说明北京的开放科学实践虽然在规模上具有优势，但是在科研成果的开放度和增长活力方面有待加强（见图 20）。在基础设施方面，《中国综合算力指数（2023 年）》显示，综合算力指数排名前五的省市分别为广东、江苏、上海、河北和北京，处于全国领先水平。广州、深圳、无锡、昆山等城市同时拥有超算中心和智算中心。此外，为了建设全球有影响力的科技创新中心，深圳、上海等城市加快建设面向国际的数据（信息）中心，例如，2023 年深圳市成立国际科技信息中心，为深圳全市科研人员提供最前沿最普惠的文献情报、科学领域数据库等服务，实现亚洲首例科技文献数字资源城市级覆盖。

3. 北京开放科学发展环境较优越，其他省市各具优势

开放科学的发展深受技术产业环境、教育科研环境、社会政策环境等内外部环境的影响。计算机科学、人工智能技术的进步，良好政策环境的营

开放获取文献占总数的比例

| | | | | | |
|---|---|---|---|---|---|
| 88.1 | 92.6 | 90.5 | 85.3 | 100.0 | 98.6 |
| 北京 | 上海 | 山东 | 江苏 | 浙江 | 广东 |

国际合作论文占总数的比例

| | | | | | |
|---|---|---|---|---|---|
| 76.4 | 85.3 | 62.3 | 78.0 | 83.7 | 100.0 |
| 北京 | 上海 | 山东 | 江苏 | 浙江 | 广东 |

2018~2021年开放获取文献
复合年均增长率

| | | | | | |
|---|---|---|---|---|---|
| 65.6 | 71.0 | 84.7 | 76.7 | 100.0 | 100.0 |
| 北京 | 上海 | 山东 | 江苏 | 浙江 | 广东 |

2018~2021年附有开放数据的文献
复合年均增长率

| | | | | | |
|---|---|---|---|---|---|
| 55.9 | 63.3 | 72.1 | 52.0 | 89.1 | 100.0 |
| 北京 | 上海 | 山东 | 江苏 | 浙江 | 广东 |

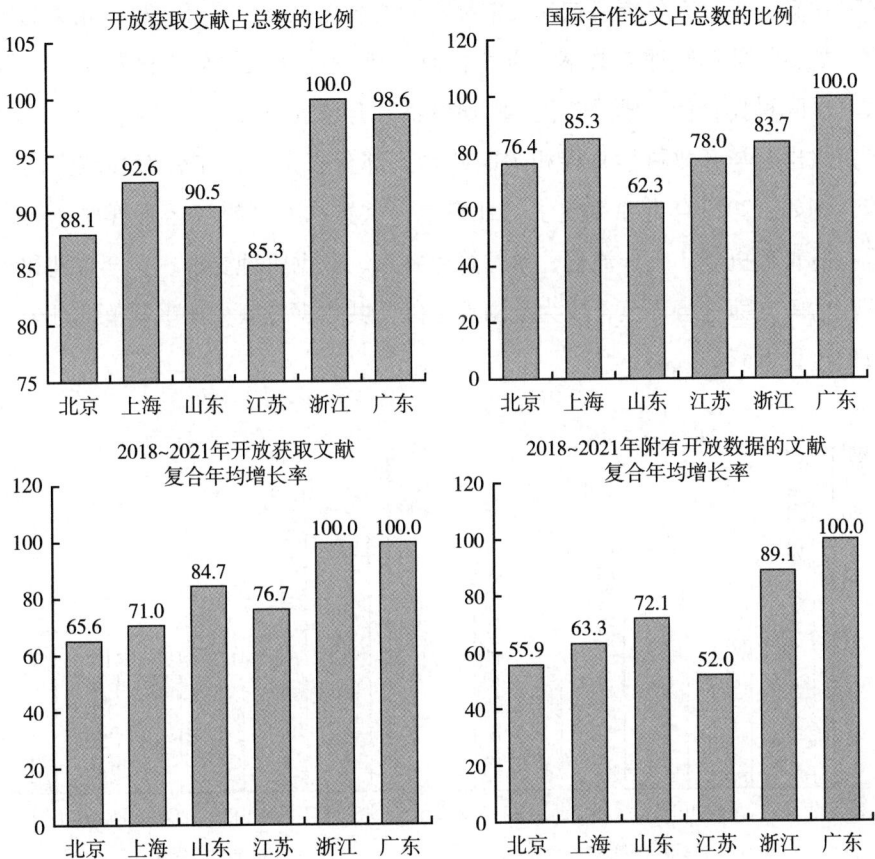

**图20 2021年六省市开放科学实践活力指数对比（部分相对指标）**

造，全民科学素养的提升，互联网等基础条件的优化等都是推动开放科学发展的重要环境因素。从环境支撑指数来看，北京排第一位，为87.8，无论是计算机科学、人工智能等基础科研实力还是全民科学素养都处于领先水平，开放科学发展环境良好。而其他省市各具优势，如山东和浙江开设数据技术专业的高校数量最多（50家），比北京多14家，这将为鲁浙两省的开放科学发展提供源源不断的专业人才资源。相较于其他省市，浙江在互联网普及率、每百万人公共博物馆与图书馆数量两项指标上表现最好，说明已具备良好的传播环境（见图21）。从政策环境来看，上海、北京、广东的政策体系比较完善，在各类科技政策中都不同程度地提到了与开放科学相关的内容，如科学数据管理与共享、重大科研基础设施和大型科研仪器向社会开放、国际科技合作、成果转化、科研诚信、开源创新等方面，但至今尚无城市正式出台与开放科学直接相关的政策。部分省市出台了针对性较强的政策，例如，2023年北京制定了《北京市公共数据专区授权运营管理办法》，旨在对管理机制、工作流程、单位管理要求、数据管理要求、安全管理和考核评估等方面进行规范，成为全国首个以公共数据专区为抓手规范推进公共数据授权运营的城市。

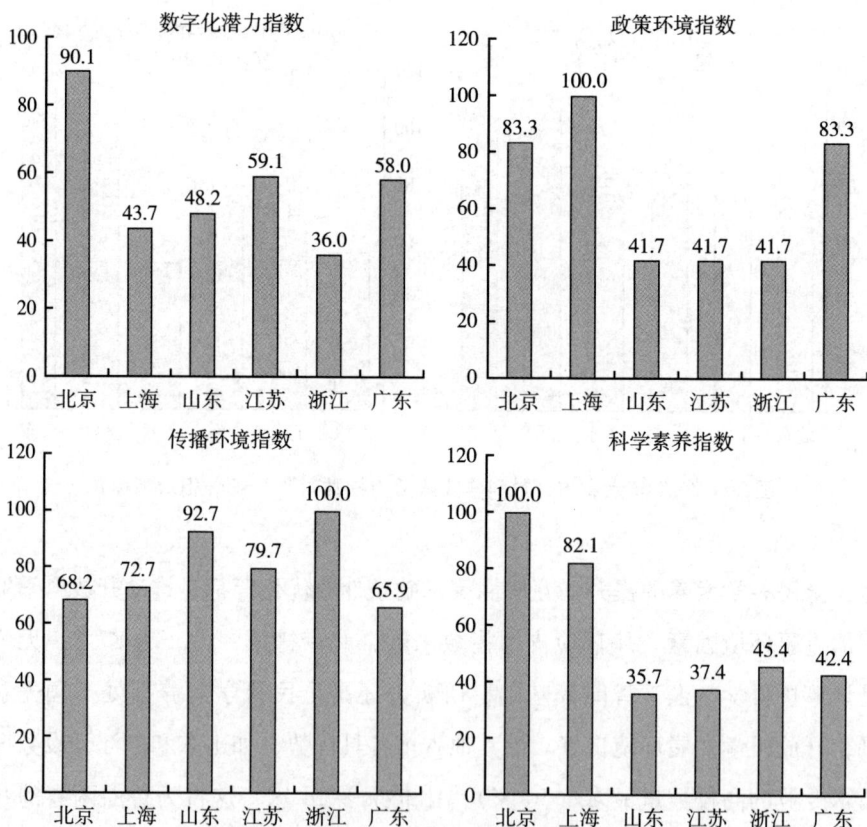

**图21　2021年六省市开放科学环境支撑指数对比（二级指标）**

**4. 北京在全球影响方面表现卓越，粤苏等省市奋力追赶**

《北京市"十四五"时期国际科技创新中心建设规划》明确提出，到 2025 年，北京国际科技创新中心基本形成，建设成为世界科学中心和创新高地；到 2035 年，北京国际科技创新中心创新力、竞争力、辐射力全球领先。提升北京的全球影响力，尤其是提高科研影响力是北京建设世界科学中心和创新高地的关键，也是引领开放科学发展的强有力支撑。从评价结果来看，北京的全球影响指数总体高于其他省市，学术影响（96.3）、社会影响（100）、国际竞争力（72.4）等方面表现均十分优异（见图 22），尤其是在同期全球发文量中的占比、被国外政策文件引用的文献数量、研究成果在国

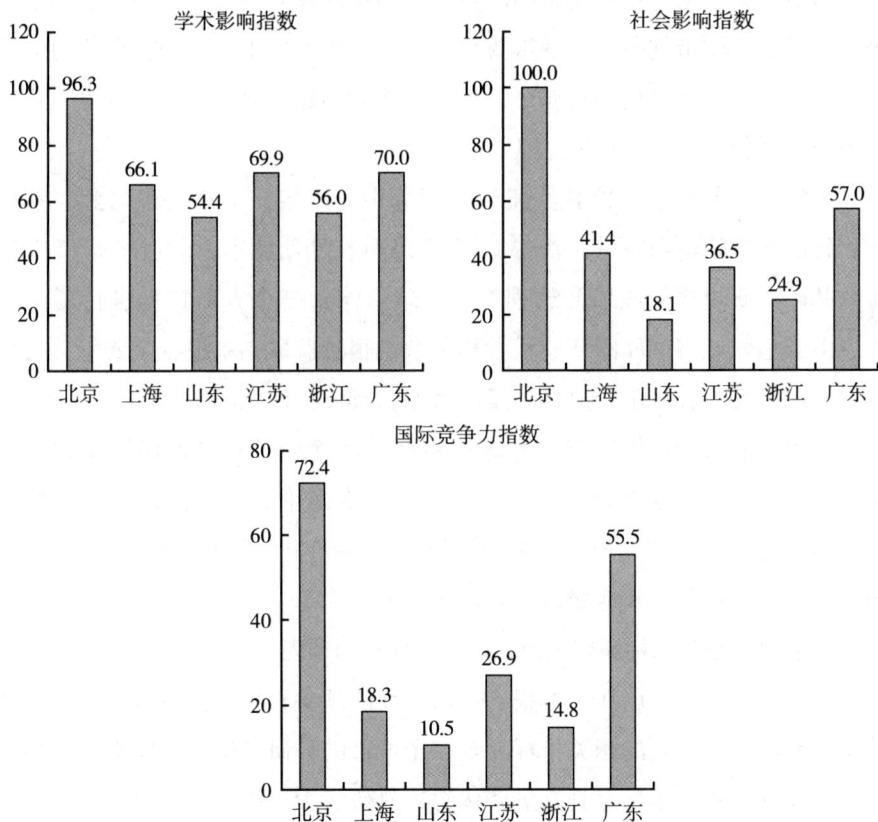

图 22　2021 年六省市开放科学全球影响指数对比（二级指标）

际媒体以及社交媒体上提及的次数等指标处于领先水平，北京科研成果全球贡献、国际社会影响及关注度已初步显现，但与引领全球发展仍有一定距离，部分指标也有较大的提升空间和发展潜力。比如，北京的归一化引文影响力为1.21，高于世界平均水平，但略低于广东、浙江、上海等省市；PCT国际专利申请量为10358件，仅是广东的40%左右。

# 四 北京与部分全球科技创新城市
开放科学发展指数对比分析

当前，城市间的竞争随着经济全球化的快速发展而日趋明显和激烈，科研能力是一座城市创新发展的重要根基，逐渐成为城市科技创新竞争力的重要表现。对标全球科技创新城市，寻找优势和不足，对北京打造世界主要科学中心和创新高地具有重要意义。

本报告选取北京、伦敦、纽约、旧金山、巴黎、东京、慕尼黑、新加坡、日内瓦、阿姆斯特丹、首尔11个全球科技创新城市，对这些城市2022年的基础科研规模、成果开放程度、全球影响力三个方面数据进行对比分析。由于全球城市层面的开放科学相关数据很难获取，本报告主要依托文献数据，侧面反映各城市开放科学发展状态，具体指标见图23。

采用熵值法确定指标权重并进行测算，11个全球科技创新城市的评价结果显示：北京综合得分最高，为80.9，其次是伦敦，为67.7，两个城市处于第一梯队；纽约、巴黎、东京、阿姆斯特丹和旧金山的综合得分超过30，位于中等水平；其他城市综合得分较低，为25~30（见图24）。

1. 北京的总量指标表现突出，科研规模实力领先

在基础科研实力层面，本报告选取了反映顶尖科研机构数量、发表论文总量和科研人员总数的相关指标反映一个城市的科研基础和规模水平，结果显示：北京在总量指标上具有显著优势，科研实力总体表现突出，科研规模领先于其他城市（见图25）。例如，北京有8家机构进入2022年发文量全球排名前100，2022年发表论文总量近23万篇，占全球发文总量的5.7%，

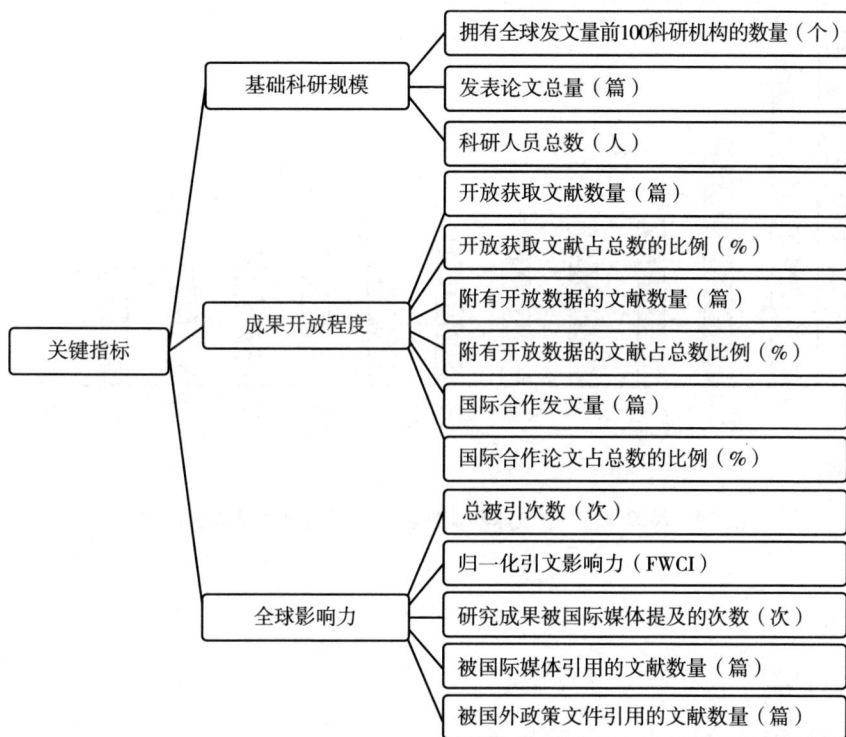

图 23　全球科技创新城市指标体系

科研人员总数达 75 万人，规模庞大。伦敦、纽约、巴黎、东京和首尔处于中等水平（18.3），其他城市位于中等水平以下。

　2. 北京科研成果开放表现良好，但仍有巨大发展空间

　　北京科研成果开放表现良好，无论是开放获取文献数量、附有开放数据的文献数量，还是国际合作发文量都排在首位；排在第二位的城市是伦敦，成果开放程度指数为 96.8；纽约、阿姆斯特丹、巴黎和东京的成果开放程度指数均超过了 50，处于中等水平；其他城市表现比较接近，成果开放程度指数为 45~50（见图 26）。北京尽管在总量指标上具备优势，但是在相对指标上表现并不理想。例如，开放获取文献占总数的比例仅为 37.9%，而阿姆斯特丹达到了 78%，日内瓦、伦敦、慕尼黑、旧金山、巴黎等城市均超过了 60%；北京附有开放数据的文献占总

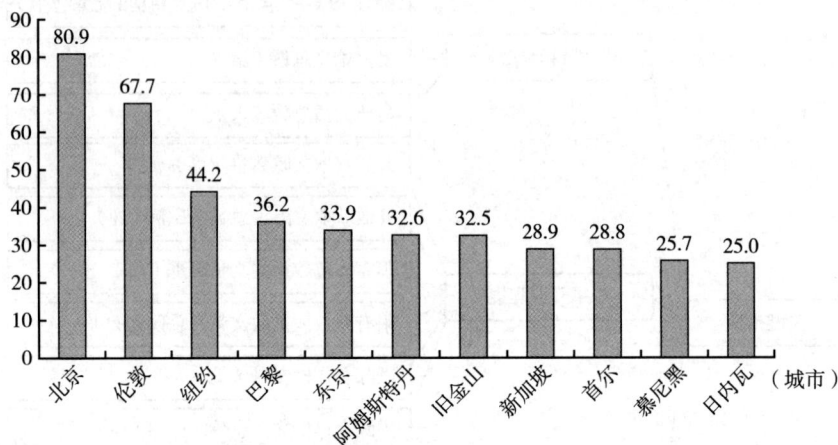

**图 24　2022 年 11 个全球科技创新城市开放科学发展指数对比**

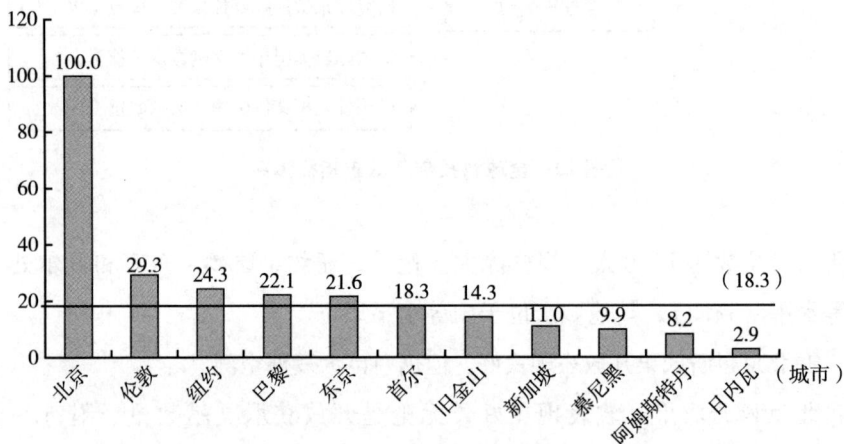

**图 25　2022 年 11 个全球科技创新城市基础科研规模指数对比**

数的比例为 1.7%，与阿姆斯特丹（最高）相比，低了 2.9 个百分点；北京国际合作论文占总数的比例也是最低的，为 22.2%，日内瓦和新加坡均在 70% 以上，阿姆斯特丹和伦敦在 60% 以上。这说明北京的科研成果全球开放程度与欧美城市存在较大差距，在开放科学实践上仍有较大的发展空间和潜力。

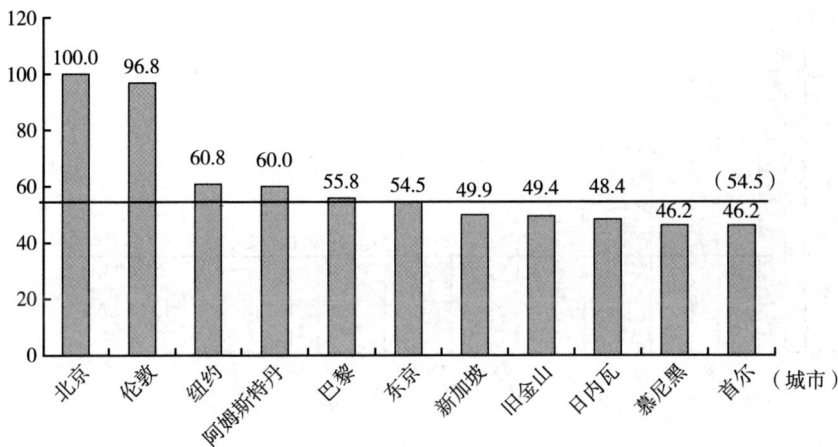

**图 26 2022 年 11 个全球科技创新城市的成果开放程度指数对比**

3. 北京全球影响力指数排第二位，全球引领和辐射作用有待提升

通过考察论文成果的学术影响、国际社会影响等方面的指标，发现伦敦的全球影响力指数最高（100.0），北京排在第二位，全球影响力指数为 90.8，以上两个城市全球科研影响力突出；纽约排在第三位，全球影响力指数为 64.7；其他城市全球影响力指数均低于 50（见图 27）。具体来看：第一，北京的总被引次数高达 68.9 万次，远高于其他城市，这与城市科研规模密切相关。第二，北京归一化引文影响力为 1.19，超过了世界平均水平，但排在第十位，说明北京科研成果的学术影响力与欧美城市相比尚待提升；阿姆斯特丹归一化引文影响力最高，为 1.93；旧金山、日内瓦、新加坡、伦敦、慕尼黑、纽约等城市均超过了 1.70。第三，随着北京科研产出日趋增多、国际影响力不断增强，其研究成果的国际社会关注度也随之提高，体现在被国际媒体引用的文献数量上，北京居全球科技创新城市首位，但被引用文献占总数的比例依然偏低，有待进一步提升。北京被国外政策文件引用的学术文献数量排在第五位，与排在首位的伦敦以及第二位的纽约有一定差距。

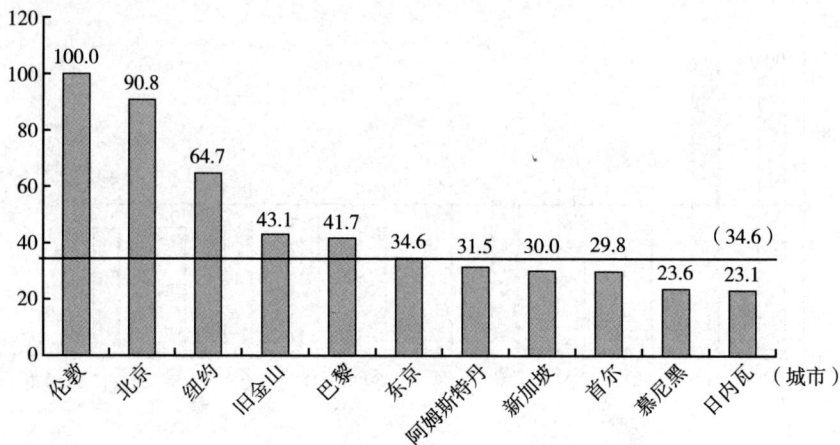

**图27　2022年11个全球科技创新城市全球影响力指数对比**

# 五　结论与建议

## （一）主要结论

### 1.北京开放科学发展取得显著成效，总体呈现上升趋势

2018~2022年，北京开放科学发展指数逐年提升，从2018年的83.5增长至2022年的134.8，并呈现发展基础不断夯实、实践活力不断增强、支撑环境不断优化、全球影响力不断提升等态势。相比于2018年，2022年北京开放科学发展指数提升了61.4%，开放科学实践蹄疾步稳，科研数字化转型升级加速推进，尤其是2020~2021年开放科学发展指数增长较快。

（1）发展基础指数实现了稳步增长，除了投入水平提升缓慢，人才规模、知识创造、成果转化指数总体呈增长态势，其中，2018~2022年人才规模指数提升了46.7。

（2）实践活力指数加速增长，实现较快较好发展，从2018年的93.7提升至2022年的158.5。开放获取、论文关联数据、开放服务、基础设施、开源创新等各方面均取得了成效，尤其是开源创新表现出强大的活力。而开放合作指数因受复杂国际环境、新冠疫情等影响总体有所下降。

（3）开放科学发展环境日趋优化，环境支撑指数从 2018 年的 73.5 增至 2022 年的 130.0，年均增长率保持在 15% 以上，实现了显著增长。随着北京"两区"建设加速推进，不断释放科技创新活力，开放市场指数大幅度提升，2018～2022 年增长了 150.7%；政策环境指数也不断优化，但仍缺乏持续、有效、具体的相关政策；数字化潜力指数相对表现不稳定，科学素养指数提升较少。

（4）随着研发投入和科研成果持续增加，北京开放科学全球影响力和贡献度不断提升。2022 年，北京开放科学全球影响指数达 113.1，相比于 2018 年（72.2）增长了 56.6%。除了社会影响指数，学术影响、国际认可、国际竞争力指数有不同程度的提升。社会影响指数从 2018 年的 59.4 下降到 2022 年的 40.2，下降了 32.3%，表现与学术影响指数相似，先上升后下降，2020 年达到最高峰（指数为 100），之后呈现下降趋势。这与 2020 年我国新冠病毒相关研究成果引用率高、受关注度高有关。相反，高被引科学家、PCT 国际专利、全球数据库产品、数据中心建设等方面指标均有所提升，表明北京的国际竞争力和国际认可度有所提升。

**2. 北京开放科学发展整体优势突出，"粤浙苏沪"发展加速**

为了挖掘分析国内重要省市优劣势，同样从发展基础、实践活力、环境支撑、全球影响四个维度进行测算，对北京、上海、广东、江苏、山东、浙江六省市进行对比研究。2021 年，北京综合得分最高，为 86.2，领先于其他省市；排在第二位的是广东，综合得分 65.1。进一步分析各省市的优劣势得出如下结论。

（1）北京开放科学发展基础良好，其他省市人才增长速度加快。北京凭借雄厚的创新资源以及在教育、科技、人才方面的独特优势，发展基础指数（94.0）在六省市中排首位，比排第二位的广东高出 46.3，但由于基数较大，北京 2018～2021 年发文作者复合年均增长率在六省市中最低，仅为 8.8%，而广东、浙江和山东在该指标上表现良好，发文作者复合年均增长率均在 16% 以上，科研人才储备正在加速。

（2）北京开放科学实践成效显著，粤浙更加彰显蓬勃活力。北京在开放获取文献数量、附有开放数据的文献数量、国际合作发文量等总量指标上优势显著，但在一些相对指标上优势不明显。相对而言，广东、浙江、上海等省市在相对指标上表现良好。在基础设施方面，广东、上海、江苏的中国综合算力指数排名前三，深圳、上海等城市加快建设面向国际的数据（信息）中心。

（3）北京开放科学发展环境较优越，其他省市各具优势。从环境支撑指数来看，北京依然排第一位，指数达 87.8，无论是计算机科学、人工智能等基础科研实力，还是全民科学素养都处于领先水平，开放科学发展环境良好。而其他省市各具优势，如山东和浙江开设数据技术专业的高校数量最多，浙江在互联网普及率、每百万人公共博物馆与图书馆数量两项指标上表现最好。从政策环境来看，上海、北京、广东的政策体系比较完善，在各类科技政策中都不同程度地提到了开放科学相关内容，如科学数据管理与共享、重大科研基础设施和大型科研仪器向社会开放、国际科技合作、成果转化、科研诚信、开源创新等方面，但至今尚无城市正式出台与开放科学直接相关的政策。

（4）北京在全球影响方面表现卓越。北京的全球影响指数总体高于其他省市，学术影响、国际社会影响、国际竞争力等方面表现优异，尤其是在同期全球发文量中的占比、研究成果被国际媒体提及次数和被国外政策引用的文献数量等指标都处于领先水平，说明基于良好的科研基础和较大的科研产出规模，北京在全球的学术贡献、学术影响和社会影响已逐渐显露，但与引领全球发展仍有一定距离，部分指标有待提升，如归一化引文影响力和PCT 国际专利申请量。

3. 北京跻身世界一流科研城市，全球引领力有待加强

从文献计量的角度对北京、伦敦、纽约、旧金山、巴黎、东京、慕尼黑、新加坡、日内瓦、阿姆斯特丹、首尔 11 个全球科技创新城市进行对比分析，结果显示，北京开放科学发展指数为 80.9，排在首位，成功跻身世界一流科研城市；伦敦排在第二位，表现较好；纽约、巴黎、东京、阿姆斯

特丹、旧金山等城市处于中等水平，其他城市处于中等水平以下。

（1）北京的科研总量指标表现突出，基础科研规模领先其他城市。目前，北京的科研人员数量、科研成果产出已达到相当规模，发表论文总量是伦敦、东京、巴黎、纽约、首尔等城市的3~4倍，规模效应逐渐显现。同时，北京计算机科学、人工智能领域成果产出也十分丰富，为科研数字化转型和开放科学发展奠定了良好的基础条件。

（2）北京的开放科学实践表现良好。由于发文量庞大，开放获取文献数量、附有开放数据的文献数量、国际合作发文量要比其他全球科技创新城市多。以开放获取文献为例，2022年北京开放获取文献数量约8.7万篇，是伦敦的1.6倍、日内瓦的13.6倍，成为全球开放获取发展的重要力量。但是在相对指标方面北京表现不尽如人意，例如，北京附有开放数据的文献占总数比例最低，为1.7%，阿姆斯特丹最高，为4.6%；同样，北京国际合作论文占总数的比例也是最低的，为22.2%，而日内瓦和新加坡均在70%以上，这说明北京在成果的开放度、透明度和开放合作方面仍与欧美城市存在差距。

（3）北京全球影响力初步形成，全球引领和辐射作用有待进一步提升。北京的全球影响力指数位居第二，排在首位的是伦敦。北京在学术影响、国际社会影响方面表现良好，例如，2022年北京总被引次数是伦敦的2.5倍、纽约的3.5倍、阿姆斯特丹的9.4倍；被国外媒体提及或者引用的文献数量也最多，说明北京的科研成果日益受到国际社会的广泛关注。与之相反，从归一化引文影响力来看，北京、东京、首尔等亚洲城市处于较低水平（但均超过世界平均水平），科研成果的学术质量与欧美城市相比有待提升。

## （二）建议

开放科学是关乎科学界、产业界和社会各界发展，深刻而全新的一种全球性运动，受区域科技创新基础、实践活动、国内外环境等多方面因素的综合影响，其文化理念将会影响科研系统能力以及区域创新生态体系重构。基于指标分析，结合实践进展，本报告提出加快推进北京开放科学发展的几点建议。

**1. 强化"科研数字化"和"数字科研产业化"双轮驱动，激发全市科研创新活力，将科研规模优势转化为高质量发展优势**

目前，北京凭借强大的资源集聚、规模优势，成功跻身全球创新第一阵营、世界城市第一方阵。如何将规模优势转化为高质量发展优势是北京一直以来面临的重要问题，这一问题在指标研究中有所显现，促使我们在关注总量优势的同时，需要更加关注可持续发展状态和持续增长速度，通过强化"科研数字化"和"数字科研产业化"双轮驱动，激发全市科研创新活力，产出更多高质量成果。一是持续加大研发经费投入和教育经费投入。进一步优化科研资源配置，兼顾传统优势学科和新兴学科领域协调发展，推动学科交叉融合和跨学科研究，推进实施教育、科技、人才"三位一体"协同融合发展战略，推动北京科研创新实现从"超大"到"超强"的转变。二是加快科研数字化转型升级，大力发展数字科研产业。尽快开展全市科研数字化建设现状摸底工作，编制"北京科教数字化发展计划"和技术路线图。建设北京科研云基础设施，建立面向京津冀的区域性科研数字智能服务平台，加快全区域科研数字化转型。支持数字科研相关企业健康发展，鼓励和引导企业开展新型科研工具的研发，赋能科研范式数字化变革，提升科研系统效能，激发科研创新潜力和活力。

**2. 将开放科学发展上升为全市重要战略，以公共资助成果开放和科学数据建设为重要抓手，全面推动全市开放科学实践**

近年来，北京顺应全球开放科学形势，积极落实科学发展观以及开放共享理念，开放科学实践处于全国领先地位，经验做法和成效可圈可点，但依然缺乏系统化、规范化、精准化推进举措，开放科学的基础性、引领性作用尚未真正发挥，尚有巨大的潜力和发展空间。北京须结合自身特点和目标定位，以开放科学作为区域创新的重要引擎，积极探索"北京经验"，发挥引领作用。一是将开放科学发展上升为全市重要战略和政策抓手，加强开放科学顶层设计。紧跟全球开放科学发展步伐，从科研成果的生产、管理、扩散一体化系统思维出发，制定规划并推进落实，强化科技、教育、文化、信息化、国际合作、宣传等管理部门之间的协调合作，尽快出台专门针对北京开放科学发展的中长期规划以及相关政策。二是以公共资助成果开放和科学数据建设为重要抓手，撬动区域开放创新发展。例如，结合强制性政策、鼓励性政策规范、推动公共资助研究成果及时对外开放，完善相关激励、评价等机制，营造开放科学文化环境和氛围；整合全市开放科学领域实践主体和开放数据资源，搭建统一的科学数据开放与共享平台，有目标、有计划、有步骤地建设特色科学数据储备库，加快形成自主可控、安全可信的数据生态空间以及开放科研生态圈；依托在京国家实验室、综合性国家科学中心、新型研发机构、高水平研究型大学以及卓越科技期刊、数据企业等各类主体，聚焦生命健康、新能源等优势领域建设具有国际影响力的高端交流平台，发起高水平国际学术会议，基于重大科研基础设施搭建全球合作网络。

3. 集中力量攻克全球性难题，催生引领全球发展和社会变革的重大原创性成果，提升成果的社会价值和全球影响力

随着国际科技创新中心建设进程加快，北京科技创新能力大幅提升，越来越多的领域已接近或达到世界先进水平。与此同时，北京原始创新和科技源头供给能力实现新提升，在脑科学、单细胞组学、病毒学、云边协同、硅基光电子等前沿领域涌现了一批具有国际影响力的原始创新成果。但是对人类认知、人类健康和全球发展带来巨大影响和贡献的原创性科研成果仍不足，离世界科技强国建设目标要求还有较大差距，迫切需要北京深化国际科技开放合作，产出更多破解全球性难题的重大原创成果，抢占科技竞争和未来发展制高点。一是面向全球性难题破解提供长期稳定的资助。结合自由探索和有组织科研方式，鼓励不同学科和领域科研人员开展癌症、气候变化等全球性难题攻关，鼓励在京科研机构启动"全球挑战计划"项目，加快汇聚全球创新资源，构建全球开放科学合作网络，促进跨领域融合创新，营造充满挑战、拼搏精神的开放科学文化氛围，为全人类贡献北京力量。二是实施高价值成果"走出去+引进来"双向开放策略。以"一带一路"交流合作

平台、中关村论坛等为载体，借着"两区"建设的春风，加快促进高价值研究成果的传播与全球转化推广，形成"走出去+引进来"双向互济的开放新格局。此外，加强开放科学高端人才培养和国际科技合作，以国际经验推动多元主体参与的开放科学体系建设。

# 专 题 篇
## Special Topic Reports

# B.3
# 公共资助机构开放获取发展现状与趋势

崔海媛*

**摘　要：** 公共资助机构的开放获取对推动开放科学与科技创新发展至关重要。本报告介绍了开放获取运动的缘起、概念、背景和发展现状，调研了公共资助机构开放获取政策和服务，总结国际发展经验，分析未来发展趋势，为北京开放获取政策制定、实施及发展提供参考。通过分析北京公共资助机构的开放获取现状，对比国际进展，研究与提出北京公共资助机构的开放获取发展建议。建议北京通过制定开放获取政策，优先对接受公共资助的科研项目成果和科学数据实行开放获取，加快北京开放科学进程。北京还需要完善项目成果发布服务，构建开放科学基础设施，建设科学数据中心，构建开放学术服务平台，着力提升开放科学服务能力。

* 崔海媛，北京大学图书馆研究馆员，研究方向为开放科学、知识库构建、科学数据管理与服务、数字素养、图书馆联盟等。

**关键词：** 开放科学　开放获取　公共资助机构　北京

　　学术交流是科学研究的重要组成部分，是科学研究的本质。自最早的两份学术期刊《学者周刊》和《哲学汇刊》于 1665 年问世以来，出版者、数据库商与图书馆在学术交流活动中发挥着重要作用。但自 20 世纪 70 年代产生并越发严重的学术期刊"价格危机"（pricing crisis）和"许可危机"（permission crisis）阻碍了学术研究成果的广泛传播和有效利用。

　　为解决危机、打破传播壁垒、利用信息技术促进学术交流，学术界、图书馆界和出版界不断探索新的学术交流方式。20 世纪 90 年代末兴起与快速发展的开放获取运动（Open Access，OA）变革与推动了信息自由共享与传播的学术交流机制。不同于传统的基于订阅的学术出版模式，开放获取倡导通过互联网进行学术成果无障碍传播，任何人可以在任何地点和任何时间，不受经济状态影响，平等获取和使用学术信息与研究成果。

## 一　开放获取发展概况

### （一）背景

　　自 1998 年"自由扩散科学成果运动"提出开放获取倡议后，在 2002 年 2 月多国科研机构签署的《布达佩斯开放获取倡议》、2003 年《贝塞斯达开放获取出版声明》、2003 年 10 月《关于自然科学与人文科学资源开放获取的柏林宣言》（简称《柏林宣言》）和 2004 年 1 月经合组织（The Organisation for Economic Co-operation and Development，OECD）科技政策委员会部长级会议签署的《公共资金资助的研究数据的开放获取宣言》促进下，全球开放获取运动蓬勃发展，多个国家、资助机构、大学与科研机构制定开放获取政策，发布开放获取知识库、科学数据仓储，支持开放出版，推动开放科学发展。[①] 2021 年，联合国教科文组织（UNESCO）193 个成员国批准了《开放科学建议书》，为全球开放科学发展提供指导。在开放获取和开放科学运动中，公共资助机构是重要的推动力量。

## （二）开放获取概念

2001 年布达佩斯会议将开放获取描述为：可以免费在互联网上得到，允许读者阅读、下载、复制、传播、打印、检索、获取文章全文，可以制作索引，把它们作为软件数据库，或者以其他合法目的使用而不存在资金、法律、技术障碍。对复制与传播的唯一约束是，应确保作者有权利控制他们成果的完整性并使成果得到认可与引用。[②]

用户免费以及无限制的合理使用是开放获取的核心所在。开放获取的范畴，不仅包括期刊论文，还包括软件、科学数据、学位论文、教学课件、图书、音频、视频、多媒体等。

英国联合信息系统委员会（The Joint Information Systems Committee，JISC）关于机构知识库（Institutional Repository，IR）的定义是机构研究成果的合集。通常覆盖多个学科，有多种资金来源和传播方式。是否强制存储由各机构自行决定。机构对 IR 的内容可能有多种需要，包括 OA 传播、计量、推广和战略管理。[③] IR 是支撑机构学术交流研究的信息基础设施，收集并保存机构研究人员学术与智力成果，为学术研究和学术交流提供系列服务，包括存档、管理、发布、检索和开放共享。

科学数据仓储（Research Data Repository，RDR），常被称为"研究数据知识库"。参考美国医学图书馆联盟数据驱动资源发现网站（NNLM Resources for Data-Driven Discovery，NNLM RD3）的定义，笔者将科学数据

---

① 崔海媛等：《公共资助机构开放获取政策研究与实施——以国家自然科学基金委员会基础研究知识库开放获取政策为例》，《大学图书馆学报》2017 年第 3 期。

② "Read the Declaration Budapest Open Access Initiative," BOAI, http://www.budapestopenaccessinitiative.org/read.

③ Catherine Jones et al., "Report of the Subject and Institutional Repositories Interactions Study," November 2008, http://wiki.lib.sun.ac.za/images/c/cb/Siris-report-nov-2008.pdf.

仓储定义为：为研究者提供提交、保存、组织、管理和使用数据的服务平台。数据仓储可以是综合性数据服务平台，也可以是学科数据仓储。学科数据仓储是为满足特定学科的数据提交、管理、重用和访问需求，满足特定专业的文件格式、数据结构和元数据类型等要求。数据仓储类型：资助机构数据仓储、学科数据仓储、期刊论文研究数据仓储、机构数据仓储和开放数据仓储等。[①]

## 二 开放获取国际发展趋势

开放获取始于机构知识库的建设。在开放获取运动推动下，20 世纪末，一些大学的院系创建了以"自存储"方式保存和开放本机构成员学术成果的 e 印本库。国际主要科研机构建设的预印本平台（arXiv、BioRxiv、ChemRxiv、medRxiv 等）已发展成重要的新型学术交流平台，很多重大科研成果（如 OpenAI 公司的 GPT-3 模型等）首先在预印本平台发布。国际组织、资助机构、大学建设的机构知识库数量不断增加。机构知识库注册网站（The Directory of Open Access Repositories, OpenDOAR）的数据显示，截至 2023 年 10 月，在 OpenDOAR 登记的全球机构知识库从 2006 年的 128 个发展到 5886 个。[②] 全球知识库数量持续增长，质量不断提升，已是学术发表和交流的重要平台。

随着全球知识库数量激增，国际组织和联盟认为建立知识库汇集网络，创建可持续创新的系统，共享研究成果，可以让开放知识库在学术交流生态系统中发挥更大作用。欧洲开放获取基础设施研究项目（Open Access Infrastructure Research for Europe, OpenAIRE）已收录来自 19.4 万个知识库的成果、数据与项目信息（截至 2023 年 9 月 1 日）。[③]

开放出版是推动开放获取运动的重要力量。根据 Dimensions 的数据，

---

① 崔海媛：《研究数据管理和服务指南》，海洋出版社，2020，第 12 页。
② OpenDOAR Statisticst 官网：http://v2. sherpa. ac. uk/view/repository_ visualisations/1. html。
③ OpenAIRE EXPLORE 官网：https：//explore. openaire. eu/search/find。

2020 年全球发表的 OA 论文数量（OA 出版包括金色 OA、青铜 OA、绿色 OA 和混合 OA）首次超过订阅出版论文数量，2021~2022 年 OA 论文数量持续增长。OA 论文的增长速度远超订阅出版论文。数据也表明，完全开放获取期刊约有 20000 种。OA 论文的平均价格低于订阅出版论文。Delta Think 的一项分析结果显示，2021 年约 45% 的学术文章是以付费开放获取方式发表的，但其占期刊出版总收入的比重不足 15%。[①]

## （一）资助机构开放获取政策发展

开放获取最关键的推动因素是强制性开放政策的制定与实施。无论是大型国际组织、国家、基金资助方，还是高等教育和科研机构，都陆续出台了各自的开放获取政策，以响应、支持并推动开放获取运动。

各国科研资助机构出台的有关公共资金资助项目成果的开放获取政策，对推动学术资源的开放获取发挥了重要作用。据统计，目前全球研究理事会（Global Research Council，GRC）成员机构管理的资助资金已占全球公立科研资助资金的 80%。自成立以来，GRC 已发布《科研诚信原则声明》《科学质量评估原则声明》和《科技论文开放获取行动计划》等指导性文件。2013 年，GRC 通过了《科技论文开放获取行动计划》，鼓励和呼吁公共资助的科研成果实行开放获取，声明将采取一系列措施推动和支持由公共科研经费资助的研究工作在开放出版期刊上发表开放获取论文和在开放获取知识库中存储已发表的论文。2014 年，GRC 全体大会对相关国家实施 GRC 开放获取行动计划的情况进行了评估，并提出了后续行动建议。2014 年 5 月，国家自然科学基金委员会（以下简称"基金委"）发布了《国家自然科学基金委员会关于受资助项目科研论文实行开放获取的政策声明》。同日，中国科学院发布了《中国科学院关于公共资助科研项目发表的论文实行开放获取的政策声明》。该声明要求得到公共资助的科研论文在发表后把论文最

---

① "Supporting Open Access for 20 Years: Five Issues that Have Slowed the Transition to Full and Immediate OA," September 27, 2023, https://www.coalition-s.org/blog/supporting-open-access-for-20-years-five-issues-that-have-slowed-the-transition-to-full-and-immediate-oa/.

终审定稿存储到相应的知识库中，在发表后 12 个月内实行开放获取。该声明标志着中国开放获取政策的正式发布。[①]

截至 2023 年 9 月，在 JULIET 登记的 178 家全球资助机构中，153 家机构（占比为 86%）有开放存储相关政策，121 家机构（占比为 68%）有开放出版政策，90 家机构（占比为 51%）有数据存储政策。[②] 公共资助机构的开放获取得到了国家政策的积极支持，知识产权相关问题易于解决。相对于大学和科研机构，公共资助机构更容易得到研究者的理解与支持。因此，在开放获取政策制定与执行、开放获取知识库建设与发展方面，公共资助机构都更具优势，发展得更好。

### （二）资助机构开放获取服务发展

在政策支持下，公共资助机构知识库发展更为迅速，更容易具备一定的规模与学术影响力。美国、欧洲的多家资助机构在开放获取标准规范、服务和知识库建设方面发挥了积极作用，建设的知识库已具有一定的规模与国际学术影响力，成为学术交流与学术成果获取的主要途径之一。

全球资助机构通过多种合作措施，积极推动开放获取发展。

#### 1. 跨机构合作共建技术框架和标准规范

各国资助机构通过合作，制定政策、标准规范，推动开放获取服务发展。以开放档案计划（The Open Archives Initiative，OAI）为例，OAI 先后发布了 OAI 数据收割协议（OAI-PMH）、OAI 版权说明（OAI-rights）、开放档案计划对象复用和交换标准（OAI-ORE）、资源同步框架标准（The ResourceSync Framework Specification）。OAI 通过制定并推广促进内容有效传播的互操作性标准，为电子资源访问和学术交流提供数据互操作服务，解决电子资源系统之间互不隶属、资料分散存储、难以整合等问题。促进网络资

---

① 崔海媛等：《公共资助机构开放获取政策研究与实施——以国家自然科学基金委员会基础研究知识库开放获取政策为例》，《大学图书馆学报》2017 年第 3 期。

② "Try the New-look Sherpa," Open Access，http：//v2. sherpa. ac. uk/juliet/information. html.

源开放、共享、交互。[1]

JISC 机构资源存取计划（Focus on Accessto Institutional Resources Programe, FAIR）在 3 年内完成了 4 个领域 14 个项目，建立了多个机构知识库标准规范、软件平台和系统，为机构知识库发展提供了指南和案例参考，部分项目成果后续不断发展，对开放获取影响深远。[2]

### 2. 以项目合作建设机制，提升开放获取服务水平

在推进开放获取过程中，国际组织和联盟发现有必要建立包含机构和组织的国际知识库联盟，构建全球知识库共同体和世界各地的知识库网络。

资助机构开放获取知识库联盟（Confederationof Open Access Repositories, COAR）创立于 2009 年。截至 2023 年 9 月，COAR 已有来自包括五大洲 120 多家机构加盟，致力于发展成一个全球开放获取知识库共同体，汇集跨国家、跨地区和跨学科领域的实践经验，构建一个连接全球开放获取知识库的知识基础设施。COAR 通过制定规划、设立工作组研究 OA 与 IR 发展重点领域，为推动开放获取提供发展规划、标准规范、建设策略与最佳实践经验等有价值的指导与参考。[3]

国际高能物理开放出版资助联盟（Sponsoring Consortium for Open Access Publishing in Particle Physics, SCOAP3）通过物理领域的资助机构、研究机构和图书馆建立联盟，将该领域学术论文转为开放出版。截至 2023 年 9 月，SCOAP3 包括来自 45 个国家的 3000 多个图书馆和图书馆联盟大学、研究机构与资助机构，已开放出版 61069 篇论文和 60 本图书。SCOAP3 高能物理领域开放获取论文占比超 90%。[4]

很多国家也通过项目建设模式，加快开放获取服务。荷兰数字学术机构库（Digital Academic Repository, DARE）和 SURFshare 项目、德国 OA 网络

---

[1] "Open Archives Initiative," https：//www.openarchives.org/.

[2] "Fair synthesis：Introduction," Jisc, http：//webarchive. nationalarchives. gov. uk/20140702195 129/http：//www. jisc. ac. uk/whatwedo/programmes/fair/synthesis. aspx.

[3] Confederation of Open Access Repositories（COAR）官网：https：//www. coar - repositories. org/。

[4] SCOAP3（高能物理开放出版资助联盟）官网：https：//scoap3. org/what-is-scoap3/。

（OA-Network）、澳大利亚 ARROW 与 Trove 项目、日本机构知识库在线等促进了国家和学术机构开放获取服务发展。

3. 资助机构助力完善开放获取政策，重构开放获取生态

随着开放获取的发展，资助机构与国际组织在分析现有出版物开放获取模式的基础上，出台新政策，建立全科研过程的开放机制，支持开放科学，切实把公共资助投入产出的科研成果转化为社会创新发展成果。2012 年，欧盟委员会（The European Commission，EC）发布科学信息建议［the Initial 2012 Recommendation on Scientific Information，C（2012）4890］，推动启动开放科学政策平台和欧洲开放科学云等项目。欧盟"地平线 2020"（Horizon 2020，H2020）规定，所有资助项目都需要开放获取和开放数据。[①]

2018 年 9 月，来自法国、英国、荷兰、意大利等 11 个欧洲国家的主要科研经费资助机构，在 ERC 的支持下，联合签署了新的开放获取计划——cOAlition S 计划（以下简称"S 计划"）。S 计划的核心原则是"从 2020 年 1 月 1 日起，所有由参与国以及欧洲研究委员会拨款支持的科研项目，都必须将研究成果发表在完全开放获取期刊或出版平台上"。2018 年 12 月，国家自然科学基金委副主任侯增谦院士在第 14 届柏林开放获取会议上表示支持 OA2020 倡议和开放获取 S 计划。2023 年，全球已有 28 个资助机构参加了 S 计划。S 计划加快了开放出版步伐，改变了传统学术出版格局。[②]

## （三）资助机构开放获取发展趋势

1. 深化开放获取内涵，实现从"开放获取"到"开放科学"的转变

根据 JULIET、ROAR、OpenDOAR 等政策和知识库登记平台的数据，可以看出全球资助机构开放获取持续发展，内容不断深化，参与建设国家与机

---

① "Horizon 2020," European Commission, https：//research－and－innovation. ec. europa. eu/funding/funding-opportunities/funding-programmes-and-open-calls/horizon-2020_ en.

② "cOAlition S Releases Revised Implementation Guidance on Plan S Following Public Feedback Exercise," https：//www. coalition-s. org/revised-implementation-guidance/.

构日益多样化。在 S 计划等公共资助开放获取政策促进下，Springer Nature、Elsevier、Willey 等全球科技出版商积极参与期刊转换协议（Transformative Agreements，TAs）。开放出版出现多种模式并存的发展态势，阅读与出版（Read& Publish）、订阅开放（Subscribe to Open）模式不断创新，"一国一订阅"（One Nation，One Subscription）在多国实现。根据文章处理费效率与标准（Efficiency and Standards for Article Change，ESAC）的数据，截至 2023 年 9 月，全球 30 多个国家的相关机构与 50 多家出版商签署了 800 多个协议。金色 OA 期刊论文数量不断增加，标志着开放获取的观念和实践已被广泛接受。但 TAs 存在的双重收费与发表期刊范围局限等问题长期存在，尚未得到有效解决。科学欧洲、S 联盟及合作组织在系统分析各种钻石 OA 模式的成功要素后，启动了"推动学术交流的机构开放获取出版模式发展项目"（Developing Institutional Open Access Publishing Models to Advance Scholarly Communication，DIAMAS），推动钻石 OA 出版。[1] 荷兰、法国先后宣布到 2020 年、2030 年实现出版物的 100%开放获取。美国白宫在 2022 年开放获取备忘录中，要求美国联邦资助研究的出版物及研究数据不迟于 2025 年底提供公众获取。国家和资助机构开放获取政策加快制定完善，对全球开放出版生态产生重大影响。[2]

2. 推动知识库提供协同整合、互操作等增值服务

研究实践表明，开放知识库的发展趋势：与国家、资助机构强制性开放获取政策紧密结合；与机构科研管理系统融合发展；将数据提供给开放获取仓储系统，提供使用统计增值服务。[3] 增强知识库功能与服务，从研究者角度，提供计量指标、数据自动更新与研究者主页，成为开放知识库技术发展

---

① Open Access 官方网站：https：//www.scienceeurope.org/our-priorities/open-access。

② 杨卫等：《构筑开放科学行动路线图把握开放科学发展机遇》，《中国科学院院刊》2023 年第 6 期。

③ Marsh R. M. "The Role of Institutional Repositories in Developing the Communication of Scholarly Research," *OCLC Systems & Services* 4（2015）：163-195。

的方向。[1]

欧洲科研管理系统组织（euro Current Research Information Systems，euroCRIS）制定的通用欧洲科研管理系统标准框架（Common European Research Information Format，CERIF），对欧盟各国科研管理系统建设与知识库发展具有重要影响。欧盟各国科研管理系统均遵循 CERIF 标准，商业系统（如 Pure、Converis、Symplectic 等）、自建系统与开源应用都支持 CERIF 标准框架，实现了系统框架与数据的标准化，支持系统互操作。[2]

知识库与科研管理系统融合、实现数据互操作，支持系统融合，支持开放数据服务，成为机构知识库发展的新趋势。[3]

## 三 中国开放获取发展特点及实践案例

### （一）中国开放获取发展特点

#### 1. 港台地区先行，大陆地区发展迅速

香港与台湾地区的开放获取发展领先于大陆地区。2003 年 2 月，香港科技大学首先发布香港地区第一个基于 DSpace 开发的知识库。2006 年，香港科技大学图书馆联合香港中文大学、香港城市大学、香港教育大学、香港浸会大学、岭南大学、香港理工大学和香港大学，基于 VuFind 发布 8 所大学开放知识库的元数据检索平台 HKIR。[4]

2006 年 6 月，台湾大学图书馆牵头，建设"建制机构学术成果典藏计划"项目，由台湾大学图书馆负责开发软件平台，建设标准规范，为全台

[1] Clobridge A. "Open Access: Progress, Possibilities, and the Changing Scholarly Communications Ecosystem," *Online Searcher* 2（2014）: 42-52.

[2] "Main Features of Cerif," euroCRIS, https://eurocris.org/services/main-features-cerif.

[3] 崔海媛等：《资助机构开放获取知识库研究与构建——以国家自然科学基金基础研究知识库为例》，《图书情报工作》，2017 年第 11 期。

[4] Liu Eliot Z. H., Palmer David T.：《香港大学学术库——机构知识库的应用扩展》，《大学图书馆学报》2015 年第 4 期。

湾各大院校建设机构典藏奠定基础。2007~2009 年，在台湾大学机构典藏库（NTUR）建设的基础上，由台湾大学牵头，联合台湾高校，发布与推广台湾学术机构典藏（Taiwan Academic Institutional Repository，TAIR），并将其作为台湾地区整体学术研究成果的积累、展示与利用窗口。TAIR 的发布与发展，提升了台湾地区学术研究成果的曝光度与影响力。[①]

中国大陆地区的机构知识库建设起步较晚。中国科学院于 2007 年启动力学研究所和文献情报中心知识库试点建设工作，并在试点的基础上于2009 年和 2011 年启动分批推广。截至 2023 年 10 月，中国科学院机构知识库收录 114 个研究所机构库，超 151 万条成果数据，内容包括论文、工作文档、预印本、技术报告、会议论文以及不同数字格式的数据集，是国内最具规模的研究机构开放知识库。

从中国高校机构知识库发展情况来看，中国高等教育文献保障系统（CALIS）管理中心和北京大学图书馆于 2011 年发布的《我国高校机构知识库建设现状机构知识库建设情况调研》显示，在参与调研的 349 所高校中，已建设机构知识库的有 54 所，建设中有 25 所，拟建设有 91 所，未建设有179 所。在调查基础上，2011 年启动，2012 年验收完成的 CALIS 三期"机构知识库建设及推广项目"，推动全国 25 个高校图书馆建设与发布了机构知识库，引领中国高校加快开放获取政策与知识库的研究与建设进程。[②]

截至 2023 年 10 月，在 OpenDOAR 注册的 5889 个全球知识库中，中国注册知识库共 133 个，其中包括香港（10 个）与台湾（58 个）。在国家政策、联盟组织、资助机构多方努力推动下，多所高校与科研机构在机构知识库建设方面进行了研究与实践，机构知识库呈现阶段性蓬勃发展的特点。

2. 与国际接轨，提高增值服务需求，探索可持续性发展

中国科学院在多年研究与建设的基础上，与国际开放获取联盟积极交

---

① 陈雪华、张树娟、吴瑟量：《台湾学术机构典藏推展之探讨》，《大学图书馆》2010 年第1 期。

② 崔海媛：《机构知识库构建指南》，海洋出版社，2019，第 32 页。

流，探索知识库的增值服务，支持更多资源类型，提供语义分析、研究者主页与引用分析等新服务。

北京大学机构知识库于 2012 年发布，2013 年和 2015 年升级优化，形成以学者为核心，收集本校师生 41 万余篇学术论文成果的服务平台。2015 年，北京大学科研管理系统在机构知识库的基础上扩展功能，将机构知识库发展为科研管理系统成果管理与发布子系统。2018 年 10 月，系统开始测试并试运行。知识库与科研管理系统功能、流程与服务融合，是机构知识库新的发展方向，欧洲多所高校已应用融合知识库管理的科研管理系统，北京大学的实践为中国高校知识库与国际同步发展提供了新的范例与经验。[①]

**3.资助机构推动中国开放获取发展**

中国资助机构的开放获取，以中国科学院与国家自然科学基金委员会在 2004 年 5 月 24 日签署的《柏林宣言》为标志。2014 年 5 月，《国家自然科学基金委员会关于受资助项目科研论文实行开放获取的政策声明》发布。同日，中国科学院发布了《中国科学院关于公共资助科研项目发表的论文实行开放获取的政策声明》。声明要求得到公共资助的科研论文在发表后把论文最终审定稿存储到相应的知识库中，在发表后 12 个月内实行开放获取。该声明标志着中国开放获取政策的正式发布。2015 年，《国家自然科学基金委员会基础研究知识库开放获取政策实施细则》正式发布，同时"国家自然科学基金委员会基础研究知识库"上线。该知识库为国内首个资助机构开放获取知识库，其发布，引领中国开放获取进入新的发展阶段。[②]

### （二）中国开放获取实践案例

**1.中国科学院机构知识库**

中国科学院作为中国最早发布开放获取政策与全面实施 IR 建设的研究

---

① 崔海媛等：《新一代学术交流生态系统的研究与构建——以北京大学为例》，《图书情报工作》2018 年第 22 期。

② 崔海媛等：《公共资助机构开放获取政策研究与实施——以国家自然科学基金委员会基础研究知识库开放获取政策为例》，《大学图书馆学报》2017 年第 3 期。

机构，是中国目前最为成功的 IR 推广案例。中国科学院文献情报中心为高效推进并可持续地服务于中国科学院 IR 建设，为研究所和科研作者提供最大限度的支持，同时从技术平台开发、IR 建设服务、政策研究支撑、内容利用服务等方面采取综合配套支持机制，最大限度减轻研究所和科研作者参与 IR 建设与服务的负担。在进行 IR 技术平台研发、知识资产管理政策研究的同时，配置学科馆员、技术和政策支撑团队；根据研究所特定需求，在研究所部署 IR 平台系统，建立研究所机构知识管理相关制度与规范，增强研究所自有知识资产管理能力；建设中国科学院 IR 网络集成服务门户（CAS IR GRID），对研究所 IR 元数据进行自动采集收割，提供集中揭示与集成检索服务，并提供浏览下载统计服务。政策研究、技术开发、服务支持是中国科学院研究所 IR 建设推广的三个重要方面，形成以服务支持为核心的推广建设模式。[①]

### 2. 中国高校机构知识库联盟

中国高校机构知识库联盟（Confederation of China Academic Institutional Repository，CHAIR）由 CALIS 组织部分高校图书馆于 2016 年共同发起成立。CHAIR 力图在 CALIS 三期机构知识库建设及推广项目成果的基础上，通过合作共建政策、标准规范、平台和培训宣传等工作，继续推动高校图书馆机构知识库建设，推动学术成果的开放获取，促进学术成果的广泛应用。截至2023 年 9 月，CHAIR 共有 51 个会员机构。然而自 2020 年以来，CHAIR 联盟没有新的发展，中国高校的开放获取仍处于探索建设阶段。[②]

## 四 北京公共资助机构开放获取发展现状

### （一）北京公共资助机构发展情况

中国是政府科研投入和科技论文产出大国，2022 年中国全社会研发经

---

① 张冬荣等：《中国科学院机构知识库建设推广与服务》，《图书情报工作》2013 年第 1 期。
② 中国高校机构知识库联盟官网：http://chair.calis.edu.cn/。

费支出达 30782.9 亿元，研发投入强度（研发经费投入占 GDP 的比重）达 2.54%，研发投入水平已处于发展中国家前列，接近经济合作与发展组织国家 2.71% 的平均水平。其中，北京的科研经费支出超过 2000 亿元，全国最高。[①]

1. 在京央级机构科研投入情况

北京作为政治和文化中心，国家级、部委级和市级资助机构多方位支持全国高校和研究机构的科研发展。自然科学基金委和全国哲学社会科学工作办公室是国家级重要科研资助机构。教育部、科技部、国家发展和改革委员会等部门也提供资金资助科研项目。

自然科学基金委负责根据国家发展科学技术的方针、政策和规划，有效运用国家自然科学基金支持基础研究，为中国的科学研究和交流提供科研经费资助。2022 年，资助金额为 326.99 亿元，自然科学基金委是中国经费资助规模最大的公共资助机构。[②]

全国哲学社会科学工作办公室负责管理国家社会科学基金，组织基金项目评审和成果转化应用。国家社会科学基金项目资金用于资助哲学社会科学研究，为哲学社会科学学科发展、人才培养和队伍建设提供专项资金资助。2022 年，资助金额为 26.39 亿元。[③]

教育部面向全国普通高等学校设立人文社会科学资助项目，为高校教师提供研究项目资金资助，支持高校研究，提高科研质量和创新能力。教育部资助项目包括重大课题攻关项目、基地重大项目、博士点基金项目、青年基金项目和规划基金项目等。

科学技术部牵头建立统一的国家科技管理平台和科研项目资金协调、评

---

① 《2022 年我国研发经费投入突破 3 万亿元　创新型国家建设获有力支撑》，中国政府网，2023 年 9 月 20 日，https://www.gov.cn/lianbo/bumen/202309/content_6904836.htm。

② 余惠敏：《过去五年国家自然科学基金共资助 23.67 万项目、约 1464 亿元》，国家自然科学基金委员会网站，2023 年 9 月 20 日，https://www.nsfc.gov.cn/publish/portal0/tab440/info89647.htm。

③ 《全国哲学社会科学工作办公室 2022 年度部门决算》，全国哲学社会科学工作办公室网站，2023 年 9 月 20 日，http://www.nopss.gov.cn/n1/2023/0725/c431036-40043225.html。

估、监管机制，组织协调国家重大基础研究和应用基础研究项目。国家发展和改革委员会组织、资助针对经济社会发展、改革开放和国际经济等重大问题的课题研究。

中国科学院是国务院直属事业单位，是国家科学研究发展机构，承担基础研究、战略高技术研究和经济社会可持续发展相关研究，促进高水平科技发展。2023 年，中国科学院科学技术（类）支出经费约为 889 亿元（支出经费不是资助经费）。①

### 2. 北京科研投入情况

北京市科学技术委员会（以下简称"市科委"）负责拟订本市基础研究规划、政策并组织实施，组织协调基础研究和应用基础研究。2022 年，在市科委年度决算中，"科学技术支出"（类）决算为 63.6 亿元。② 市科委直属机构北京市自然科学基金（以下简称"市基金"）负责北京市自然科学基金实施工作。市基金资助支持北京基础研究和科技创新，支持首都经济和社会发展。2012~2021 年，市基金资助经费总额为 20.8 亿元。年度经费规模从 2012 年的 1.0 亿元增长至 2021 年的 4.3 亿元。北京市基础研究经费从 2012 年的 125.8 亿元增长到 2021 年的 422.5 亿元。市基金经费占北京市基础研究经费的比例从 2012 年的 0.79% 稳步增长到 2021 年的 1.02%。③

北京市社会科学界联合会（以下简称"市社科联"）组织和资助北京市社会科学基金相关研究项目。2022 年，在市社科联年度决算中，"科学技术支出"为 1.9 亿元。④

---

① 《中国科学院 2022 年度部门决算》，中国科学院网站，2023 年 9 月 18 日，https://www. cas. cn/xxgkml/zgkxyyb/czjf/ysjs/。

② 《北京市科学技术委员会 2022 年度部门决算公开（二级预算单位）》，北京市科学技术委员会、中关村科技园区管理委员会网站，2023 年 9 月 18 日，https://kw. beijing. gov. cn/art/2023/9/14/art_ 6660_ 647560. html。

③ 《市基金"6 个翻番"和"6 个首个"，助推首都基础研究取得新进展》，北京市科学技术委员会、中关村科技园区管理委员会网站，2022 年 10 月 14 日，http://kw. beijing. gov. cn/art/2022/10/14/art_ 6382_ 719052. html。

④ 《北京市社会科学界联合会（本级）2022 年度决算》，北京市社会科学界联合会网站，2023 年 9 月 20 日，http://www. bjsk. org. cn/detail-1400-1485-14051. html。

## （二）资助机构开放获取政策

为促进数据与成果的开放获取，资助机构积极出台开放获取政策。科技部遵循 2018 年国务院办公厅发布的《科学数据管理办法》，推动科学数据共享。中国科学院发布了中国科学院机构知识库开放获取政策，政策范围主要包括内容、提交、传播授权许可 3 个方面。

2019 年 9 月，全国哲学社会科学工作办公室发布《国家社会科学基金学术期刊资助管理办法》，要求资助期刊及时无偿向国家哲学社会科学学术期刊数据库（以下简称"国家期刊库"或"NSSD"）提交每期刊登论文的电子版。[①]

2019 年 7 月，中国农业科学院印发《中国农业科学院关于针对公共资金资助科研项目发表的论文实行开放获取政策的声明》（以下简称《声明》）和《中国农业科学院农业科学数据管理与开放共享办法》，针对中国农业科学院学术成果实施开放获取和科学数据规范管理，为提高科研产出和科学数据开放共享水平提供政策保障和制度规范。《声明》要求公共资金资助科研项目发表的科研论文存储到本院机构知识库，并于发表后 12 个月内开放获取或由作者设定开放获取时间。同时，鼓励本院研究人员和研究生将本政策发布之前的论文存储到本院机构知识库以开放获取。[②]

根据文献和网络调研，目前尚未看到北京其他资助机构发布开放获取相关政策，政策未能发挥激励和指导实践的作用，影响了北京公共资助科研成果和科学数据的开放共享利用。

## （三）开放获取服务现状

目前，北京各级资助机构的信息化建设程度较高，门户网站信息清晰，

[①] 《关于印发〈国家社会科学基金学术期刊资助管理办法〉的通知》，全国哲学社会科学工作办公室网站，2023 年 9 月 1 日，http：//www.nopss.gov.cn/n1/2020/0106/c362661-31536328.html。

[②] 《中国农业科学院开放获取与科学数据管理办法印发》，中国农业科学院农业信息研究所网站，2019 年 11 月 9 日，https：//aii.caas.cn/xwdt/zhdt/a191cb49050e42d883f0c67068d 4b026.htm。

提供了完整、丰富的资助政策、申报流程和项目公示等信息。例如，自然科学基金委大数据知识管理服务平台提供科学基金资助项目、结题项目、项目成果的检索和统计，项目结题报告全文和项目成果全文浏览，相关知识发现和学术关系检索等服务，并开始建设开放获取仓储平台，发布基础研究科研人员标识（BRID），推进与出版商合作，汇聚科学基金资助数据。又如，中国社会科学院承建的 NSSD 收录学术期刊 2200 多种，论文超过 2300 万篇，收录国家社会科学基金重点资助期刊 172 种，供用户免费阅读。[①] NSSD 作为国家社会科学基金特别委托项目，于 2012 年 3 月正式启动，系统平台于 2013 年 7 月上线开通。NSSD 是国内重要的社会科学开放获取平台，实现学术资源的开放共享，为学术研究提供有力的基础条件，促进学术成果的社会传播。[②]

北京制定了科技报告制度，推动科技报告统一呈交、规范管理和共享使用；推行科研项目"双公开"制度，将科技计划项目（课题）相关信息在市科委官方网站和市科技计划项目统一管理平台进行双公开，加强科研信息公开与共享；修订北京市自然基金项目管理制度，明确项目重要数据汇总机制。市科委网站提供了丰富的信息公开和资助项目申报服务信息，并在基础研究成果数据库发布了 163 项资助项目信息。[③] 但对资助项目的科研成果和数据共享尚未提供服务。但北京资助机构因尚未有明确的开放获取政策和具体实施细则，资助项目成果的开放获取实践滞后。与科研经费投入相比，开放服务效益亟待提高。

## 五 北京公共资助机构开放获取发展建议

### （一）完善机构开放获取政策，全面推动开放获取

科研资助机构是学术交流体系中的重要参与者和影响者。纳税人资助公

---

① 大数据知识管理服务平台：https：//kd.nsfc.gov.cn/。
② 国家哲学社会科学学术期刊数据库（NSSD）官网：https：//www.nssd.cn/html/1/153/168/index.html? type=470。
③ 北京市基础研究成果数据库官网：https：//nsf.kw.beijing.gov.cn/bjsjjwsj/nfs/index。

共研究，研究取得的成果也应该免费向纳税人开放。公共资金资助的学术成果和研究数据实现开放获取，不仅有利于资源共享，还有利于提高公共研究资助机构管理的透明度，有利于加强对研究成果的社会监督，遏制学术不端行为的发生。2018年4月，《科学数据管理办法》明确"政府预算资金资助形成的科学数据应当按照开放为常态、不开放为例外的原则，由主管部门组织编制科学数据资源目录，有关目录和数据应及时接入国家数据共享交换平台，面向社会和相关部门开放共享"。2021年12月修订的《中华人民共和国科学技术进步法》第九十五条规定，"国家加强学术期刊建设，完善科研论文和科学技术信息交流机制，推动开放科学的发展，促进科学技术交流和传播"。以上政策均可看作资助机构开放获取政策制定工作的指导意见，即优先对公共财政资助的科研成果和科学数据实行开放获取。从实践上看，科研资助机构（如政府、基金会）作为科研项目的出资人，要求成果作品实行开放获取是顺理成章的。目前，北京已有国家自然科学基金会、中国科学院和中国农业科学院出台了专门针对公共资助项目成果的开放获取政策。北京应尽快制定政策，优先对接受公共资助的科研项目成果和科学数据实行开放获取，加快北京开放科学进程。

## （二）提升项目成果发布服务水平，构建开放科学基础设施

在开放获取运动的推动下，开放知识库、开放出版和开放数据已是学术交流系统中的重要环节。根据SCIE（科学引文索引）数据统计，2019年中国成为全球OA论文发表数量最多的国家，发文量约占全球OA论文总量的1/4。而根据Dimensions平台2012~2021年的数据，中国发布的科学数据集数量居全球第2位。[①] 北京作为中国科技中心，是中国OA论文发表和数据共享的重要贡献者，应发挥作用，积极推动科研成果和科学数据开放共享，建设开放知识库和数据平台，评估分析APC支出，开展TAs合理化转换，

---

[①] 杨卫等：《构筑开放科学行动路线图把握开放科学发展机遇》，《中国科学院院刊》2023年第6期。

支持开放出版，推动建设新型开放知识库，构建国际一流的开放科学基础设施。

### （三）重视科学数据管理与共享，建设科学数据中心

"数字中国"是我国最重要的发展战略之一，数据是经济发展、技术创新的全新驱动力。科学数据管理与共享是新一轮产业革命的基础。但北京，除了科技部和中国科学院以外，大多数行业机构、资助机构和科研机构的科学数据政策迄今都没有发布，科学数据管理的政策和服务全面滞后。北京应在《科学数据管理办法》的指导下，制定科学数据管理与共享的政策和具体细则，研究出台科学数据管理的标准、工具和服务平台，建设科学数据中心，尽快推进北京科学数据管理与服务进程。

### （四）构建开放学术服务平台，提升公民数字能力

数智时代，技术变革带来全新的发展需求和挑战，但同时产生新的数字鸿沟问题，终身学习是新时代公民的必修课。通过推动开放获取，构建基于OA资源的开放学术服务平台，为公民提供开放学术资源，促进数字教育，利用开放科学赋能公民数字能力，有助于建设包容共享的数字社会环境，促进可持续发展和数字平等。在实施开放获取政策的同时，北京应规划开放学术服务，将提供公民终身学习服务作为建设目标。

# B.4
# 北京科学数据建设现状与对策

胡良霖*

**摘　要：** 科学数据已被公认为最重要的基础性战略资源、开放科学核心要
素之一，国内外科学数据治理、开放共享及其数据中心建设成效
显著，反观北京其开放科学整体影响力与实际情况严重不符，
本报告试图探讨其原因，并从完善科学数据工作顶层规划、制
定发布科学数据政策、设置专项经费支持数据资源（中心）、
助力重大原始创新、提高科学数据经济价值等方面提出后续工
作建议。

**关键词：** 科学数据　科学数据中心　开放科学　北京

科学数据是信息时代传播速度最快、影响面最宽、开发利用潜力最大的
战略性、基础性科技资源。[①] 当人类社会迈入大数据、人工智能互融共促的
数智时代，科学数据的重要性已得到各国政府和社会各界的广泛认可，自
20 世纪 50 年代以来学界一直致力于全球科学数据开放共享并取得了显著进
展，我国的科学数据工作也取得了长足的进步。

相较于其他国家（地区）和城市，社会各界普遍对北京科学数据进展
和成就"无感"，然而北京有全国最丰富的科学数据资源和最多的科学数据
中心。本报告在研究国内外及北京科学数据及其治理、应用的基础上，试图
探讨这一悖论背后的原因，并从完善科学数据工作顶层规划、制定发布科学

---

\* 胡良霖，中国科学院计算机网络信息中心研究员，研究方向为科学大数据治理与共享服务。
① 孙九林、林海：《地球系统研究与科学数据》，科学出版社，2009。

数据政策、设置专项经费驱动资源整合（以科学数据中心关联实现科学数据资源整合）建立标准、研发自主软件、助力重大原始创新、提高科学数据经济价值等方面提出建议。

# 一  科学数据定位及作用

## （一）科学数据内涵丰富且与时俱进

国内外各界对科学数据的内涵存在多元化的表达和界定。我国《科学数据管理办法》指出，科学数据主要包括在自然科学、工程技术科学等领域，通过基础研究、应用研究、试验开发等产生的数据，以及通过观测监测、考察调查、检验检测等方式取得并用于科学研究活动的原始数据及其衍生数据。[①] 本报告认为，该概念不包括作为科研成果的论文（含期刊论文、学术论文、会议论文等）、专利、标准、科技报告等内容，主要是支撑这些科研成果的原始数据、分析数据等资源。

近年来，科学数据的内涵呈现两个新特征。其一，科学数据更多以"原生数字"形式呈现，欧盟地平线 2020 计划将开放数据试点限制为"数字形式的信息（特别是事实或数字）"，[②] 毫无疑问在我国开展的科研活动中，原生数字形式的科学数据也日益增多。其二，随着高新技术企业承担和参与的科技活动越来越多，科学数据内涵的边界日益扩展到"技术数据"，以国家重点研发计划为例，2016~2018 年企业牵头承担项目占比为 22.05%，经费总额占比为 22.77%，且年经费总额整体呈增长态势。[③] 国家基础学科公共科学数据中心在服务科学数据汇交服务中发现，企业承担项目所汇交的

---

① 《国务院办公厅关于印发科学数据管理办法的通知》，中国政府网，2018 年 4 月 2 日，https://www.gov.cn/zhengce/zhengceku/2018-04/02/content_ 5279272. htm。

② 欧洲联盟委员会官网：https://ec.europa.eu/research/participants/docs/h2020-funding-guide/cross-cutting-issues/open-access-data-management/open-access_ en.htm。

③ 任颖、刘全芬：《国家重点研发计划立项情况分析及高校组织管理建议》，《中国科技信息》2020 年第 23 期。

科学数据具有明显的技术特征，较高校、科研机构的数据更接近技术研发甚至产品试验。

## （二）科学数据是开放科学的核心要素

近年来，开放科学运动蓬勃发展，受到科研机构、科研工作者、出版商甚至社会各界的广泛关注。作为开放科学的重要组成部分和备受关注的活跃内容之一，[①] 开放科学数据是开放科学的重要组成、核心要素之一。国内有学者从开放科学评价的角度进行了深度研究，发现评价开放数据的内容最多。[②]

开放科学语境下的开放数据和科学数据本质上是同一概念。在开放科学语境下，探讨开放数据首先需要确定数据对象是否具有科学属性，然后才是其能否被公开或共享。由此可见，开放数据多是"开放科学数据"的简略表达。

2021 年 11 月，联合国教科文组织（UNESCO）大会第 41 届会议 193 个会员国共同审议通过《开放科学建议书》（*UNESCO Recommendation on Open Science*），开放科学迈入全球共识的新阶段。建议书明确将开放科学数据（Open Research Data）界定为开放科学知识的重要内容、重要载体，"包括原始和经过处理的数字数据与模拟数据及随附的元数据，以及数值、文本、图像、声音、协议、源码和工作流等"。[③]

近年来，我国科技界也积极推进开放科学的研究和实践。2022 年 4 月，中国科学院学部设立咨询评议重点项目"开放科学的态势与影响研究"，明确指出"开放数据成为开放科学的重要组成"，[④] 研究内容和成果都充分体

---

[①] Ramachandran R., Bugbee K., Murphy K., "From Open Data to Open Science," *Earth and Space Science* 5（2021）.

[②] 盛小平、欧阳娟：《国内外开放科学评价研究综述》，《情报理论与实践》2023 年 6 月 2 日。

[③] "Recommendation on Open Science," UNESCO, SC‒PCB‒SPP/2021/OS/UROS, 10.54677/MNMH8546.

[④] 郭华东等：《加强开放数据基础设施建设，推动开放科学发展》，《中国科学院院刊》2023年第 6 期。

现了"数据要素是开放数据基础设施的第一要素",① 特别是在我国开放科学路线图设计方案中,无论短期、中期还是中长期、长期目标都明确了科学数据资源及其平台化建设的内容。

### (三)国内外科学数据政策及其实践的互促发展

从现有政策来看,美国是世界上最早进行科学数据管理的国家。1991年白宫科技政策办公室发布《全球变化研究数据管理政策声明》,要求对全球变化科研项目所产生的科学数据实行完全与公开共享。美国国家科学基金会(NSF)、国立卫生研究院(NIH)、国家航天航空局(NASA)、地质调查局(USGS)、能源局(DOE)等作为科技活动推动主体,均在联邦政府政策框架下制定了各自的科学数据管理政策,如 2003 年美国国立卫生研究院(NIH)发布《NIH 数据共享政策》,规定资助金额 50 万美元及以上的受助人员需提交数据管理计划(Data Management Plan,DMP)或数据共享说明。2007 年经济合作与发展组织(OECD)发布《公共资助科学数据开放获取的原则和指南》,其后德国、英国、欧盟、澳大利亚、国际科学理事会数据委员会(CODATA)、法国等先后发布了科学数据管理与开放共享的政策文件,积极推动科学数据的开放共享。

伴随科学数据政策的实施,欧美等国家的科技项目管理机构纷纷要求科技项目立项过程中增加 DMP。相应地我国落实《科学数据管理办法》时,逐步要求实现全面科学数据汇交。事实上,国内外两种做法异曲同工,我国的科学数据汇交制度能够有力保障自产科学数据的国内汇聚,能够逐步减缓数据外流、降低对国外数据资源的依赖,增强我国科学家国内获取有效科学数据的能力,大幅减少国内科学家到国外获取"国产"科学数据的行为,增强国内科学数据资源的国际竞争力。

《科学数据管理办法》发布后,我国近 20 个省市先后发布了科学数

---

① 杨卫等:《构筑开放科学行动路线图 把握开放科学发展机遇》,《中国科学院院刊》2023
年第 6 期。

管理实施细则，研究发现各省组织管理体系、科学数据中心体系架构、科学数据管理模式各有特点，① 《山东省科学数据管理实施细则》、② 《广东省科学数据管理实施细则（试行）》（征求意见稿）③ 等文件及时吸纳了《关于进一步弘扬科学家精神加强作风和学风建设的意见》《关于构建更加完善的要素市场化配置体制机制的意见》等文件的相关要求或精神。中国科学院、甘肃省、广东省、自然资源部、交通运输部在推动科学数据政策及其实施过程中，都围绕国家科学数据中心布局科学数据中心建设，以其带动本地、领域、行业的科学数据工作，是值得充分肯定和大力推广的积极举措。

### （四）科学数据驱动创新已进入数智互融共促时代

科学数据之于科研创新的作用，随着信息技术的发展，二者的相互促进作用呈现螺旋式上升。数据分析挖掘是科学数据服务创新的传统模式，而后升级到大数据时代的数据密集型创新，再到数据作为引擎驱动创新（数据驱动新一轮人工智能发展就是最好的案例），直到当下大数据和人工智能互融共促的数智创新时代。

科学数据助力科研创新的传统模式是对科学数据进行分析挖掘，而大数据为分析和推理方法的创新提供了一个全新的、极富前景的路径，④ 同时为自然科学与人文社会科学的研究提供了新的契机。2007 年，微软研究院《第四范式：数据密集型科学发现》在客观分析澳大利亚平方公里阵列射电望远镜、欧洲粒子中心大型强子对撞机等项目引领科学研究率先迈入大数据时代的基础上，创新性提出科学研究已经进入"数据密集型科学发现"第

---

① 高瑜蔚等：《〈科学数据管理办法〉实施细则比较研究——以正式发布的 11 份细则为例》，《中国科技资源导刊》2019 年第 3 期。

② 《关于印发"山东省科学数据管理实施细则"的通知》，山东省科技厅网站，2019 年 11 月 4 日，http://kjt. shandong. gov. cn/art/2019/11/14/art_ 103585_ 7759974. html。

③ 《关于公开征求"广东省科学数据管理实施细则（试行）"（征求意见稿）意见的公告》，广东省科技厅网站，2023 年 8 月 29 日，http://gdstc. gd. gov. cn/zwgk_ n/tzgg/content/post_ 4244401. html。

④ 郭华东等：《自然科学与人文科学大数据——第六届中德前沿探索圆桌会议综述》，《中国科学院院刊》2016 年第 6 期。

四范式时代。① 天文领域具有典型的科学大数据特征，随着 500 米口径球面射电望远镜（FAST，也称"中国天眼"）、Mephisto 等天文科学装置的建设和运行，国内天文数据的规模将进入月增 PB 数据的时代，② FAST 数据已在数据密集型科研活动中产出了大量的世界级研究成果。③

数据驱动创新还可以促进科研领域的合作与创新。如人类基因组计划，全球科学家通过共享和协作分析大量的基因组数据，成功地绘制出人类基因组草图；再如，人类第一次"拍摄"到黑洞照片，其 PB 级数据来自包括南极望远镜在内的全球多地的 8 个亚毫米射电望远镜联合观测，后期数据处理也都是全球科学家合作完成的。这种跨国界的合作加速了科研进程，也是数据驱动创新的典范。

众所周知，近年来人工智能快速发展并在许多领域实现了突破，其中很重要的一个原因在于高质量大数据的有效供给，深度学习算法就是基于大数据发展起来的重要模型，学术界甚至提出了"以数据为中心"的人工智能（Data-centric AI）④，以数据驱动机器学习和深度学习模型的训练提升。2023 年，在全球引起巨大影响的各类生成式人工智能应用都是以数据为中心的人工智能成果。科研领域已出现了利用 GPT-4 设计化学实验合成全新化合物、利用 GPT-SII 结构化推理探索高新技术材料、利用 Cancer-GPT 探索癌症治疗新思路等。在此过程中，科学大数据真正成为人工智能突破式发展的驱动力，数据驱动大模型万亿级参数训练形成"涌现"能力。随着以

---

① Hey T., Tansley S., Tolle K. "The Fourth Paradigm: Data-intensive Scientific Discovery," *Redmond, Washington: Microsoft Research* (2009), ISBN: 978-0982544204.

② 米琳莹等：《国家天文科学数据中心发展思路浅析》，《农业大数据学报》2019 年第 4 期。

③ Luo, R. et al., "Diverse Polarization Angle Swings from a Repeating Fast Radio Burst Source," *Nature* 586 (2020): 693-696, https://doi.org/10.1038/s41586-020-2827-2；汪洋等：《高性能计算与天文大数据研究综述》，《计算机科学》2020 年第 1 期；Chen, X. et al., "Strong and Weak Pulsar Radio Emission Due to Thunderstorms and Raindrops of Particles in the Magnetosphere," *Nat Astron* (2023), https://doi.org/10.1038/s41550-023-02056-z。

④ Zha, Daochen et al., "Data-centric Artificial Intelligence: A Survey," https://doi.org/10.48550/arXiv.2303.10158; "Data-centric AI: Perspectives and Challenges", https://arxiv.org/pdf/2301.04819.pdf.

大模型为代表的人工智能新技术的快速发展和应用，更多高质量、规范化的科学大数据资源将源源不断的产出，二者的互融共促将进一步加强，科学研究将进入数智创新时代。

# 二 北京科学数据建设现状

## （一）驻京科学数据中心集聚，科学数据资源最为丰富

作为我国的首都，北京具有深厚的科技底蕴、丰富的科技资源，特别是以中国科学院、中国农业科学院、中国林业科学院等科研机构，以及北京大学、清华大学等高等院校为代表的科学数据资源的顶级生产机构和消费机构多在北京，为北京发展科学数据资源奠定了坚实的基础。鉴于缺少直接统计科学数据资源现有总量及其分布情况的渠道，本报告以科学数据中心为主进行分析。

2019 年，科技部、财政部联合发文成立 20 个国家科学数据中心，[①] 其中有 17 个国家科学数据中心在北京，虽然国家极地科学数据中心、国家冰川冻土沙漠科学数据中心、国家海洋科学数据中心不在北京，但是所有国家科学数据中心的数据目录都汇聚到北京的中国科技资源共享网[②]。2020 年底，中国科学院初步建成包括"一个总中心、18 个学科中心和 16 个优秀所级中心"的科学数据中心体系，[③] 其中有 15 个学科数据中心和 4 个优秀所级科学数据中心在北京，而且所有科学数据中心都需要将数据资源目录汇聚到北京的中国科学院科学数据总中心；2023 年，自然资源部完成 7 个科学数据中心的遴选建设工作（见表 1），除国家极地科学数据中心、国家海洋

---

① 《科技部 财政部发布国家科技资源共享服务平台优化调整名单》，中国政府网，2019 年 6 月 11 日，https：//www. gov. cn/xinwen/2019-06/11/content_ 5399105. htm。

② 中国科技资源共享网：https：//www. escience. org. cn/。

③ 《科技部财政部发布国家科技资源共享服务平台优化调整名单》，中国政府网，2019 年 6 月 11 日，https：//www. gov. cn/xinwen/2019-06/11/content_ 5399105. htm。

科学数据中心外，其余数据中心全部在北京，而所有部属科学数据目录均要汇聚到北京。

表1 自然资源部科学数据中心名单

| 序号 | 科学数据中心名称 | 依托单位 |
|------|------------------|----------|
| 1 | 自然资源部科学数据共享服务中心 | 自然资源部信息中心 |
| 2 | 自然资源部海洋科学数据中心(国家海洋科学数据中心) | 国家海洋信息中心 |
| 3 | 自然资源部极地科学数据中心(国家极地科学数据中心) | 中国极地研究中心 |
| 4 | 自然资源部地质矿产科学数据中心 | 中国地质调查局发展研究中心(全国地质资料馆) |
| 5 | 自然资源部土地科学数据中心 | 中国国土勘测规划院 |
| 6 | 自然资源部深地探测科学数据中心 | 中国地质科学院 |
| 7 | 自然资源部测绘地理信息科学数据中心 | 国家基础地理信息中心 |

上述科学数据中心均实现了全国范围内本学科、本领域、本行业自建科学数据资源的汇聚，科学数据汇交则实现了全国范围内跨领域、跨行业的科学数据集中。自2009年9月起，973计划资源环境领域项目开展科学数据汇交试点，此后科技部科技基础资源调查专项、国家重点研发计划项目等先后启动汇交。2019年，《国家重点研发计划综合绩效评价工作规范（试行）》《科技计划项目科学数据汇交工作方案（试行）》等指导文件先后印发。截至2023年初，"依托20个国家科学数据中心，科技项目科学数据汇交工作正在有序推进，目前已累计开展汇交科技计划项目4500余个，完成其中3000多个项目数据汇交并出具汇交凭证，形成各类数据库（集）6万余个，累计汇交数据总数据量超过4PB"。[①] 截至2023年9月，国家基础学科公共科学数据中心已服务项目2200余项，汇交数据资源覆盖44个一级学科（依据《中华人民共和国学科分类与代码简表》）。

各级各类科学数据中心以及科学数据汇交工作的有序、规模化开展，

---

① 王瑞丹、石蕾、高孟绪：《构建科学数据应用服务体系　驱动科学研究和技术创新》，《国际人才交流》2023年第2期。

为北京汇聚了最为丰富的科学数据，可以说，北京基本建有覆盖全国所有学科领域的科学数据资源。当然，北京市属机构也在科学数据方面开展了大量工作，依据《北京科技年鉴》并经部分查询确认，北京部署的科技项目已在一些典型学科领域形成高质量的科学数据，主要涉及人口健康与医疗医药、新冠防疫、基因、人工智能、高新材料、交通和农业等领域。虽然这些数据资源在大学科领域上与现有科学数据中心布局存在重叠，但数据资源本身多数并不重复，能够实现很好的互补。另据有关学者调研，北京市农林科学院、首都经济贸易大学等基于本单位研究数据成果，在购置数据库的基础上融合本单位研究数据成果建设科学数据库，总数据量达1690GB。①

### （二）北京公共数据政策涉及科学数据

与科学数据资源、科学数据中心建设情况类似，在《科学数据管理办法》指导下，中国科学院、中国农业科学院、交通运输部等先后发布相应的实施细则类文件，但北京至今没有发布科学数据实施细则类文件（见表2）。据了解，北京曾设立相应课题并开展相关研究，笔者也曾参加过实施细则文件初稿的小范围研讨，但至今没有更进一步的信息公开。

表2　驻京机构发布的科学数据实施细则类文件

| 时间 | 机构 | 文件名称 |
| --- | --- | --- |
| 2019 年 2 月 | 中国科学院 | 《中国科学院科学数据管理与开放共享办法（试行）》 |
| 2019 年 7 月 | 中国农业科学院 | 《中国农业科学院农业科学数据管理与开放共享办法》 |
| 2020 年 6 月 | 交通运输部 | 《交通运输科学数据管理办法（征求意见稿）》 |
| 不详 | 自然资源部 | 《关于进一步加强自然资源科学数据管理与共享工作的通知》 |

---

① 涂平、王涵：《加强科学数据管理，提升北京科技创新能力》，北京科学学研究中心网站，2021 年 11 月 22 日，http://www.360doc.com/content/21/1122/20/6943848_1005436176.shtml。

2021 年，《北京市公共数据管理办法》正式发布，该文件所指公共数据是"行政区域内各级行政机关和法律、法规授权的具有公共管理和服务职能的事业单位"采集、汇聚的具有公共使用价值依托计算机信息系统记录和保存的各类数据，一定层面上与科学数据有重叠。[①] 如气象、交通等方面的数据，同时具有公共数据和科学数据的属性，而且公共数据服务社会化应用的第一步往往是融合科研进行分析挖掘和加工，在此过程中公共数据已被赋予科学数据的属性。2023 年 7 月，北京就《北京市公共数据专区授权运营管理办法（征求意见稿）》公开征求意见，涉及内容包括交通、医疗、卫生、地理、文化、科技、资源、农业、环境、气象等领域公共数据，显然也与科学数据内涵有一定的重合。

无论是驻京机构的科学数据实施细则类文件，还是部分包含科学数据的北京公共数据相关政策，都在北京科学数据工作中发挥了一定的作用，但在系统性、完整性等方面尚无法替代专门的科学数据管理政策。

### （三）科学数据服务科技创新和经济社会发展成效显著

科学数据在驱动科研创新发展、支撑国家宏观决策、服务企业自主创新、推动全民科普教育等诸多方面发挥重要作用，应用服务范围不断扩展，支撑服务程度不断加深，在服务科技创新和经济社会发展中不断取得新的进展和成效。

科学数据驱动科学前沿创新研究，为科研提供丰富的基础研究资源，扩展了科学研究的范围和视角。基于大样本活体脑影像数据成功绘制脑网络组图谱，成果入选两院院士评选的"2016 年中国十大科技进展新闻"，并获得 2020 年北京市科学技术奖自然科学奖一等奖。[②] 利用过去 15 年积累的羊八井宇宙线观测数据、地下缪子水切伦科夫探测数据联合开展超高能伽马射线

---

① 北京市大数据工作推进小组：《北京市公共数据管理办法》，首都之窗，2021 年 1 月 28 日，https：//open. beijing. gov. cn/html/zcfg/2022/1/1642494400922. html。

② 北京市科学技术委员会、中关村科技园区管理委员会：《北京科技年鉴（2021）》，北京科学技术出版社，2022。

的研究，在 2019 年发现迄今为止最高能量的宇宙伽马射线。[1] 2020 年，利用 FAST 观测数据，在球状星团 M92 中发现典型的"红背蜘蛛"脉冲双星系统 M92A，[2] 被美国天文学会选为亮点研究成果；同年 5 月，结合深度学习人工智能，对 FAST 海量巡天数据进行快速搜索时发现一个新的快速射电暴，这是 FAST 首次观测到银河系内的快速射电暴，成果入选《自然》公布的"2020 年十大科学发现"。[3]

科学数据为濒危生物保护、旱涝地震预警预报、道路安全设计施工、三农问题等国家战略需求及社会热点应用提供有力的数据支撑。生态科学数据支撑全国生态地面监测数据产品开放共享服务，提出体系完整且布局合理的国家生态地面监测网络布局方案，使其监测范围覆盖我国主要生态系统类型，特别是生态红线区、重点生态功能区、自然保护区等重要区域，有力支撑了我国生态地面监测网络建设。气象科学数据服务黄河流域生态保护与高质量发展支撑需求，基于全局性、系统性和联动性原则，聚焦天气气候预报预警服务，建立黄河流域生态保护与高质量发展专题数据库，更好地服务于黄河流域生态环境保护。

科学数据不断加强服务产业化创新，支撑"大众创业、万众创新"，融合数据服务机构的技术优势创新服务模式在数据服务实践中提升科学数据应用水平。材料腐蚀与防护科学数据助力国家重点钢铁企业建立了先进的耐蚀调控理论和评价技术，研制了系列钢种及配套技术，实现了我国低合金耐蚀钢升级换代、重大工程示范和产业化，有力提升了我国重大装备制造水平及其国际影响力。计量科学数据服务电动汽车的生产方、使用方、监管方，提升电动汽车动力电池和充电设施质量水平、安全水平，促进电动汽车产业良性、高质量发展。

---

① M. Amenomori et al., "First Detection of Photons with Energy Beyond 100 TeV from an Astrophysical Source," *Phys. Rev. Lett.* 123, 051101 (2019).

② Z. Pan et al., "The FAST Discovery of an Eclipsing Binary Millisecond Pulsar in the Globular Cluster M92 (NGC 6341)," *The Astrophysical Journal Letters* 1 (2020): 16.

③ 《"自然"公布 2020 年十大科学发现 中国天眼 FAST 快速射电暴成果入选》，中国科学院国家天文馆网站，2020 年 12 月 15 日，http://nao.cas.cn/news/zh/202012/t20201215_6407663.html.

## 三　北京科学数据建设问题分析

北京具有国内最丰富的科学数据资源，以及与之相匹配的基础设施、数据源和应用场景、公共服务平台和成果，如85%的国家科学数据中心在北京，在京国家科学数据中心的科学数据资源总量超过国家科学数据中心所有科学数据资源的95%。北京有国内最为丰富的科学数据资源，但仍给让人"无感"，究其根本原因，是这些数据资源及其所属管理机构的垂直隶属和由此带来的离散性，以及北京管理机构对这些数据资源管理与支持的主动避让。

### （一）缺少专用的科学数据宏观政策

北京至今没有发布科学数据管理实施文件。调研分析表明，2018年国务院办公厅发布《科学数据管理办法》后，截至2023年底，全国各省（区、市）发布实施的省级科学数据管理实施细则类文件已超过20个。虽然这些地方性文件发布后，各地实施进展情况不一，但总体来说，对已经开展或正在开展科学数据工作的省（区、市），地方性文件确实起到了纲领性作用和推动作用，特别是地方科学数据资源建设和开放共享、科学数据中心的布局和建设等。

目前，仅有广东省先推动省级科学数据中心建设，而后制定《广东省科学数据管理实施细则（试行）》（征求意见稿），这种创新应该说值得推广，国家《科学数据管理办法》也是基于近20年的实践形成的。广东省在文件和实际工作中都大力推动国家科学数据中心在广东开展业务、设立分支机构，并明确"支持国家科学数据中心在粤分中心纳入广东省科学数据中心体系"，这种创新举措能够有效推动国家科学数据中心、驻粤机构在广东科学数据资源体系建设和共享应用中发挥积极作用，并进一步惠及广东科技创新和经济发展。在京科学数据中心、科学数据资源均可以通过北京科学数据宏观政策、专项经费支持进行规范化管理。

## （二）缺少有影响力的北京市直管科学数据库或数据平台

北京至今没有有影响力的直管科学数据库或数据平台，前述科学数据中心和数据库、数据平台皆为国家或部委驻京机构承建和运营。追根溯源，这种缺失主要归因于北京对科学数据工作的重视不足、投入缺位。

虽然缺少市直管科学数据库或数据平台，但由于驻京或京管科研机构、高校乃至企业都会通过其他途径获取所需的科学数据，貌似对北京开展科学研究工作没有不利影响。但现在从把北京建设成全球开放科学高地的需求来看，这种缺失实际上严重影响了本地科学数据完整生态的建设，影响了北京与国家、部委、研究机构等在科学数据工作上的对话权、参与权，降低了一起合作联动开展科学数据合作、牵头打通所有科学数据资源实现关联服务的可能性。

## （三）缺少整合所有驻京科学数据资源的方案和能力

驻京机构的科学数据资源及其服务，一定是未来北京开展科学数据工作的"巨人肩膀"，但如何在此基础上向前发展，需要相应的资源整合方案，以及相应的能力建设。

以中国科学院、中国农业科学院、中国林业科学院等为代表的科研机构，以国家气象局、国家地震局等为代表的业务机构，以及生态环境部、交通运输部等部门都布局了科学数据中心，汇聚科学数据资源，但这些机构之间的数据资源并没有完全打通，更多地呈现主管机构的特点，中国科技资源共享网目前仅收录集成了 20 个国家科学数据中心的科学数据元数据。这为北京利用地缘优势开展科学数据资源整合工作提供了可能和空间，需要完整的方案和完备的能力应对跨学科异地（市内不同区域）异构异质带来的挑战，而能力建设不仅限于构建基础设施、制定标准规范、开发技术软件、建设服务平台等，更多的是提供稳定、长期的资金支持和对科学发展规律的尊重，任何管理机构都切忌拔苗助长或半途而废。

### （四）尚未开展财政支持科技计划项目科学数据汇交

国内外政策和实践表明，科学数据汇交对发展本地科学数据资源和服务是较为有效的抓手，国家重点研发计划项目通过国家科学数据中心汇交项目数据是近两年国内科学数据工作的亮点。北京宏观科学数据政策缺失，市管科技计划项目科学数据汇交缺少直接法理依据，市级科学数据中心、科学数据库或服务平台匮乏，市管科技计划项目科学数据汇交缺少支撑和有效实施途径。

科学数据汇交能够有效汇聚本级财政支持科技计划项目产生的科学数据资源，防止科学数据的丢失和流失：在科研工作者或其团队计算机、服务器上的科学数据丢失，已经是屡见不鲜的事情；科研工作者应刊物发表之要求，将科学数据提交到国外存储库或存储机构至今仍有发生，虽然在国家政策或国家科学数据中心、国内权威科学数据平台的支持下此类情况已经有了极大的改善，但北京的科学数据汇交工作仍需全面加强。

## 四 对策与建议

从目前调研掌握的信息来看，北京的科学数据工作尚未全面开展，即便小有布局、实施，相对于国家、部委、研究机构和其他省市而言，比例也是微乎其微的。在全面推动北京建设国际科技创新中心、全球开放科学高地的当前，北京需要全面加强科学数据工作，从政策、资金、数据整合、创新应用和经济发展等方面全周期布局并尽快启动。

### （一）制定科学数据工作顶层规划，制定发布相应政策

作为我国的首都，北京为驻京机构提供了充足的资源支持，丰富的科学数据资源为北京开展科学数据工作奠定了良好的基础，北京应开展科学数据工作顶层规划制定工作，要以首都的包容、广阔的胸怀、开阔的视野推动科学数据资源的集成，广泛吸纳各部门主管机构、驻京科学数据管理机构、京

属科学数据机构，规划跨领域、跨行业、跨系统的科学数据工作，建立现有各级科学数据中心之间的关联，实现北京科学数据的一体化集成。

北京应尽快制定并发布相应的科学数据政策，以政策保障顶层工作规划的有效落实。从国内外科学数据工作的实践来看，在数据资源达到一定规模后，政策的引导和规范有助于科学数据资源的有效集成、规模化发展和充分利用。北京科学数据政策应时而生、应需而生，在指导精神和内容上充分利用现有资源优势，通过政策的有效引导，实现本级财政支持科技计划项目科学数据汇交，联通所有驻京科学数据资源及其服务，打造全球科学数据高地，真正使科学数据成为北京发展国际开放科学的核心驱动力。

### （二）设置专项工作经费，以数据中心关联实现数据资源集成服务

科学数据工作是长期性、基础性、公益性工作，需要政府列支专项经费支持。全球乃至我国科学数据几十年的发展和壮大，与相应政府对科学数据重要作用的前瞻性战略预判和相对充裕的资金支持密不可分。20世纪中叶，加拿大和美国两国政府在财政连年出现赤字、十分困难的情况下，充分认识到科学数据库是世界各国在科技战线上要争夺的战略制高点之一，仍对科技信息开发，乃至科技信息服务给予财政支持，如加拿大科学技术信息研究所（CISTI）、美国国家标准和技术研究所（NIST），其对科技工作的投入占部门财政总支出的75%左右。[①] 2002年，我国科技部联合发改委、财政部、教育部等有关部门启动国家科技基础条件平台建设重点领域试点项目，截至2007年底，中央财政累计安排28.1亿元专项资金用于支持国家科技基础条件平台建设。[②]

时过境迁，当前北京开展科学数据工作需要解决的问题不再是单纯的原始科学数据积累问题，原始科学数据积累的重点应放在不重复建设上，支持

---

① 张建中、许志宏、胡亚若：《看加、美科学数据库发展　选我国科技信息开发与服务之路——访加拿大、美国科技数据中心的报告》，《信息系统工程》1996年第1期。
② 国家科技基础条件平台中心、财政部教科文司、科技部发展计划司：《整合-共享-创新：国家科技基础条件平台建设回顾与展望》，中国科学技术出版社，2009。

特色科学数据资源的发展，侧重支持科学数据整合集成与服务，充分利用驻京科学数据中心集聚的优势，推动跨科学数据中心、跨部门、跨行业、跨领域的科学数据资源集成，全面提升北京科学数据资源的关联服务能力，建设北京科学数据服务"一张网"，建设面向开放科学的全球领先的科学数据基础设施。

### （三）面向全球开放科学引领，强化集成标准和软件自主创新

北京科学数据资源非常丰富，如实现关联，必将确定北京在全球开放科学中的引领地位。在此过程中，北京还应面向全球引领发展集成标准和软件，以此提升北京乃至我国在国际上的影响力。

在我国科学数据发展的过程中，各组织机构、科学数据中心等都研发了一系列标准，并在此前的工作中发挥了积极作用。全国科技平台标准化技术委员会（SAC/TC486）是包括科学数据在内的科技资源标准化权威组织，至今发布和立项的国家标准超过40项，同时各协会、学会发布的科学数据相关团体标准超过30项，国家科学数据中心发布的标准累计超百项。但跨科学数据中心、跨部门、跨行业、跨领域的科学数据资源集成服务标准相对较少，所以北京应结合科学数据工作顶层规划，开展科学数据互操作、集成整合、关联服务方面的标准规范制定工作。

科学数据软件的自主创新是我国科学数据工作的薄弱环节，在当前复杂的国际形势下，我国政府和科学家已充分认识到该问题的严重性，并且已经在"十四五"国家重点研发计划"基础科研条件与重大科学仪器设备研发"重点专项下设"科学数据"专题。但目前布局的有限项目远不能满足北京建设科学数据服务"一张网"的需要，所以应在充分调研的基础上，增强科学数据软件的自主创新能力。

### （四）助力重大原始创新，盘活科学数据经济价值

科学数据已在驱动科研创新发展、支撑国家宏观决策、服务企业自主创新、推动全民科普教育等诸多方面发挥了重要作用，但从科学数据大国向科

学强国迈进的过程中，需要重点发展跨多领域、高复杂性、大尺度科学数据关联融合，且融入人工智能新技术的重大原始创新应用。北京科学数据工作应为之布局和进行方向性强化，为科学数据强国目标的实现助力，将北京打造为科学数据驱动创新的策源地。

《中共中央　国务院关于构建数据基础制度更好发挥数据要素作用的意见》正式明确了"激活数据要素潜能，做强做优做大数字经济，增强经济发展新动能"的数据工作要求。《中共北京市委　北京市人民政府印发〈关于更好发挥数据要素作用进一步加快发展数字经济的实施意见〉的通知》提出"坚持'五子'联动，发挥'两区'政策优势，把释放数据价值作为北京减量发展条件下持续增长的新动力，以促进数据合规高效流通使用、赋能实体经济为主线，……充分激活数据要素潜能，健全数据要素市场体系，为建设全球数字经济标杆城市奠定坚实基础"。科学数据具有先天的优势和活力，北京应在尊重原始数据开放共享的基础上强化科学数据产品化提升、资产化运营，引领性探索数据要素发展路径，盘活科学数据的潜在经济价值，促使科学数据从需要投资支持转变为可以持续增值的活水源头。

# B.5
# 北京开放科学基础设施发展现状与对策

董　诚[*]

**摘　要：** 开放科学基础设施是开放科学理念贯彻落实的物质基础，在当前科学研究范式发生深刻转变和我国科技面临美国打压的严峻形势下，正发挥着特殊的重要作用。本报告分为开放科学基础设施的内涵与分类、北京建设开放科学基础设施的现状与存在问题、发展建议三部分。以联合国教科文组织（UNESCO）大会审议通过的《开放科学建议书》为出发点，结合北京的实际情况展开研究，总结出开放科学基础设施具有发展传承性、公益性、资源多样性、开放治理四个特点，从发展阶段、支持资源类型等维度进行了分类和分析，提出了"开放科学原生基础设施"的概念；从国家级科研基础设施落户北京、市属科技资源开放共享、机构搭建开放科学平台三个层面系统阐述了北京开放科学基础设施建设取得的成就，并指出在人员队伍、业务逻辑、资源质量、服务中小企业和国际合作等方面存在的问题。最后针对北京开放科学基础设施建设提出了重组和重点建设开放科学基础设施、加强优质和重要科学基础设施建设、开展国际合作、加强数据专业人才培养等建议。

**关键词：** 开放科学　基础设施　科技资源共享　科学数据　科学仪器

---

[*] 董诚，中国科学技术信息研究所研究员，研究方向为科技资源共享、数据治理、信息系统规划与知识服务。

当前，新一代信息技术、AI、大数据技术、颠覆性技术、高端科技平台等快速发展，科研范式也被深刻影响，国内、国际的科技发展迫切需要开放合作。我国政府推动的大规模开放科学基础设施建设从 21 世纪初开始，经过 20 多年的发展已颇具规模，部分设施在国际上处于领先水平。但是伴随全球政治形势的变化，科技的开放合作被大幅度限制和压缩。目前，北京正在建设国际科技创新中心、世界主要科学中心和创新高地。北京需要高度重视借助开放科学基础设施提高科技资源的使用效率，融入全球科技界。

# 一　开放科学基础设施的定义与特点

## （一）开放科学基础设施的定义

联合国教科文组织（UNESCO）大会第 41 届会议审议通过《开放科学建议书》将开放科学基础设施（Open Science Infrastructures，OSIs）与开放式科学知识、科学传播、社会行为者的开放式参与，以及与其他知识体系的开放式对话等定义为开放科学的建设基础。[①]

《开放科学建议书》将开放科学基础设施定义为支持开放科学和满足不同社区需求所需的共享研究基础设施，包括虚拟和物理两种存在形式，如科学设备或成套仪器、信息系统、开放实验室、软件源代码托管平台以及科学商店、科学博物馆等。

## （二）开放科学基础设施的特点

第一，开放科学基础设施是由科技基础设施演化而来的。科学与开放共享相伴而生，开放科学基础设施不是在开放科学理念提出后才出现的，大部分是由实验室、大科学设施与装置、科研数据中心、科研信息化平台、分布

---

① 联合国教科文组织：《开放科学建议书》，UNESCO 数字图书馆，2021 年，https：//unesdoc. unesco. org/ark：/48223/pf0000374837_ chi。

式网格科研设施逐渐演化而来的。

第二，开放科学基础设施支持的资源多样化。开放科学基础设施支持的资源既包括科学仪器等硬件资源，也包括信息、标准、工具、方法、代码、服务等软件资源（虚拟资源）。其自身可以是实验室、数据中心等科研设施，也可以是科学商店、科学博物馆等科普设施。

第三，开放科学基础设施是资源与开放治理的优化组合。开放科学基础设施不是由各类资源简单整合形成的仓储，而是按照开放科学建设的理念、标准、方法等建成的完整的有机服务体系。开放科学基础设施将在现代信息技术的支撑下逐步实现对内和对外，与用户、与其他基础设施的互操作、机读、联用、远程操作。因此，实现标准化、规模化和体系化是开放科学基础设施发展的前提。

第四，公益性是开放科学基础设施的基本特征。开放科学基础设施不以营利为目的，最大限度地向公众提供公益性质（公益不等于不收费）开放共享是其"天性"。

## 二　开放科学基础设施的分类

开放科学基础设施目前尚未见成熟的分类体系，本报告从发展阶段和支持资源类型两个维度入手构建分类体系。

### （一）根据发展阶段分

根据发展阶段的不同，开放科学基础设施可分为开放共享基础设施和开放科学原生基础设施。其中，开放共享基础设施由科学"基础设施+开放共享"演变而来，主要职责是支撑机构内部的科学研究和有限度对外开放共享。开放科学原生基础设施完全按照开放科学的需要和理念构建，主要职责是向社会提供科技资源开放共享服务。目前，开放科学原生基础设施数量很少。国家数据中心属于原生基础设施。可以预见，未来随着开放科学的发展和专业化程度的提高，因开放科学诞生的开放科学原生基础设施会越来越多。

## （二）根据支持资源类型分

### 1. 信息开放获取基础设施

信息开放获取基础设施的发展分为三个阶段，第一个阶段是信息共享阶段。信息、基础设施和用户三者相对独立。基础设施只提供信息的存储、检索和分发功能。目前我国大部分信息开放获取基础设施处于这个阶段。第二个阶段是知识服务阶段，信息、基础设施和用户深度绑定。基础设施为多维多源信息提供全流程治理的生态环境，为用户提供经过挖掘分析的知识服务，用户也可通过基础设施提供的工具和计算能力对信息进行在线深度关联、挖掘、分析。第三个阶段是智能化阶段。大模型、网络爬虫和自然语言处理等技术赋能信息基础设施，使其具备智能知识组织、搜索、理解和生成能力。

信息开放获取基础设施是开放科学基础设施的主要组成部分，数量最多、发展最快、应用最广泛。发达国家利用先进的技术、开放的理念和符合科技发展规律的交流机制，构建起高端信息开放获取基础设施，吸引全球科技信息资源的集聚，形成规模效益，在世界各国产业界、科学界得到普遍使用。例如，美国国立生物技术信息中心（NCBI）[1] 的一系列数据库和美国国家标准与技术研究所（NIST）[2] 的标准参考数据集已成为全球科学家、研究人员和工程师的重要工具，帮助他们进行各种研究、测试、评估和验证工作。近些年，发达国家高端科技信息开放获取基础设施呈现垄断趋势，部分发达国家逐步利用高端科技信息交流平台掌控国际科技话语权，甚至对其他国家的科技安全构成威胁。

### （1）开放文献基础设施

文献类开放获取基础设施是支持期刊文章、书籍、研究报告以及会议论文等科技文献通过开放出版、开放仓储、预印本等方式实现利用和复用的平

---

[1] 美国国立生物技术信息中心（NCBI）官网：https://www.ncbi.nlm.nih.gov/。

[2] 美国国家标准和技术研究所（NIST）官网：https://www.nist.gov/srd。

台或工具。文献类开放获取基础设施发展最早，标准化程度较高。

（2）开放数据基础设施

开放数据基础设施通过提供标准与制度、存储空间、分析工具、计算能力等，对科学数据进行整合、治理、挖掘和分发，实现数据的规模化、资产化、知识化和价值化。

开放数据基础设施可分为两类：大科学装置和科学数据中心。① 大科学装置通过实验、观测、科学考察、综合检测等手段获取具有极高科学价值的科学数据并对外共享。科学数据中心属于集中式数据基础设施，可支持跨学科领域的综合研究。大科学装置侧重数据生产，科学数据中心侧重数据整合、存储与服务。

（3）开放代码基础设施

开放代码类基础设施是实现软件、网页和其他作品的源代码及设计文档存储、维护、管理和传输服务，促进项目协同开发的在线平台。在开源模式下，通过许可证的方式，使用者在遵守许可限制的条件下，可自由获取源代码等，并可使用、复制、修改和再发布。开放代码类基础设施能够帮助解决软件开发过程中的跨地域协同、多分支并发、代码版本管理、安全性等问题。

2. 开放研究能力基础设施

科研仪器、算力、自然科技资源等是科学研究的基础能力。开放研究能力基础设施有助于社会实现科研基础数据的开放共享，其存在形式包括大科学装置、实验室等。大科学装置既可以是开放数据基础设施，也可以是开放研究能力基础设施。

当前，信息化、虚拟化、一体化、智能化正在成为开放研究能力基础设施的发展趋势，各类科学仪器、实验室功能高度集成，相互之间实现自动化信息共享和互联互通，部分需要物理操作的实验和测量可通过软件模拟实现，科学仪器和实验室的管理和数据分析与挖掘正在实现智能化。

---

① 郭华东、陈和生、闫冬梅：《加强开放数据基础设施建设，推动开放科学发展》，《中国科学院院刊》2023 年第 6 期。

### 3. 开放科学计量基础设施

科学计量需要大量多维多源数据、计量指标、评估方法、计算能力等资源的支持，开放科学计量基础设施是通过开放这些资源，支持研究人员开展同行评审、创新评价、文献计量等活动的平台或工具。例如，Altmetrics、PlumX Analytics、ImpactStory、ScienceCard 等学术评价平台，追踪和分析学术文献的在线活动状况，通过提取单篇学术论文在不同社交网络和在线媒体上被提及的次数，综合这些数据计算学术论文的影响力，从而使单篇论文层面的评价变得更加容易。

### 4. 综合性基础设施

综合性基础设施指支持以上三类基础设施（到二级分类）中的两类及以上的开放科学基础设施。例如，正在怀柔科学城建设的大部分大科学装置既可以对外提供科学仪器和装置的共享使用，也可以提供公共数据共享服务，属于综合性基础设施。

## 三 北京开放科学基础设施建设现状

北京充分发挥高端人才集聚、科技基础雄厚的创新优势，统筹利用好各方面科技创新资源，持续完善创新体系，形成了国家、市属、机构共同构建的开放科学基础设施体系。目前，北京的开放科学基础设施以政府投资建设为主，企业投资建设为辅。政府投资建设的基础设施覆盖领域广泛，综合性强，重点面向公益性、基础性研究，涉及科学数据、科技文献、科学仪器、自然科技资源等，有力营造了开放科学的氛围，为科研人员乃至科技界开放合作理念的形成奠定了基础。企业投资建设的基础设施密切服务于行业、产业发展，运行机制更加灵活多样，基础设施的活跃度较高，增强了我国开放科学在国际上的话语权。

### （一）一批国家级科研基础设施落地北京，支撑国家创新体系建设

北京充分利用自身科技资源丰富的优势，持续布局重大科研基础设施、

大型科研仪器、共性技术基础平台、科技信息公共服务平台等国家级科研基础设施，有力支撑国家创新体系建设。

近年来，北京以规划建设中关村科学城、怀柔科学城和未来科技城为契机，建立与国际接轨的管理运行新机制，推动央地科技资源融合创新发展。加强北京与中央有关部门的会商合作，优化科技资源在京布局，发挥高等学校、科研院所和大型骨干企业的研发优势，形成北京与中央在京单位高效合作、协同创新的良好格局。中关村科学城主要依托中国科学院、高等学校和中央企业，集聚全球高端创新要素，实现基础前沿研究重大突破，形成一批具有世界影响力的原创成果。怀柔科学城重点建设高能同步辐射光源、综合极端条件实验装置、地球系统数值模拟装置等大科学装置群，创新运行机制，搭建大型科技服务平台。未来科技城着重集聚一批高水平企业研发中心，集成中央在京科技资源，引进国际创新创业人才，强化重点领域核心技术创新能力，打造大型企业集团技术创新集聚区。

1. 中国科技资源共享网整合全国优质科技资源，实现开放共享

中国科技资源共享网[①]于 2009 年 9 月正式开通，是科技部、财政部推动建设的国家科技基础条件平台门户网站。中国科技资源共享网初步整合了部门、行业和地方的科技基础条件资源信息，形成逻辑上统一、物理上合理分布的信息管理和服务架构，通过信息共享推动实现科技资源共享，促进全社会科技资源优化配置和高效利用，提高我国科技创新能力。

共享网的资源包括科学数据、生物种质与实验材料、重大科研基础设施、大型科研仪器、期刊文献等类型，共有 3409890 个资源目录。其中，科学数据包括高能物理科学数据、基因组科学数据、微生物科学数据、空间科学数据等 20 类二级数据；生物种质与实验材料包括重要野生植物种质资源、作物种质资源、园艺种质资源、热带植物种质资源等 31 类二级数据；重大科研基础设施包括国家超级计算长沙中心、国家超级计算广州中心、复现高超声速飞行条件激波风洞、500 米口径球面射电望远镜等 60 类二级数据；

---

① 中国科技资源共享网：https：//escience.org.cn/。

大型科研仪器包括分析仪器、其他仪器、工艺试验仪器、物理性能测试仪器等16类二级数据。

2.国家科学数据中心体系形成，科学数据开放共享的能效逐步显现

2019年发布的《科技部财政部关于发布国家科技资源共享服务平台优化调整名单的通知》显示，科技部、财政部对原有国家平台开展了优化调整工作，共形成国家高能物理科学数据中心、国家基因组科学数据中心等20个国家科学数据中心，其中17个科学数据中心位于北京（见表1）。

**表1　位于北京的17个国家科学数据中心**

| 序号 | 数据中心名称 | 网址 |
| --- | --- | --- |
| 1 | 国家高能物理科学数据中心 | https://www.nhepsdc.cn/ |
| 2 | 国家基因组科学数据中心 | https://ngdc.cncb.ac.cn/ |
| 3 | 国家微生物科学数据中心 | https://nmdc.cn/ |
| 4 | 国家天文科学数据中心 | https://nadc.china-vo.org/ |
| 5 | 国家对地观测科学数据中心 | https://www.chinageoss.cn/ |
| 6 | 国家青藏高原科学数据中心 | https://data.tpdc.ac.cn/home |
| 7 | 国家生态科学数据中心 | http://www.nesdc.org.cn/ |
| 8 | 国家材料腐蚀与防护科学数据中心 | http://www.corrdata.org.cn/ |
| 9 | 国家计量科学数据中心 | https://www.nmdc.ac.cn/main/#/pages/index |
| 10 | 国家地球系统科学数据中心 | http://www.geodata.cn/ |
| 11 | 国家人口健康科学数据中心 | https://www.ncmi.cn/ |
| 12 | 国家基础学科公共科学数据中心 | https://www.nbsdc.cn/ |
| 13 | 国家农业科学数据中心 | https://www.agridata.cn/#/home |
| 14 | 国家林业和草原科学数据中心 | http://www.forestdata.cn/ |
| 15 | 国家气象科学数据中心 | https://data.cma.cn/ |
| 16 | 国家地震科学数据中心 | https://data.earthquake.cn/ |
| 17 | 国家空间科学数据中心 | https://www.nssdc.ac.cn/nssdc_zh/html/index.html |

3. 一批"国之重器"在北京怀柔集中落地，成为建设北京国际科技创新中心的核心支撑

怀柔科学城是培育国家战略科技力量的重要载体，是国家战略科技力量体系布局较为完善的地区。怀柔科学城将成为我国开放科学建设的试验区，是开放科学基础设施最集中的区域。

怀柔科学城重点培育科技服务业、新材料、生命健康、智能信息与精密仪器、太空与地球探测、节能环保等高精尖产业，围绕物质、空间、地球系统、生命、智能等五大科学方向的成果孵化，构建"基础设施—基础研究—应用研究—技术开发—成果转化—高精尖产业"的创新链。[①]

目前，怀柔科学城部分设施设备已建设运行，但大部分尚处于建设期或调试期。

（1）大科学装置

北京是我国大科学装置数量最多的城市。怀柔科学城已建成或正在建设的大科学装置见表2。

**表2 怀柔科学城大科学装置**

| 序号 | 大科学装置名称 |
| --- | --- |
| 1 | 高能同步辐射光源 |
| 2 | 综合极端条件实验装置 |
| 3 | 多模态跨尺度生物医学成像设施 |
| 4 | 地球系统数值模拟装置 |
| 5 | 空间环境地基综合监测网（子午工程二期） |
| 6 | 人类器官生理病理模拟装置等 |

（2）科教基础设施

科教基础设施是为科学研究和教育培训提供必要条件和支持的设施。开放共享是科教基础设施的重要功能之一，属于开放科学基础设施。

怀柔科学城已经建成或正在建设的科教基础设施见表3。

---

① 北京怀柔综合性国家科学中心官网：https://hsc.beijing.gov.cn/。

表 3 怀柔科学城科教基础设施

| 序号 | 设施名称 | 序号 | 设施名称 |
|---|---|---|---|
| 1 | 空间天文与应用研发实验平台 | 8 | 大科学装置用高功率高可靠速调管研制平台 |
| 2 | 太空实验室地面实验基地 | 9 | 怀柔综合性国家科学中心支撑保障条件平台 |
| 3 | 深部资源探测技术装备研发平台 | 10 | 分子材料与器件研究测试平台 |
| 4 | 京津冀大气环境与物理化学前沿交叉研究平台 | 11 | 物质转化过程虚拟研究开发平台 |
| 5 | 泛第三极环境综合探测平台 | 12 | 太赫兹科学技术中心平台 |
| 6 | 环境污染物识别与控制协同创新平台 | 13 | 创新细胞技术研发平台 |
| 7 | 脑认知功能图谱与类脑智能交叉研究平台 | | |

（3）交叉研究平台

交叉研究平台是开展跨领域、跨学科的科学研究、技术研究、应用研究的平台。怀柔科学城已建成或正在建设的交叉研究平台见表 4。

表 4 怀柔科学城交叉研究平台

| 序号 | 平台名称 | 序号 | 平台名称 |
|---|---|---|---|
| 1 | 材料基因组研究平台 | 9 | 北京激光加速创新中心 |
| 2 | 清洁能源材料测试诊断与研发平台 | 10 | 高能同步辐射光源配套综合实验楼和用户服务楼 |
| 3 | 先进光源技术研发与测试平台 | 11 | 轻元素量子材料交叉平台 |
| 4 | 先进载运和测量技术综合实验平台 | 12 | 介科学与过程仿真交叉研究平台 |
| 5 | 空间科学卫星系列及有效载荷研制测试保障平台 | 13 | 北京分子科学交叉研究平台 |
| 6 | 国际子午圈大科学计划总部 | 14 | 分子影像与医学诊疗探针创新平台 |
| 7 | 空地一体环境感知与智能响应研究平台 | 15 | 干细胞战略资源和转化平台 |
| 8 | 脑认知机理与脑机融合交叉研究平台 | | |

## （二）北京积极构建政策体系，推动市属科技资源开放共享

2016 年 7 月和 12 月，北京市人民政府办公厅分别发布《关于加强首都科技条件平台建设进一步促进重大科研基础设施和大型科研仪器向社会开放的实施意见》（京政办发〔2016〕34 号，简称"34 号文"）及其实施推进方案和实施细则。34 号文明确了以首都科技条件平台为主线，强化对市属科技资源开放共享及优化配置等服务，推动中央在京科研机构科技资源共享服务。为解决影响改革落地"最后一公里"的关键问题，2018 年北京市发布了《北京市关于解决重大科研基础设施和文件大型科研仪器向社会开放若干关键问题的实施细则（试行）》（京科发〔2018〕189 号）。

1. 首都科技条件平台①

首都科技条件平台由北京市科委、中关村管委会牵头，市财政局、市教委等协同推进，首都地区高校、科研院所、企业等科研设施与仪器拥有机构共同参与的综合性科技资源共享平台。

首都科技条件平台提供北京 900 多个国家级、市级重点实验室，30000 多台（套）仪器设备以及科技成果的详细介绍信息。2022 年，90 家开放单位提供的 1.59 万台（套）、价值 151 亿元的科研设施与仪器向社会开放共享，为 6388 家企业提供测试分析、联合研发等服务，服务合同金额达 38.9 亿元，为北京企业开展研发创新提供了良好的支撑服务。

首都科技条件平台在北京市政府的统一领导下提供首都科技创新券，以促进科技资源的开放使用，目前有 700 余家单位和实验室接受创新券对外提供服务。2022 年，有 46 家企业及创业团队通过创新券得到了创新资源服务，使用财政科技经费达 796.35 万元。

2. 开放实验室

北京的科学实验室数量众多，开放共享主要有两种方式，一是通过首都科技条件平台等信息平台将符合条件的各类实验室纳入统一共享体系，按照

---

① 首都科技条件平台官网：https：//fwy.kw.beijing.gov.cn：8082/。

统一标准提供科研数据共享服务。二是北京市重点实验室、中关村开放实验室等各类实验室独立对外提供科学仪器、设备、数据共享和科普服务。[1] 根据北京市科委公布的名单，目前北京共有 455 家市级重点实验室。[2] 截至2020 年，北京已完成 11 批中关村开放实验室挂牌，挂牌实验室数量达243 家。

### 3. 北京市公共数据开放平台

北京市公共数据开放平台由北京市经济和信息化局牵头建设，北京各政务部门共同参与，提供各类数据的下载、API 开发服务、应用程序上传与下载等服务。平台包括 115 个市级和区级单位的经济建设、财税金融、教育科研、医疗健康等 20 个主题的表格、文本、图片、地图、多媒体等实时与非实时数据，数据集有 18573 个，数据接口有 14799 个，数据量达 71.86 亿条。这些数据可用于科学研究、社会治理、生活服务等各个方面。[3]

## （三）机构层面积极搭建开放科学平台，开放科学文化正在形成

开放科学基础设施建设仅靠政府推动远远不够，还需要包括机构、个人在内的全社会各层面力量参加，只有这样才能形成共享文化，使开放科学具备内生动力，持续发展。目前，中央在京或北京的科研机构、企业、科技服务机构等已搭建了大量开放科学平台，将拥有、加工的科学数据、科学仪器、科技文献等资源和服务能力直接对外共享，构成了北京开放科学基础设施的"神经末梢"。例如，中国科学院[4]、北京市科学技术研究院资源环境研究所[5]、北京市理化分析测试中心[6]、北京科技大学、北京大学等单位的

---

① 北京市科学技术委员会、中关村科技园区管理委员会官网：http://zgcgw.beijing.gov.cn/zgc/bszn/kfsys34/index.html。
② 北京市公共数据开放平台官网：https://data.beijing.gov.cn/zyml/ajg/skw/c2563819182e49b9bd58dd7d60392b61.htm。
③ 北京市公共数据开放平台官网：https://data.beijing.gov.cn/zyml/ajg/skw/c2563819182e49b9bd58dd7d60392b61.htm。
④ 中国科学院仪器设备共享管理平台官网：https://samp.cas.cn/。
⑤ 北京市科学技术研究院资源环境研究所官网：http://www.irebjast.ac.cn/。
⑥ 北京市理化分析测试中心官网：http://www.bcpca.ac.cn/ggfw/yqsb/spaq/list.shtml。

大型仪器共享平台；北京大学、清华大学等高校的知识库；中国科学技术信息研究所、中国科学院文献情报中心、教育部科技发展中心、万方数据、知网等建设的科技文献和科学数据服务平台等。

# 四 北京开放科学基础设施发展存在的问题

我国大规模推行科技资源开放共享是从 21 世纪初开始的，标志性的事件是科技部、财政部等开展"国家科技基础条件平台"（以下简称"平台"）建设。北京构建了科学数据共享平台（中心）、自然科技资源共享平台、科学仪器共享中心、科技文献中心等，后来逐步演变成国家科学数据中心、国家资源库等共享基础设施。同时，一些机构和组织在发展过程中由于多方面的原因逐步不再发挥作用。例如，部分地区的文献服务机构、综合性的科技资源共享平台、科学仪器协作共用网、科学仪器中心等。

北京的科技资源共享与我国的科技资源共享经历了相同的发展过程，展现了相近的发展趋势。北京一直处在全国第一梯队。在发展过程中，虽然有"新陈代谢"，但总体上处于"更新换代""百花齐放"的状态。近些年，北京市的科技资源共享展现出强大的发展后劲，开放共享基础设施的专业化程度和单体规模越来越大。在这个过程中，可以发现以下三个特点：一是政府的政策和资金对启动科技资源共享及其基础设施建设至关重要。我国的优质、公益性的可共享科技资源大部分掌握在政府和事业单位、国企等手中，政府通过政策、规划等手段调控，可以快速在全社会搭建起科技资源共享基础设施，调动科技资源，形成共享氛围。二是科技资源共享设施建设能够持续健康运行并发挥作用，不仅取决于政策和资金的支持，更重要的是其能否满足实际需求，在需求和服务带动下，激发自身的创新活力，为服务对象创造价值。所以，开放科学设施拥有的资源价值、专业化服务能力是关键，而不是资源的数量或基础设施的数量。三是从近几年国内外先进开放科学基础设施发展情况来看，其最新趋势是与先进信息技术和 AI 等技术结合，提高自身的技术水平；与科学研究和产业深度融合，专业化服务程度迅速提高。

北京开放科学基础设施发展存在的问题包括以下几个方面。

## （一）人员队伍结构合理性需进一步提高

本报告介绍的国家科学数据中心、怀柔科学城、北京市公共数据开放平台的建设代表了北京开放科学基础设施的最高水平和发展趋势，它们的共同特点是拥有专业化的共享服务队伍。专业化共享服务队伍的核心成员是能够深刻理解科学数据、科学仪器等资源特点和用户需求，将用户对资源的需求落实到开放科学基础设施的建设、运行、服务全过程的数据科学家，以及精通科学仪器操作、能够帮助用户设计实验方案，并进行测试的科学仪器技术专家等。但是，目前的很多开放科学基础设施普遍缺乏专业化的共享服务队伍。由于自身能力不足，主要工作只能委托给不熟悉情况的外包服务企业，造成开放基础设施系统缺少"开放科学的魂"，需求不清楚，资源规划、系统设计、资源组织不专业。

## （二）业务逻辑不符合高水平开放科学基础设施的要求

目前大部分开放科学基础设施的业务逻辑都很简单，只有三步：第一步，依靠行政手段或项目资金整合一些低价值的数据（甚至只是元数据）；第二步，构建一个网站用于存储数据，实现数据的可见，根据自己的理解"设计"用户需求；第三步，提供简单的用户下载服务。以上整个过程都是单向的，平台和用户之间没有互动，平台与其他平台之间也没有互动。

高水平开放科学基础设施的业务逻辑应该是将专业用户的研究过程和资源需求作为起点，将其抽象为开放科学基础设施的资源建设规划和服务模型，与最新信息技术相结合，为专业用户提供有针对性的双向服务。

## （三）开放科学基础设施缺少有组织、高价值的科技资源

欧美日等发达国家（地区）的开放科学基础设施，在资源建设方面，资源质量普遍较高，可以将其作为研究的可信数据源，获得世界各国科研工

作者的认可和使用。平台与平台之间采用统一的资源交换标准，形成资源互补。

目前，北京的开放科学基础设施普遍采用的是项目制建设模式，参加单位较多，各单位项目组没有能力或权限给项目牵头单位提供本单位的高价值资源，所以很多开放科学基础设施提供的资源以文献、专利、机构、人才等元数据为主，专业资源很少，即使有，也是互相之间没有逻辑关联的零散资源，持续更新少，所以一度造成开放科学基础设施众多，但是普遍资源同质化、质量不高。

### （四）开放科学基础设施服务中小企业的"最后一公里"没有打通

中小企业对公共科技资源的需求最强烈，但目前由政府推动建设的开放科学基础设施虽然数量较多，但领域涉及面过于宽泛，资源普遍不适合企业的特定技术需求，实用性不强。运营单位大部分是事业单位，在服务方面存在体制机制障碍。部分开放科学基础设施提供科学仪器、试验设备等信息，但是信息与服务之间存在断链。

### （五）开放科学基础设施的国际合作不充分

国际合作是建设国际科技创新中心、世界主要科学中心和创新高地的基础条件。但是，我国的开放科学基础设施在理念、资源、运营等方面的国际合作普遍不足。一些基础设施的职责定位中虽然有国际合作，但是在实际接待条件、准入标准、资金支持、信息披露等方面严重不足。例如，即使是一些当前比较优秀的开放科学基础设施，其开放的科学数据库也不够国际化。在设计之初，管理者的视野只局限在完成自有信息公开任务，没有联合国内外同行共建开放科学基础设施。

## 五　北京开放科学基础设施发展建议

开放科学基础设施是北京融入国内国际科学大社区、获取国内外优质科技资源、突破科技封锁的有力武器。北京应高度重视开放科学基础设施在建设国际科技创新中心、世界主要科学中心和创新高地中的重要作用，更新建设思路，丰富建设手段，以质取胜，创新运营机制，将开放科学基础设施建设推进到新阶段。

### （一）开展开放科学基础设施重组

目前，北京市政府建设的开放科学基础设施数量较多，但部分设施长期不更新或资源价值很低，运行困难。建议根据科技发展的最新趋势及企业需求，研究制定北京市开放科学基础设施建设运营方案和评估标准，重新规划重要领域和重要资源的基础设施建设，对已有设施进行统筹和重组，淘汰不合格的基础设施。

为解决开放科学基础设施服务中小企业"最后一公里"没有打通的问题，建议采取两条腿走路的解决办法，一是大幅改造现有基础设施的建设服务架构，实现从"事业型"向"服务型"的转变。二是支持和鼓励依托企业构建"专业型"和"微型"开放科学基础设施，形成开放科学基础设施"微循环"网络。同时，政府牵头建立网络"节点"，畅通信息，补充大型基础设施，打通开放科学基础设施的"大循环"。例如，截至2022年底，北京认定的科技企业孵化器达98家，一部分孵化器建设了科技资源服务体系，但是资源少、规模小。由于孵化器最了解企业需求，可借助孵化器构建"微型"开放科学基础设施，打通服务的"最后一公里"。在建设过程中，需要有相关专家或专业机构对孵化器进行深度培训和扶持，避免走偏路、走错路、走老路。

### （二）加强优质、重要科学基础设施建设与开放

一是加强专业领域开放科学基础设施建设。在北京优先发展的高精尖和优势科技与产业领域布局，按照不同领域的特点和发展主线整合国内外优质资源，借助信息化服务系统，提供高水平的知识服务。二是加强"卡脖子"资源建设。我国的一些领域的科研严重依赖国外的在线数据库、测试工具、

开发工具等，一旦国外对我国进行封锁，将造成巨大的损失，建议尽快规划、建设、引进一批重要的科技资源。

### （三）积极开展国际合作，为全球科技界贡献北京力量

在我国科技面临美国打压的形势下，获取国外科技资源的渠道受限。北京应借助全球科学界普遍接受的开放科学理念，与全球各国共享资源。有贡献才会有收获，这也是全球科技界的共同价值观。

北京的大量优质开放科学基础设施在全球具有先进水平，可在加强自身建设的同时，提升国际化水平，与同领域的国际组织、开放科学基础设施等开展合作，贡献北京力量。

建议北京在信息开放获取基础设施和开放研究能力基础设施领域开展开放科学数据库国际合作试点。遴选一批科学数据库，采取国内外共建方式，按照国际标准建设和运行，能够在全球被普遍使用，形成较大影响力。

### （四）加强数据科学家等专业人才培养

开放科学基础设施建设是科技发展的必然需求和长期战略，北京将持续投入资金。为大幅提高建设、运营水平及投资绩效，应将专业化人才队伍建设放到重要的位置上，其中，数据科学家的培养最为重要和紧迫。

一是在已建成的开放科学基础设施、科研院所、企业中对熟悉科学数据的人才进行专业化培养。二是在高校、科研院所的本科、硕士生教育中设置数据科学课程，或设置数据科学学术研究方向。

# B.6
# 北京开放科学与开放创新融合现状与发展策略

黄金霞　王元新　彭媛媛*

**摘　要：** 随着开放创新生态治理成为战略性目标，科技领域的开放创新融合已成为许多国家（地区）推动科技创新发展的重要途径。开放科学与开放创新融合发展，将可能建立一条从科学探索到技术创新的一体化创新链。对北京而言，通过推动开放科学基础设施建设、国际科技合作、科技评估等开放科学要素的发展，促进开放创新的高质量发展。北京开放创新融合发展呈现强劲态势。在重点创新主体包容、科技资源开放规模、创新基础设施规划、科技成果社会效益等方面，北京相关政策与措施还有待落细落实，包括加强开放创新生态的顶层设计，拓展多元主体的交流合作方式，加速科技创新要素的全球范围流动，着力培育开放创新文化。

**关键词：** 开放科学　开放创新生态　开放创新融合　北京

科技创新是使生产力产生飞跃的关键力量。党的二十大报告提出，扩大国际科技交流合作，加强国际化科研环境建设，形成具有全球竞争力的开放

---

\* 黄金霞，博士，中国科学院文献情报中心研究员，研究方向为开放科学、智慧数据；王元新，中国科学院文献情报中心在读博士研究生，研究方向为开放科学；彭媛媛，中国医学科学院医学信息研究所馆员，研究方向为开放资源建设。

创新生态。① 开放创新生态对激发创新主体活力、促进创新要素流动和有机配置、改善创新环境及提升国家（地区）的创新能力等具有重要作用。当前，全球科技创新进入活跃期，新一代信息通信、新能源、新材料、航空航天、生物医药、智能制造等领域研究的交叉融合、协同联合、包容聚合的特征越来越明显，实现科技创新需要构建开放协同创新生态网络。开放科学与科技创新的融合是大势所趋，经历过全球性新冠疫情，国际经济、科技格局都在发生深刻调整，为攻坚克难，全球秉持一种"拥抱"的心态面对科技成果的开放共享。本报告主要调研国际、北京的开放科学与开放创新融合发展现状，分析融合发展要素、融合发展路径，提出北京在全球开放科学态势下进一步推进开放创新融合发展的几点建议。

## 一 开放科学与开放创新融合发展的国际现状

开放性是现代科学的本质属性之一，② 联合国教科文组织（UNESCO）发布的《开放科学建议书》将开放科学（Open Science）定义为集各种思维过程和实践于一体的包容性架构，其价值在于质量与诚信、集体利益、公平公正、多样性和包容性，支柱包括开放科学知识、开放科学基础设施、科学传播、社会行为者的开放式参与，以及与其他知识体系的开放式对话。开放科学法理研究提出，开放科学倡导的开放包容推进知识创新链向正向动力学方向演变，同时降低创新链中存在的负向影响力。③

开放创新（Open Innovation）又称"开放式创新"，是 2003 年哈佛大学亨利·切萨布鲁夫（Henry Chesbrough）针对企业创新发展提出的。④ 在

---

① 胥彦玲、肖雯：《构建"四链"深度融合的开放创新生态》，《光明日报》2022 年 12 月 1 日。
② 杨卫：《中国开放科学的两大考验、三道门槛、四条途径》，《中国科学报》2022 年 10 月 19 日，第 1 版。
③ Yang W., "Open and Inclusive Science: A Chinese Perspective," *Culture of Science* 4 (2022): 185-198.
④ Henry William Chesbrough, *Open Innovation: The New Imperative for Creating and Profiting from Technology* (Boston: Harvard Business School Press, 2003), p. 67.

2010年麦肯锡公司罗列的全球十大创新趋势中,"开放创新、组织网络化发展、更大范围利用协作技术"位列前三。开放式创新包括内向开放式创新和外向开放式创新,前者基于"整合""获取",后者基于"免费释放""出售/授权"。[①] 影响开放式创新的三个要素是知识流动方向、企业的合作对象与合作程度、价值链方向,其工作绩效依靠"创新产出"衡量,包括探索性创新产出、利用式创新产出、持续性创新产出和破坏性创新产出。[②]

## (一)国际现状

### 1. 全球开放科学促进形成新的科研范式,促进全球科技创新治理

范式被认为是一种理念、一种方法、一种工具,[③]《第四范式:数据密集型科学发现》一书更是通过多个领域的大量案例,让科学研究领域领略到第四范式推动的更具创新性的科技成就。UNESCO认为开放科学是建立在学术自由、科研诚信和科学卓越基础上的新的研究范式,通过提高科学研究内容、工具和进程的开放性,以实现研究的可重复、透明、共享与合作,进而推动科学事业的发展。FAIR数据原则已作为一种提高研究和创新系统的质量和效率、开展生物医学数据分析与药物研发的全球工具。[④] OpenAIRE、开放科学云(EOSC)等平台已成为全球开放科学基础设施,承载国际科技合作研发项目,同时支持公民科学项目的开展。

开放科学促进全球科技创新治理。2014年,欧盟发布的"地平线2020

---

① Dahlander L. Gann D. M, "How Open is Innovation?" *Research Policy* 6 (2010): 699-709.

② Danneels E., "The Dynamics of Product Innovation and Firm Com-petences," *Strategic Management Journal* 23 (2002): 1095-1121; Benner M. J., Tushman M., "Process Management and Techno-logical Innovation: A Longitudinal Study of the Photography and Paint Industries," *Administrative Science Quarterly* 47 (2002): 676-706; March J.G., "Exploration and Exploitation in Organizational Learning," *Organization Science* 2 (1991): 71-87; Govindarajan V., Kopalle P. K., "Disruptiveness of Innovations: Measurement and an Assessment of Reliability and Validity," *Strategic Management Journal* 2 (2006): 189-199.

③ 〔美〕托马斯·库恩:《科学革命的结构》,金吾伦、胡新和译,北京大学出版社,2012。

④ "Immunization Dashboard," World Health Organization, https://immunizationdata.who.int/index.html.

计划"目的是让科学研究和数据能够被社会各阶层获取和传播。2021 年 UNESCO 发布的《开放科学建议书》建议从共同认识、政策环境、基础设施、能力建设、激励机制、创新方法、全球合作 7 个领域，对开放科学中的私企参与、科研诚信、国家合作模式等关键问题提出具体指导思路。[①] 开放科学成为一些国家参与全球科技治理的抓手，法国在 2021 年提出第二个国家开放科学计划，美国在 2022 年更新其在 2013 年发布的开放获取备忘录内容，并将 2023 年定义为"开放科学年"，提供新的资助基金、改善研究基础设施、增加公众参与机会等。[②]

### 2. 开放创新主体呈现多元化发展态势

全球创新的速度随着技术创新的变革加快，创新的边界逐渐模糊并超越国界，开放创新合作增多。自 20 世纪 90 年代以来，经济全球化的提速和信息技术的突破性发展促进研发全球化进程日益加快，使得创新方式发生根本性变化，从封闭创新向更多面的开放创新转变。国际经济合作与发展组织（OECD）发布的《OECD 科学、技术和工业记分牌：创新驱动发展（2013）》报告认为，科技合作日益成为推动创新的重要方式，开放趋势不可逆转。[③] 新冠疫情的流行进一步推动了国际创新合作，科技创新迎来了前所未有的机遇。

在此态势下，开放创新融合逐步呈现多元化的发展态势，尤其是以开放与包容的态度鼓励多元主体参与。在区域组织方面，2016 年欧盟发布 Open Innovation, Open Science, Open to the World 报告，[④] 指出解决欧洲生产力增长不足的一个关键问题是如何制定创新政策，以及协调开放与创新环境间

---

① "Recommendation on Open Science," UNESCO, November 30, 2021, https：//unesdoc. unesco. org/ark：/48223/pf0000379949.

② 杨卫等：《构筑开放科学行动路线图把握开放科学发展机遇》，《中国科学院院刊》2023 年第 6 期。

③ 徐芳、张换兆：《开放创新的新趋势、新特点及我国的策略》，《全球科技经济瞭望》2016 年第 11 期。

④ "Open Innovation, Open Science, Open to the World," June 23, 2023, https：//commission. europa. eu/research-and-innovation_ en.

的动态关系，为此，欧盟专门成立创新理事会，调整促进创新的规章制度，吸纳包含政府、企业和公民在内的各个层次参与者，细化创新的监管政策，并重新设计促进创新的制度。在政府层面，芬兰、法国、加拿大、荷兰等国家在开放科学路线图中，把推进创新发展作为重点任务之一。其中，芬兰提出进一步深化科学研究与社会发展之间的关系；加拿大期望能够在国家范围内全面推进开放科学，最大限度地推动国家经济健康发展。[1]在科研群体方面，德国联邦教研部发布《德国研发资助政策框架》，助力德国研究机构的研究人员建立和扩展欧洲研究与创新网络，提高科技创新产出效率。[2]

综上所述，面向全球问题及其解决方案中需要的创新模式，全球开放科学与开放创新将进一步实现融合发展，在更多参与主体、开放包容理念、开放共享机制和合作环境营造等方面共同发力。

## （二）国际案例

### 1. 美国推动融合文化与融合技术的发展

自19世纪末，美国因其制造业占领世界主导地位，便被称为"世界上最具有创新精神的国家"，但其最初属于典型的"封闭式创新"。直至美国制造业高地不断丧失、国家创新能力不断削弱，继而导致国家金融危机的爆发，使得美国政府及相关企业意识到创新战略与计划的重要性。2011年，美国总统科技顾问委员会（PCAST）提出先进制造业合作伙伴（AMP）计划，[3]联合国内工业界、高校与联邦政府以提高美国在全球新兴技术（信息技术、生物技术、纳米技术等）领域的竞争优势，为美国下一代机器人技术研发奠定基础。自2015年以来，美国信息技术和业务解决方案公司IBM

---

[1] 杨卫、刘细文、黄金霞：《我国开放科学政策体系构建研究》，《中国科学院院刊》2023年第6期。

[2] 《德国研发资助政策框架》，德国联邦教研部网站，2023年9月1日，https://www.research-in-germany.org/en/research-landscape/why-germany/r-d-policy-framework.html。

[3] 朱星华：《美国AMP计划的内容、政策措施及启示》，《全球科技经济瞭望》2012年第2期。

一改其内部研发的传统思路，通过结合外部开发的新技术（如开源软件 Linux 和 Sun Microsystems-Java），开发出一项可应对用户需求的新型、复合技术。IBM 通过孵化新的业务，并允许风险公司使用许可证，创建新的业务。2020 年 10 月，美国战略与国际研究中心发布的研究报告 Sharpening America's Innovative Edge 指出，开放创新在应对国家发展与国际社会重大挑战中发挥关键作用，政府有必要建立整体的控制政策，并在多边技术创新与研发方面加强与盟友的合作。① 由此，美国以自由开放、鼓励创新、包容失败、多元化的开放创新创业文化，推进政府、大学、企业与国际联盟间的紧密合作、相互促进，推动产学研与国际开放创新融合发展。

2. 德国实施基于数据的融合发展

德国在开放创新方面秉持的理念，主要是通过技术创新"伙伴"（大学、科研机构、相关企业等）搭建创新资源融合平台，完善科研基础设施，构建开放创新融合环境；着眼未来科技发展和人才培养，开展一系列科技创新活动，最终构建起一个良性循环的创新发展生态链。② 2018 年，德国联邦政府与各州政府达成一致，筹建"国家研究数据基础设施"（NFDI），计划未来 10 年由德国研究联合会（DFG）遴选 30 家科学数据中心，对海量项目研究数据、临时性研究数据进行汇集和价值提取，开展跨学科交流，分享研究结果。2021 年 4 月，首批科学数据中心正式启动，NFDI 将作为德国科学研究数字化、开放化的重要组成部分，构建跨机构、跨地域和可持续的组织结构，提供更广泛和更友好的数据访问，以提供新的研究契机，也将带来新的开放创新工作模式与开放科学研究范式。③

3. 其他一些国家提出基于开放的融合发展战略

除了美国、德国，英国、日本等也提出了基于开放的科技创新战略。英

---

① "Sharpening America's Innovative Edge," October 16, 2020, https://www.csis.org/analysis/sharpening-americas-innovative-edge.

② 王军、李妍、何巍：《德国科技创新实践对北京科技创新中心建设的启示》，《北京人大》2018 年第 8 期。

③ 《德国正式启动"国家研究数据基础设施"》，字节点击网，2020 年 12 月 2 日，https://byteclicks.com/21325.html。

国商业、能源和产业战略部（BEIS）发布《英国创新战略：创造未来，引领未来》报告，旨在巩固英国在全球创新竞争中的领先地位，通过做强企业、培养创新人才、构建开放创新环境以及攻克创新技术难题等方面，提升企业创新能力与国际竞争力。① 日本发布 2021~2025 年科学技术与创新发展纲领性规划《第六期科学技术与创新基本计划》，② 强调面向社会 5.0 的科技创新政策，需以企业、大学与科研机构紧密合作为基础，实现价值共创的可持续发展目标，深化科技外交，形成战略国际合作网络，同时，构建和完善促进创新研究的科研环境，重视人才培养。

从以上国家案例来看，建设多元化创新创业合作实体，重视产业集群和规模化创新体系育成深化，加快资源要素有序自由流动，逐步消除行政壁垒，为产业链上下游要素流动提供最优环境、最快通道，加强顶层设计，建立或调整创新管理机构，以充分发挥其统筹和协调作用，是当前国际上构建开放创新融合生态的重要举措，正在塑造世界级创新新动能、新优势，打造可持续的、开放融通的创新生态。

## 二 开放科学与开放创新融合机理研究

当前全球科技创新已迈向创新 3.0 时代。③ 如果说创新 1.0 强调企业内部的研发和成果转化，创新 2.0 强调产学研协同且注重创新体系构建，那么，注重开放创新生态建设则是创新 3.0 的显著特征（见表 1）：一是基于资源视角，整合两种知识转移方式，包括知识流入和知识流出；二是基于网络视角，强调知识管理过程中的内部组织和外部组织；三是基于过程/系统视角，整合知识管理和创新管理的理论研究。④

---

① "UK Innovation Strategy: Leading the Future by Creating It," 21 July, 2021, https://www.gov.uk/government/publications/uk-innovation-strategy-leading-the-future-by-creating-it.
② 内閣府：《第 6 期科学技術？イノベーション基本計画》，https://www8.cao.go.jp/cstp/kihonkeikaku/6honbun.pdf.
③ 李万、常静、王敏杰：《创新 3.0 与创新生态系统》，《科学学研究》2014 年第 12 期。
④ 高良谋、马文甲：《开放式创新：内涵、框架与中国情境》，《管理世界》2014 年第 6 期。

表1 开放式创新的基本特点

| 创新要素 | 创新类型 | 创新视角 | 特征 |
|---|---|---|---|
| 知识的流动方向 | 内向型 | 基于资源视角<br>基于网络视角<br>基于过程/系统视角 | ①整合知识流入和知识流出两种知识转移方式<br>②强调知识管理过程中的内部组织和外部组织<br>③整合知识管理和创新管理的理论研究 |
| | 外向型 | | |
| 企业与合作对象的合作程度 | 广度 | | |
| | 深度 | | |
| 价值链方向 | 纵向资源整合 | | |
| | 横向资源整合 | | |

资料来源：张晶《新创企业嵌入创新生态系统的创新绩效与演化研究》，博士学位论文，哈尔滨工业大学，2022；吉海颖、戚桂杰、梁乙凯《行动比声音更有力量吗？——开放式创新社区用户交互与用户创意更新持续贡献行为研究》，《管理评论》2022年第4期；徐鹏《开放式创新主体异质性与网络关系强度对企业协同创新绩效的影响研究》，博士学位论文，西南财经大学，2022；梁靓《开放式创新中合作伙伴异质性对创新绩效的影响机制研究》，博士学位论文，浙江大学，2014。

正如本报告提到的开放科学的价值和要素、开放式创新的要素与绩效，前者是从目标和定位入手，后者是明确方法与绩效，开放创新与开放科学融合发展，从两者发展所需要的要素来看，两者在知识可获取、主体协作性、流程一体化、突破组织边界、成果应用开放、提高社会效益等方面不断融合，推动新的创新生态要素产生，包括主体包容协作、资源开放共享、创新流程再造、集体绩效评价，这与开放创新生态模型研究①中提出的要素一致。因此，开放科学与开放式创新的融合发展，将可能建立一条从科学探索到技术创新的一体化创新链，为促进全球知识和技术的高效流动、解决复杂社会问题和全球问题提供新的思路：未来开放创新的目标将立足开放科学的价值，基于以上4个新的创新生态要素创造更大的创新绩效（见图1）。

## （一）主体包容协作是实现创新融合发展的关键点

尊重理解包容不同主体的利益诉求和发展阶段差异，是协作融合的基础。开放创新实践主体既是生产者也是利用者，把联合产学研、增强创新能力和提高国际竞争力作为重要的着力点和落脚点。在开放创新的范式下，大

---

① 解学梅、韩宇航、代梦鑫：《企业开放式创新生态系统种群共生关系与演化机理研究》，《科技进步与对策》2022年第21期。

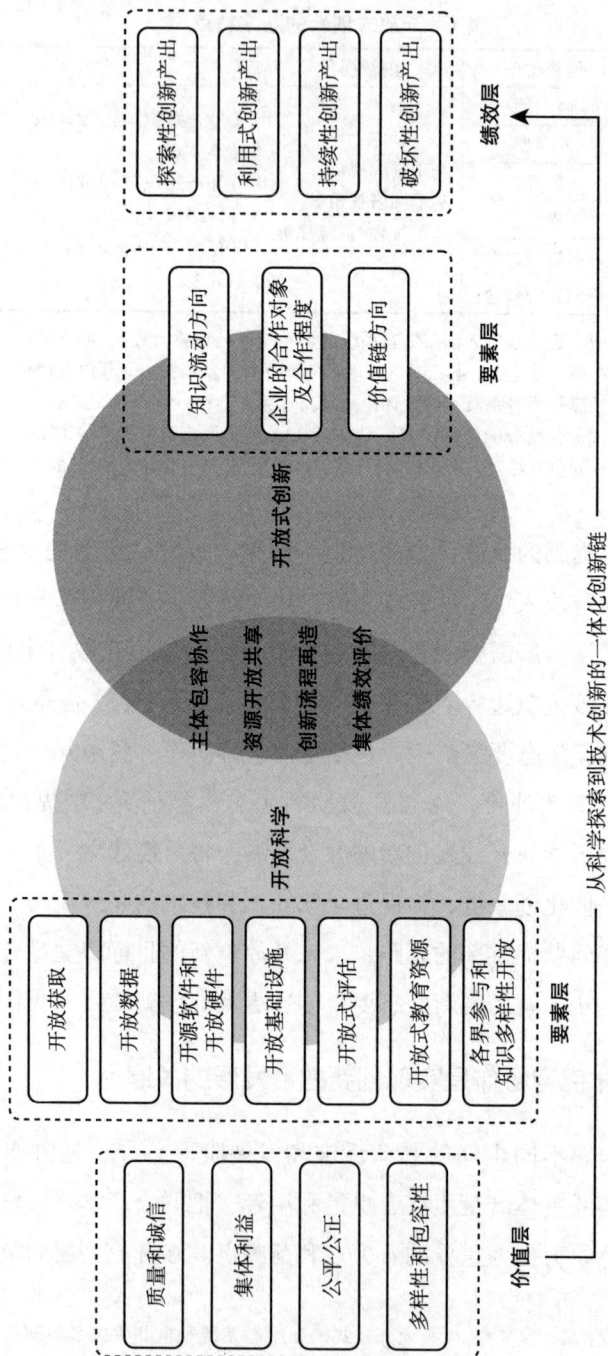

**图 1 开放创新与开放科学融合示意**

绩效层
- 探索性创新产出
- 利用式创新产出
- 持续性创新产出
- 破坏性创新产出

要素层
- 知识流动方向
- 企业的合作对象及合作程度
- 价值链方向

开放式创新

主体包容协作
资源开放共享
创新流程再造
集体绩效评价

开放科学

要素层
- 开放获取
- 开放数据
- 开源软件和开放硬件
- 开放基础设施
- 开放式评估
- 开放式教育资源
- 各界参与和知识多样性开放

价值层
- 质量和诚信
- 集体利益
- 公平公正
- 多样性和包容性

从科学探索到技术创新的一体化创新链

中小企业协作是取得持续竞争力的关键，德国、芬兰等国家通过校企联合开发、企业牵头合作研发、企业委托科研机构或高校开展技术外包业务等多种方式实现产学研协同开放创新，[①] 瑞士、德国等制造业先进国家的大中小企业间已构建基于人才、金融、研发、营销等的全方位共生协作关系。[②]

## （二）资源开放共享是实现创新融合发展的基础

人类知识量与人口总量均呈增长态势，知识开放可获取变得越发重要。面对知识量的激增，传统的知识获取渠道和手段已难以满足需求，知识开放可获取正是解决这一问题的重要途径。它打破了业界与学界的界限，利用数字化手段实现了知识的自由流通，极大地拓展了人类获取知识的范围。2021年，UNESCO 发布的《开放科学建议书》指出，知识开放共享应成为全球共识，各国都处于基于该建议书框架来打造开放合作创新新高地的机遇期。日本通过经济贸易合作等方式推进海外知识产权战略实施，开展国际政府间合作及国际条约制定与修订等，谋求与欧美国家的专利互认。

## （三）创新流程再造是实现创新融合发展的重要环节

开放科学与开放式创新均有完整流程，涉及个体层、组织层、要素层、价值层等，在融合发展时共同构成了一体化的价值链。开放科学主要关注知识的产出、传播和应用的科学研究全过程，开放式创新更关注知识转化成创新的完整过程。两者在知识获取、知识创造、知识应用、知识价值实现等方面高度契合，共同推动科研成果向社会价值转化，形成社会各界广泛参与的协同创新格局。美国构建了政府及社会资本灵活配合的创新资本体系，以色列拥有发达完善的风险投资体系，切实保障创新创业过程中全链条资金需求。德国史太白技术转移中心，通过服务

---

[①] 周小丁、罗骏、黄群：《德国高校与国立研究机构协同创新模式研究》，《科研管理》2014年第5期。

[②] 程郁、王协昆：《创新系统的治理与协调机制——芬兰的经验与启示》，《研究与发展管理》2010年第6期。

和教育连接科研与产业，有效地促进了知识和技术要素在创新主体间的流动。

### （四）集体绩效评价是实现创新融合发展的保障机制

以科学和社会普遍关注的重大问题的解决能力为主要依据，开放创新评价将围绕更多主体共同参与形成的集体创新产出展开。在欧洲，促进研究评估联盟（CoARA）由研究资助组织、研究执行组织、国家/区域评估机构以及上述组织的协会、学术团体和其他相关组织共同构成，以认可多样化产出、实践和活动。2022年欧盟委员会发布的《改革研究评估协议》（Reforming Research Assessment）为改变研究、研究人员和研究执行组织的评估实践设定了共同的方向，其总体目标是最大限度地提高研究的质量和影响力。

## 三　北京开放科学与开放创新的融合发展现状

### （一）开放科学与开放创新融合发展现状

北京积极响应国家要求，推动科技创新发展。在2023年《深入贯彻落实习近平总书记重要批示加快推动北京国际创新中心建设的工作方案》中提到，到2025年，北京国际科技创新中心基本形成，成为世界科学前沿和新兴产业技术创新策源地、全球创新要素汇聚地。[①] 当前，北京通过推动开放科学中的开放基础设施建设、国际合作、科技评估等要素的发展，促进开放创新的高质量发展。北京开放创新融合发展呈现强劲态势。

1. 以政策与机制为先，增强创新环境的开放性和包容性

《关于新时代深化科技体制改革加快推进全国科技创新中心建设的若干

---

[①] 《科技部等印发〈深入贯彻落实习近平总书记重要批示加快推动北京国际科技创新中心建设的工作方案〉的通知》，国际科技创新中心网站，2023年10月10日，https://www.ncsti.gov.cn/zcfg/zcwj/202305/t20230517_ 120664.html。

政策措施》提出，加强科技创新统筹，主动承接国家重大科技任务，面向世界科技前沿、面向经济主战场、面向国家重大需求，超前规划布局基础研究、应用基础研究及国际前沿技术研究，加快推动在国家急需的战略性领域取得重大突破，打造世界知名科学中心。[①] 依托怀柔科学城，北京推动大科学装置面向全球开放共享，围绕物质科学、空间科学、生命科学等基础研究领域，发起国际联合研究项目，集聚国际知名科学家和团队资源，打造具有国际影响力和国际资源吸附力的创新综合体。[②]

2. 以国际合作为重，打造重点领域创新平台

北京"加强国际科研合作"方面的实践包括但不限于：围绕疫情防控、高等级病原微生物实验室管理运行、国际临床试验、疫苗药物推广应用等方面加强国际合作；加强与国外医疗卫生机构在卫生政策和管理方面的交流，推动在新发突发与重大传染病防控、人口老龄化、中医药、脑科学等领域务实合作；北京与国外机构合作包括高等学校、科研机构、企业在国际创新人才密集区及"一带一路"共建国家和地区设立离岸科技孵化基地，与海外机构共建一批高水平联合实验室和研发中心，积极争取国际科技组织、联盟或其分支机构落户北京；目前，北京具有研发功能的外资企业有189家，同时支持创新主体在海外共建创新中心、海外科技园等。[③]

3. 投资科技创新基础设施，覆盖科技创新全流程

首都科技条件平台是国家科技基础条件平台指导下的北京地方科技条件平台，目前有开放实验室740个，开放仪器设备30145个。建立了以包括中

---

① 《关于新时代深化科技体制改革加快推进全国科技创新中心建设的若干政策措施》，北京市人民政府网站，2019年10月16日，https：//www.beijing.gov.cn/zhengce/zhengcefagui/2019 11/t20191122_ 518607. html。

② 《关于印发〈北京市"十四五"时期国际科技创新中心建设规划〉的通知》，北京市人民政府网站，2021年11月24日，https：//www.beijing.gov.cn/zhengce/zhengcefagui/202111/ t2021 1124_ 2543346. html。

③ 《北京市支持建设世界一流新型研发机构实施办法（试行）》，中国科学院科技创新发展中心网站，2020年5月7日，http：//www.bjb.cas.cn/zcwj/kjzc/cxzc/202202/t20220210_ 63 54061. html；《北京具有研发功能外企达189家 中关村推动科技领域国际合作交流》，腾讯网，2022年9月13日，https：//new.qq.com/rain/a/20220913A08J7D00。

国科学院、北京大学、清华大学在内的 22 家研发实验服务基地为主体的"小核心、大网络"工作体系和科技资源开放服务体系，实现了对在京高校、院所、企业科技资源的有效整合、高效运营和市场化服务，形成了科技资源整合促进产学研用协同创新的"北京模式"。布局建设脑认知功能图谱与类脑智能交叉研究平台、京津冀大气环境与物理化学前沿交叉研究平台等一批协同创新交叉研究平台，致力于在前沿交叉科学领域取得突破性进展。[①]

4. 革新科技创新评价与激励内容，激励并奖励突破性创新成果

《关于加强新时代首都高技能人才队伍建设的实施方案》集中推出 18 条针对健全高技能人才培养、使用、评价、激励制度的工作举措。在激励政策方面，设立北京市科学技术奖、北京市杰出青年科学基金、小米创新联合基金等奖项，奖励包括"面向非规则博弈场景的联邦计算关键技术研究"、"免疫治疗耐药型消化道肿瘤"的金属—代谢—免疫"空间多组学及靶向调控策略研究"、"强极化、稀土掺杂氮化物的合成与新型功率芯片的研制"等多项重大科技成果。[②]

## （二）融合发展中遇到的挑战

### 1. 对中小企业等创新主体的开放包容性不足，支撑创新的基础不牢固

企业是科技创新活动的重要主体之一，中小企业在创新活动中常常处于劣势，由于资金链的相对短缺以及技术实力的相对不足，他们在和大型企业的竞争中往往处于下风。特别是在高新科技领域，由于技术门槛的存在，这些中小企业更难参与其中，进行有效的创新活动。面对日益复杂的创新环境，许多企业要想在长期的竞争中保持优势，就必须要有长远的战略眼光和决策能力，这对于中小企业来说无疑是一大挑战。

---

① 曹方、王楠、何颖：《我国四大综合性国家科学中心的建设路径及思考》，《科技中国》2021 年第 21 期。

② 《2023 年度北京市自然科学基金重点研究专题拟资助项目名单》，国际科技创新中心网站，2023 年 8 月 23 日，https://www.ncsti.gov.cn/kjdt/tzgg/202308/t20230823_131914.html。

有必要增强企业利用和转化开放科学成果的能力。加快推进科技成果资源开放共享工程，建立更多学术期刊、学位论文、科研报告等知识结果的开放获取平台。推动高校、科研院所等机构与企业紧密合作，不仅把最前沿的科研成果转化为实际的生产力，而且使企业在科技研发的第一步就能参与。鼓励不同主体之间的协作，突破学科间、产业间的壁垒，形成开放的创新网络。

### 2. 创新基础设施规划与建设规模较小，资源开放共享能力较弱

北京在开放数据和开源代码等公共资源的积累方面，相比于国际先进城市还有一定的差距。在国际化资源整合、全球创新网络构建，以及科技成果共享等方面，北京也需要进一步提升。科技成果共享的制度和平台建设也需要进一步完善，以促进科技成果的高效流动和转化。

有必要加强知识获取渠道开放，丰富信息获取来源。开放式创新强调企业内外知识流动，开放科学则提供了获取外部知识的重要渠道，二者融合为学界、业界共同提供开放基础设施以获取前沿科研成果，获取更多的创新资源。以现有设施体系建设为基础，增加高校和科研院所开放获取科研成果的平台数量，让更多的科研成果存储其中，并实现开放利用。

### 3. 科技创新机制与保障能力不足，科技创新流程有待进一步优化

从国际开放科学与开放创新融合发展现状来看，全球化是主导，不同国家之间的科研合作更加紧密，科学研究的公开性和共享性逐步提升，开放创新模式被广泛推广。科研院所与高校研发成果转化率较低、高新技术企业孵化器数量较多，但重复建设问题突出，同时伴有科技管理体制机制改革进展缓慢、科技金融体系发展滞后、科技创新人才引进激励力度不够等问题。

有必要完善创新协作机制，搭建全过程创新链。开放创新融合倡导科研合作与结果共享，为企业提供开放的创新合作平台，企业可以与科研机构联合研发。打造全科研流程的创新链，从基础研究到产业化的全过程，推动科研成果快速转化为实际产能，优化资源配置，提高资源利用效率，进一步提升创新效果。

**4.拓宽创新驱动力的来源渠道,更要注重社会服务与市场敏感性**

创新的需求与驱动力源于对前沿科技进展的深度解读、对市场机遇的敏锐捕捉、对社会需求的深度洞察。创新驱动力来源不足的问题主要体现在企业原创性技术创新能力不强与企业缺乏责任感两方面。产学研用联动不紧密导致技术成果产业化应用环节较弱、技术市场化程度不高。与此同时,开放式创新生态体系不健全、不同领域创新资源无法有效整合,创新链条局部封闭。欠缺完善的技术创新评价体系,科研人员技术成果转化积极性不高。在资金支持方面,科技创新资金不足或无法落到实处的现象仍然存在。

开放融合创新要始终以解决社会关切的问题为导向,以实现公共利益为目标,满足资源与文化需求。在此过程中,要关注民生需求,解决好人民群众最关心最直接最现实的利益问题,进一步满足人民群众日益增长的精神文化需求,根植于社会获得长足发展。

# 四 开放科学态势下北京开放创新融合发展应对策略

面向"形成具有全球竞争力的开放创新生态"的国家要求,当前重要的任务在于促进各要素之间的互动、协同与共同发展。基于开放创新生态模式和开放科学法理,顺应国际形势,构建多元主体开放包容、资源共享、流程再造、集体创新的开放创新生态,以开放科学价值为目标,以社会价值为绩效。

## (一)增强创新生态韧性和灵活性

北京加快构建中国特色开放创新融合生态。首先,面对新冠疫情、数字经济、国际竞争等带来的新挑战,通过更新和修订科技创新相关战略规划以加强顶层设计。其次,通过政策设计及组织方式创新、机构设置、加强投资等手段,增强开放创新生态的韧性和灵活性,使北京具有高水平治理能力。最后,积极参与全球开放科学治理、科技创新治理,提出开放创新的"北京模式""中国模式"。

### （二）丰富多元主体的交流合作方式

在开放创新的范式下，多元主体协作是取得持续竞争力的关键。首先，建设对内的多元化创新创业合作实体，构建产业集群和规模化创新体系。其次，拓宽合作的国家（地区）范围。最后，增加合作的方式，合作切入点从产品、设备延伸到技术、标准等创新价值链上游环节。

### （三）加速开放科技创新要素的流动

在新发展阶段，关键科技创新要素的全球流动要以人类命运共同体理念为指导。首先，加强科技基础设施规模化和流程化建设，推动内部科技资源实现开放共享。其次，以国内大循环吸引全球资源要素，形成"你中有我、我中有你"的全球科技资源共享平台。最后，以在开放创新中培育的自主研发能力和原始创新能力为创新资源，引领全球科技创新方向。

### （四）营造良好的开放创新环境，并着力培育创新文化

国际化的科研环境、世界级的创新产业集群、国际化的营商环境、优质的生态环境和宜居环境等是高度活跃开放创新生态圈的重要组成部分。首先，构建有助于集聚人才、技术、资本等要素的创新机制，着力打造公平成熟的市场环境。其次，积极打造鼓励创新、尊重知识的社会环境，组织社会创新活动，提倡创新文化。最后，创立世界级的创新产业集群，营造有助于国际化科研创新的环境，重视创新创业孵化器建设，构建适应创新创业规律的科技金融体系，加强知识产权保护。

# B.7
# 开放科学背景下北京数字化科研
# 发展的现状与对策

杨　晶*

**摘　要：** 随着数字技术在科研领域的广泛应用和渗透，高性能计算、高速科研网络、海量数据存储等基础设施加速演进，数字化科研兴起并快速发展。当前，数据密集型和计算密集型科研、开放科学等正成为数字化科研发展的新趋势。数字化科研与开放科学在理念、基础条件、方法等方面相互促进、相互影响，为跨时空、跨学科、跨部门的信息整合与研究提供了重要途径，促进了科研管理、科研环境、科研活动的全方位升级。本报告通过梳理世界主要国家数字化科研发展历史与前沿进展，对世界数字化科研与开放科学协同发展趋势进行归纳总结，并对中国数字化科研的发展现状与特点及北京数字化科研发展优势、现状与问题进行评述与总结，从统筹规划、科研设施、人才培养、国际合作、安全保障等5个方面提出新时代北京发展数字化科研助力开放科学的对策建议。

**关键词：** 开放科学　数字化科研　数字技术　科研范式　北京

随着科研活动向宏观和微观两个层面更深、更广、更远的未知领域推进，人类开始进入大科学时代，科学家们尝试运用先进的信息化基础设施构

---

* 杨晶，博士，中国科学技术发展战略研究院副研究员，研究方向为科技创新政策、国家创新体系、数字化转型。

建新型信息化科研环境。1999 年，英国科技部的约翰·泰勒将e-Science（数字化科研）描述为"在重要科学领域中的全球性合作以及使这种合作成为可能的下一代基础设施"。① 经过 20 多年的发展演进，数字化科研的概念已经远远超越了狭义的科研基础设施，主要指充分利用数字技术，促进科技资源交流、汇集与共享，变革科研组织与活动模式，推动科研活动数字化转型，从而实现科学技术新革命的途径。

随着大数据、人工智能等数字技术的快速发展，开放科学逐渐发展起来，数字化科研与开放科学在理念、设施、方法等方面呈现更多一致性。然而，数字化科研并非仅是技术和工具，开放科学也不能仅停留在理念层面，数字化科研和开放科学仍然存在概念上的差异。② 那么，在现有基础上，数字化科研如何在科研管理、科研环境、科研活动方面更加适应开放科学时代特征？如何实现科学研究"开放性"和"数字化"的携手共进？这些问题值得深入探究。

## 一 开放科学背景下国际数字化科研发展的主要特征与趋势

当前，新一轮科技革命和产业变革深入发展，正推动新一轮科研范式的变革和创新模式的重组。数字化科研适应了开放科学运动的新要求，支撑科研管理朝更加高效、包容、透明的方向转变；提供了跨时空、跨学科、跨部门的科研环境；改变了科研活动以往的研究方法、研究路径、评价体系以及交流合作方式（见图1）。

英国、美国、欧洲在数字化科研领域走在世界前列，这些国家和地区在科研战略计划、科研管理系统、最新技术应用方面具有丰富的实践经验。

① 孙坦主编《数字化科研——e-Science 研究》，电子工业出版社，2009。
② Paul A. David, Matthijs den Besten, Ralph Schroeder, "Will e-Science Be Open Science," *World Wide Research: Reshaping the Sciences and Humanities* (2013).

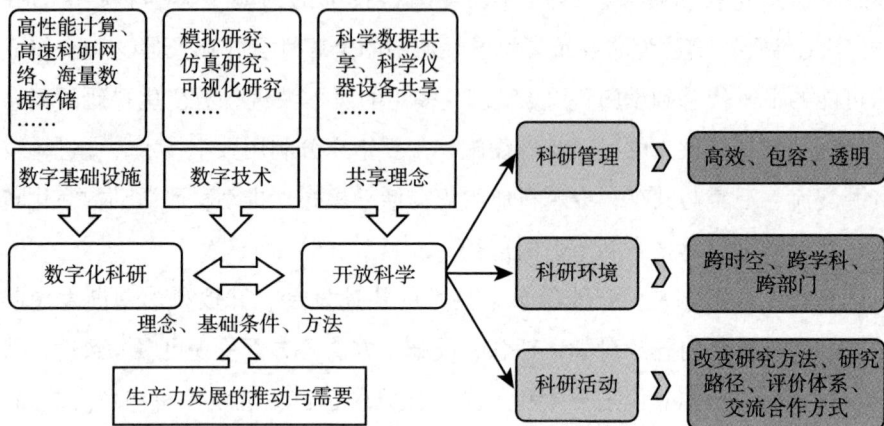

**图 1 数字化科研与开放科学相互作用示意**

### （一）制定数字化科研战略，营造开放的科研环境

狭义范围内的数字化科研主要指数字化科研环境，即通过新一代信息技术构建信息化基础设施和平台应用，为科学家们提供一个数字化的科学研究环境，促进科研数据和资源的开放共享。

#### 1. 英国率先制定并实施数字化科研战略计划

英国通过制定数字化科研战略计划大力建设科研基础设施，为科研奠定坚实的基础条件。作为数字化科研的首倡国家，英国在 2000 年 11 月投资 2.5 亿英镑用于数字化科研建设，开启了大规模开展数字化科研的进程。核心计划从 2001 年开始，到 2006 年结束。2006 年之后，英国把数字化科研作为一种常规内容列入各个研究理事会的科研计划，通过核心计划在整个国家营造了高效开放的科研环境，推动本国在研究水平、科技竞争力和未来研究模式方面取得重大进步。[①] 2017 年 3 月，英国出台《英国数字化战略》，设定了明确途径以帮助本国在启动并推进数字化业务、试用新型技术或者开展先进技术研究方面占据优势地位。2022 年 6 月，英国政府发布新版《英

---

① 孙坦主编《数字化科研——e-Science 研究》，电子工业出版社，2009。

国数字战略》，旨在使英国成为全球开展数字创新的最佳地点。

### 2. 美国注重技术研发，数字化科研基于科研需求兴起

美国在以网格技术为代表的数字技术领域始终保持研究优势，数字化科研在科研需求的基础上自由发展起来。在技术研发方面，美国更关注软件的开发和组装问题，建立了全国性及世界范围内的科研合作体系。2007 年 3 月，美国国家科学基金会（National Science Foundation，NSF）发布了《21 世纪科学研究的信息化基础设施》，提出美国的目标是建设一个以人为中心、世界级、可支持科学与工程界广泛应用、可持续发展、稳定而又可扩展的信息化基础设施。2015 年，美国正式启动"国家战略性计算计划"，利用先进的计算技术，积极构建全国性教育网络，搭建联合研发协调管理平台。2019 年，美国发布了这一计划的更新版，更加侧重于计算机硬件、软件和整体基础设施，以及开发创新、实际的应用程序，以支持本国计算产业的未来发展。

### 3. 欧洲注重企业界参与，以科研计划推动科研基础设施建设

欧盟对数字化科研十分重视并进行了长期研究和部署。欧盟科技发展计划第 5、第 6 框架的 40 个项目共有 520 个机构参与。从参与机构性质来看，科研机构、高校院系和企业的数量基本相当（见图 2）。由此可见，欧盟数字化科研从一开始就注重企业界的参与，逐步形成了明晰的e-Infrastructure（数字化基础设施）概念。已经实施的计划包括 GÉANT2（一个泛欧网络基础设施）、EGEE（由欧洲核子研究组织牵头建立的世界上最大的国际网格系统）、DEISA（由法国国家科学研究中心牵头，目标是建设一个分布式的万亿次规模的超级计算机系统，由欧洲 6 个主要超级计算中心通过千兆高速网络连接而成）等。这些计划在欧盟科技发展计划第 5、第 6 框架的支持下推进，并在第 7 框架的支持下得到进一步推进。此外，欧盟还提出"欧洲网络物理系统研究路线图与发展战略"，发布《科研基础设施支撑欧洲科研转型》报告等。

## （二）注重数字化科研管理系统建设，提升科学决策的透明度

数字技术使科研管理突破了传统人工管理的制约，推动数字化科研管理

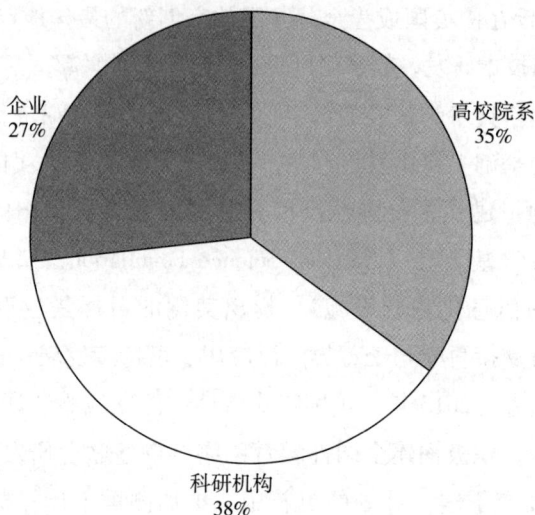

**图2　欧洲数字化科研项目参与机构数量分布**

资料来源：孙坦主编《数字化科研——e-Science 研究》，电子工业出版社，2009。

的发展。数字化科研管理系统实现了各管理层面的数据共享，为科学决策提供了重要的参考依据。美国国立卫生研究院搭建的科研数据管理服务平台——Federal RePORTER 汇集了各个部门的信息资源，以科研项目为单位组织数据，顺利打通各部门数据壁垒，实现了数据的高效组合利用。[①] 美国马里兰大学获得了肯特州 Kuali Research（KR）信息系统的完整权限，环境科学中心的科研管理与促进办公室积极引进此系统以提高科研管理效率和科学决策的透明度。英国牛津大学将数据管理政策、工具、培训等要素纳入大学的整体基础设施建设工作，体现了数据全生命周期不同阶段的要求，从而使科研数据管理能够更好地为科研服务。

### （三）运用最新数字技术，丰富科研活动的方法和手段

数字化科研活动是指利用最新的数字技术，丰富科研活动的方法、路径和

---

① Federal RePORTER，https：//reporter. nih. gov/.

评价方式，包括基于数字技术的科研活动协同以及科研过程和科研评价中的数字化能力。从 20 世纪 90 年代末开始，各国就尝试创建虚拟研究组织（Virtual Research Organization，VRO），这类组织呈现虚拟化特点，能够打破时空的限制，促进深度学术交流和科研资源共享。始于 2003 年、至今仍在延续的麻省理工学院 CSBI（Computational and Systems Biology Initiative）项目是系统生物模型建构的开拓性工作。该项目的理念是借助网络信息技术，使工业界与学术界紧密合作，搭建系统生物学研究虚拟社区。在美国国家科学基金会的支持下组建的美国国家纳米技术计划（National Nanotechnology Initiative）大学网络，部署研究的仿真工具越来越多，成为联系纳米科学与技术研究者的重要平台。

### （四）世界数字化科研与开放科学协同发展呈现新趋势

从世界各国发展状况来看，一方面，数字化科研计划或项目呼吁开放标准网格协议、开源中间件、促进对相关网格数据源的透明访问以及共享软件和交互数据；另一方面，开放科学信息的规范披露和社会组织具体功能的实现取决于数据和信息共享的效能，必须以科研合作、累计产生的知识储备为基础。这两方面互为条件和基础，直接推动了数字化科研与开放科学的协同发展。然而，数字化科研既非开放科学的充分条件也非必要条件，二者的协同发展面临新的风险和挑战，未来主要发展趋势体现在以下几个方面。

1. 增强重大科技基础设施的互操作性与协同效应

数字化科研的目标是协同合作，各国在规划建设重大科技基础设施时更多朝着加强协同与优化数据管理方向迈进。在数字化方面，重大科技基础设施网络及其与其他基础设施的协同效应被纳入许多管理和资助计划，通过制定相关政策措施和技术手段嵌入国家和国际网络，作为重要基础设施的组成部分。在开放性方面，重大科技基础设施将更加注重优化数据管理和数据访问的措施，探索向非专家和其他领域的专家提供数据的新方法。

2. 促进数字技术应用于科研数据跨境开放共享

各类数字技术是支持科研数据跨境开放共享、高质量流动的有效手段和工具，帮助打破国家间科研数据流动壁垒，解决发展不平衡、技术正负效应等矛盾。一是"数据空间"作为一种实现数据共享（包括跨境数据共享）的技术理念，通过提高可操作性和信任度，加强实体和个人之间的数据共享；二是人工智能、支付标记化、区块链、联邦学习等新技术的应用，可以应对不断提高的数据流动频率与体量，实现科研数据保护与共享之间的平衡；三是分析软件和工具进一步开源化，为相关数据和信息的开放提供重要途径，重点推动研究文化从关注产出转向关注稳健、可重复的研究实践。

3. 重视数字化科研人才精准匹配和复合型人才培养

在开放科学背景下，一方面，各国利用新型科研信息化管理平台开放和共享科研人员及科研项目的研究方向、团队信息、合作信息等，精准匹配科研信息化项目与所需专业人才；另一方面，各国大力引进平台硬件建设、基础软件开发、科研计算、数据处理等各类学科人才，强化团队人员之间的紧密协作，并更加注重在高等教育阶段加强科研信息化复合型人才培养，提升基础性技能和数字素养。

4. 探索基于开放科学的科研评价机制和评价方法

为了促使整个科研评价过程适应开放科学和数字化变革要求，欧洲一些大学和研究机构正在研究如何改革现有科研评价机制和评价方法。一方面，探索建立一个基于开放性科技档案内部链接的网络化评价框架，这一框架将发表的论文、具体科研项目和项目承担者信息有机结合；另一方面，将对开放科学做出贡献作为评价指标之一，如将研究项目产出的论文或数据提交至开放共享平台作为评价指标。科研成果的定义不局限于科研论文发表，还应包括数据集和软件以及更广泛的社会影响（包括定性指标），如对政策和实践的影响。

## 二　中国数字化科研的发展现状与特点

与世界其他国家相比，中国数字化科研具有自己的特点。一是中国数字化科研实力不断攀升，相关论文数量持续上升；二是相对于美国、欧洲的数字化科研项目，中国数字化科研项目不仅支持科学研究，而且强调对多领域应用的支持；三是中国科学院在数字化战略、数字技术科研成果方面均位居世界前列。

## （一）中国数字化科研实力持续增强

数字化科研是建立在新一代信息技术基础上的全新科研模式。作为技术研发的副产品，学术论文和专利是科研的重要成果之一，可以作为科研实力的衡量指标。

1. 中国数字科技领域核心论文两项关键指标均位居全球第二

截至 2021 年 12 月，中国数字科技领域论文两项关键指标，即核心论文数量和高被引论文数量均位居全球第二（见图 3、图 4），中美在这两项指标上的"黄金交叉"已经出现，中国的增长势头强劲。

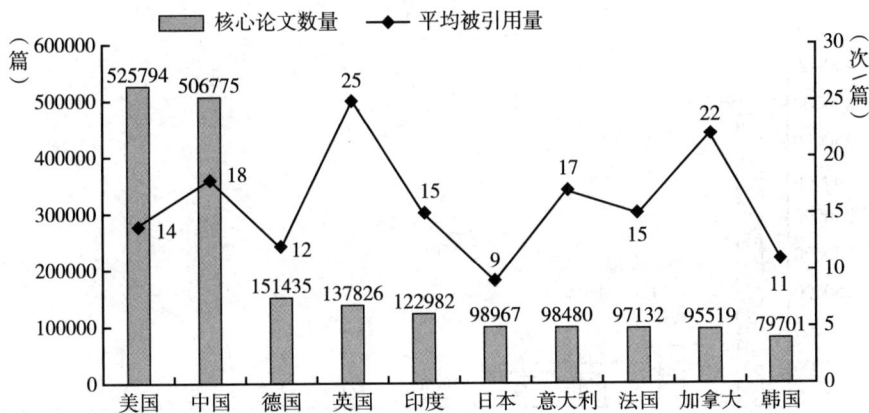

**图 3　2012 年 1 月至 2021 年 12 月全球数字科技领域核心论文数量前 10 强国家**

资料来源：AMiner 科技情报平台。

2. 中国是数字科技专利大国

中国数字科技专利数量在全球遥遥领先（见图 5），但是数字科技高价值专利数量位居全球第四（见图 6），仅为美国的 13%。中国数字科技专利仍需在"增量"的基础上"提质"。

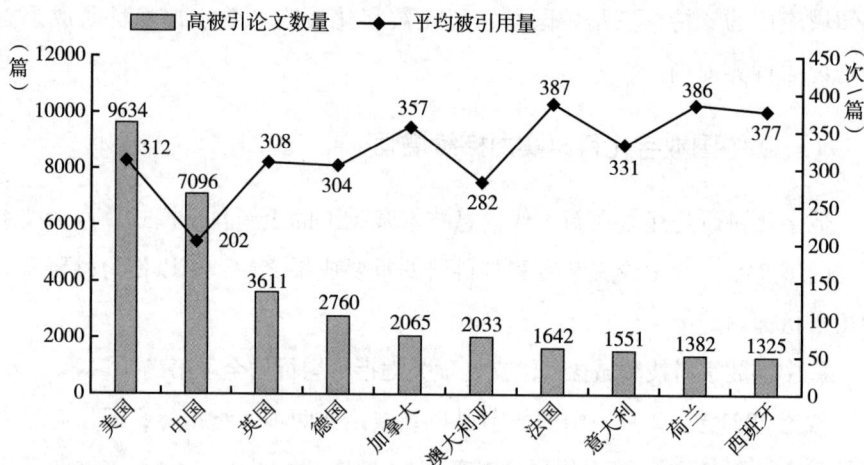

**图4　2012年1月至2021年12月全球数字科技领域高被引论文数量前10强国家**

资料来源：AMiner科技情报平台。

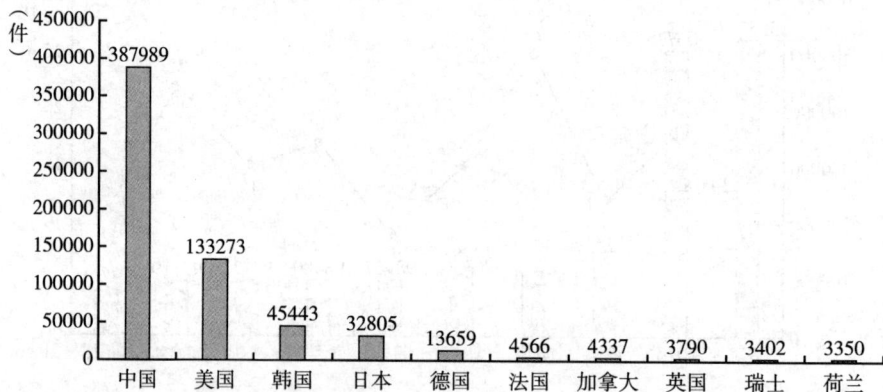

**图5　2012年1月至2021年12月全球数字科技专利数量前10强国家**

资料来源：AMiner科技情报平台。

3. 中国数字科技发展目标在于推动相关产业向价值链高端跃升

从专利市场价值分布来看，中国数字科技专利价值在30万美元以下的占98%，因此中国数字科技产业仍处于全球价值链低端。中国数字科技的发展目标在于从日益强大的基础研究成果中实现实际应用转化，推动相关产业向价值链高端跃升。

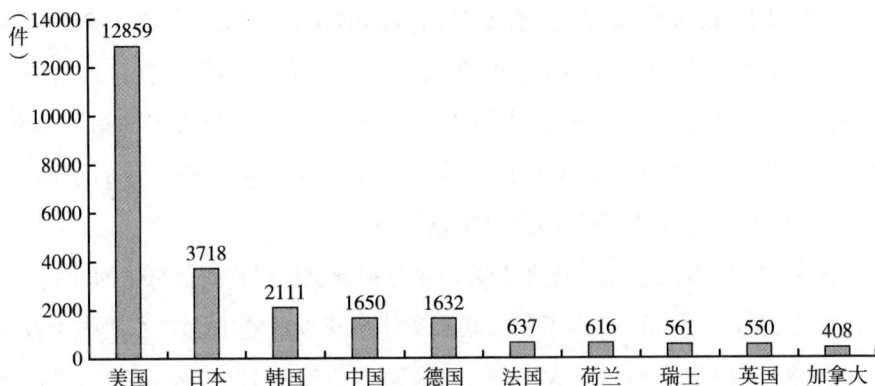

**图6　2012年1月至2021年12月全球数字科技高价值专利数量前10强国家**

资料来源：AMiner科技情报平台。

## （二）中国重视国家网格建设和科学数据开放共享

### 1. 国家高技术研究发展计划支持"中国国家网格"建设

20世纪90年代以来，国家高技术研究发展计划支持了"中国国家网格"建设。"中国国家网格"总投资1亿元，在全国各地建立了8个结点，其中主结点为中国科学院计算机网络信息中心和上海超级计算机中心，分别装备了我国自主研制的深腾6800和曙光4000A超级计算机系统。2007年，国家高技术研究发展计划又启动了"高效能计算机及网格服务环境"重大专项，继续支持"中国国家网格"的建设和应用。

### 2. 国家形成全方位的科学数据开放共享政策体系

中国针对科学数据开放共享出台的政策及法规日益完善，形成了以各级行政主管部门、机构和行业领域等为主导的科学数据管理体系。2002年，科技部正式启动了"科学数据共享工程"，数据资源建设和共享作为支持国家创新发展的战略工程被纳入《2004—2010年国家科技基础条件平台建设纲要》。[①] 近年来，国家对科学数据管理与开放共享的重视程度进一步提升。

---

① 杨晶、康琪、李哲：《推动科学数据开放共享的思考及启示》，《全球科技经济瞭望》2019年第10期。

2015 年，国务院发布《促进大数据发展行动纲要》，提出加快政府数据开放共享，推动资源整合。2018 年，国务院办公厅发布《科学数据管理办法》，首次立足国家高度，面向多个领域的科学数据提出以开放为主的指导原则。2019 年，科技部、财政部在原有的国家科技资源共享服务平台的基础上，通过优化、调整，组建首批国家科学数据中心。

**3. 教育部、国家自然科学基金委员会分别制定推进科研信息化的计划**

教育部在"十五"211 工程公共服务体系建设计划中设立了"中国教育科研网格"（ChinaGrid）重大专项，国家自然科学基金委员会启动了"以网络为基础的科学活动环境研究"重大研究计划。[①]

### （三）中国科学院大力支持数字化科研建设与发展

中国科学院积极推动数字化科研，打造以中国科技云为核心的新一代国家科研信息化基础设施，为推动数字化科研建设与共享提供重要基础。

**1. 中国科学院数字科技水平位居世界前列**

从机构/高校发表的核心论文数量和平均被引用量来看，中国科学院的核心论文数量最多，为 59487 篇，平均被引用量处于中等水平（38 次/篇）；核心论文数量排名第二的是加州大学，共有核心论文 49111 篇，平均被引用量为 39 次/篇。除中国科学院外，中国科学院大学也进入前 10 强，其核心论文数量为 18381 篇，平均被引用量为 40 次/篇（见图 7）。

**2. 中国科学院开展信息化战略研究、中国科技云建设，为开放科学提供重要支撑**

2000 年以来，中国科学院组织开展了信息化战略研究，提出了打造数字科学院的信息化长远发展目标，以数字化科研和科研管理信息化为主要内容实施了信息化建设专项。中国科技网（"中国科技云"前身）

---

① 阎保平、桂文庄、罗泽：《我国科学研究信息化的发展与启示》，《科研信息化技术与应用》2010 年第 1 期。

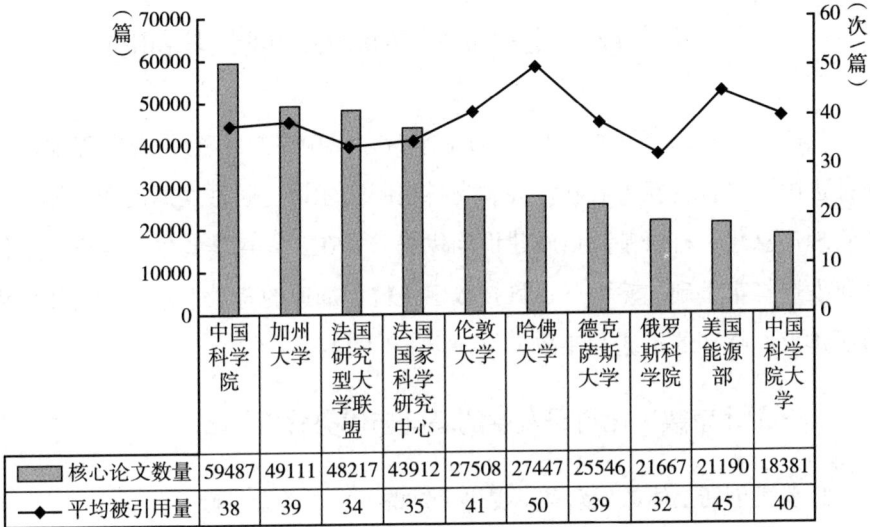

| | 中国科学院 | 加州大学 | 法国研究型大学联盟 | 法国国家科学研究中心 | 伦敦大学 | 哈佛大学 | 德克萨斯大学 | 俄罗斯科学院 | 美国能源部 | 中国科学院大学 |
|---|---|---|---|---|---|---|---|---|---|---|
| 核心论文数量 | 59487 | 49111 | 48217 | 43912 | 27508 | 27447 | 25546 | 21667 | 21190 | 18381 |
| 平均被引用量 | 38 | 39 | 34 | 35 | 41 | 50 | 39 | 32 | 45 | 40 |

图7　2012年1月至2021年12月全球数字科技领域
核心论文数量前10强机构/高校

资料来源：AMiner科技情报平台。

基本覆盖了中国科学院全院，并为院外30多个科研院所提供网络服务。开通了中—美—俄环球科研网络，并扩展到韩国、加拿大、荷兰、丹麦、芬兰、冰岛、挪威、瑞典等国家，有力地支持了国际科研交流与合作。

2018年，中国科学院正式对外公布建设"中国科技云"，以科研人员的创新活动为根本导向，在科学数据的存储、传输、计算、分析、应用等环节提供高效、一体化的云计算解决方案，为科研人员提供有力的平台支撑。目前，"中国科技云"面向科技资源开放汇聚与云服务，初步建成了网络、数据与计算融合的新型国家级科研信息化基础设施。此外，"中国科技云"与国际科学理事会数据委员会（CODATA）展开战略合作，与全球主要信息基础设施和国际组织达成广泛共识并建立定期对话机制，共同推进"全球开放科学云"。

## 三　北京数字化科研发展优势、现状与问题

当前，北京以"三城一区"为主平台，以中关村示范区为主阵地，加快推进国际科技创新中心和世界领先科技园区建设。通过发挥创新主体、科研管理信息化、科研基础设施建设等优势，为在开放科学背景下推进数字化科研发展打牢基础。然而，在科技数字化转型加速的背景下，北京的数字化科研建设面临新的机遇和挑战。

### （一）北京数字化科研发展的基础与优势分析

#### 1. 各类创新主体数量众多，提供良好的人才、资金基础

北京拥有以中国科学院为代表的众多科研院所，大量国家级重点实验室、工程中心、新型研发机构和科研平台集聚，这些创新主体在数字化科研建设中发挥重要作用。据统计，截至 2021 年，北京大专以上学历人员有1021.46 万人，居全国第 8 位；研发人员全时当量为 33.83 万人年，居全国第 5 位；研发人员中基础研究人员全时当量为 7.55 万人年，居全国第 1位。[①] 2021 年，北京在互联网和相关服务行业有研发活动的企业有 97 个，研发人员规模达到 4.3 万人，研发经费内部支出达到 396.8 万元。[②]

#### 2. 社会信息化水平全国最高，软件和信息通信产业迅速发展

在信息化水平方面，根据《中国区域科技创新评价报告 2023》，北京在万人移动互联网用户数评价值、电子商务销售额与 GDP 比值以及信息传输、软件和信息技术服务业增加值占 GDP 比重 3 个指标上均位居全国第一（见图 8、图 9、图 10）。

在软件和信息通信产业方面，一是北京软件产业领跑全国。《2019 年中

---

① 中国科学技术发展战略研究院：《中国区域科技创新评价报告 2023》，科学技术文献出版社，2023。

② 北京市统计局、国家统计局北京调查总队编《北京统计年鉴 2022》，中国统计出版社，2022。

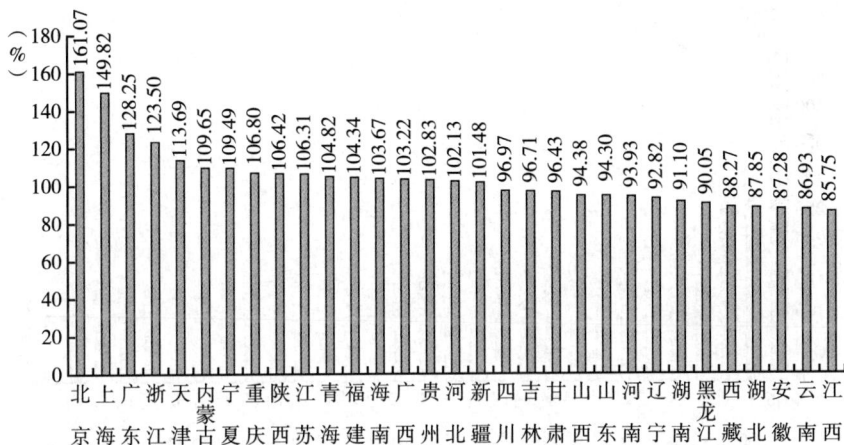

**图8 2021年全国31省份万人移动互联网用户数评价值**

说明：不含港澳台地区。

资料来源：中国科学技术发展战略研究院：《中国区域科技创新评价报告2023》，科学技术文献出版社，2023。

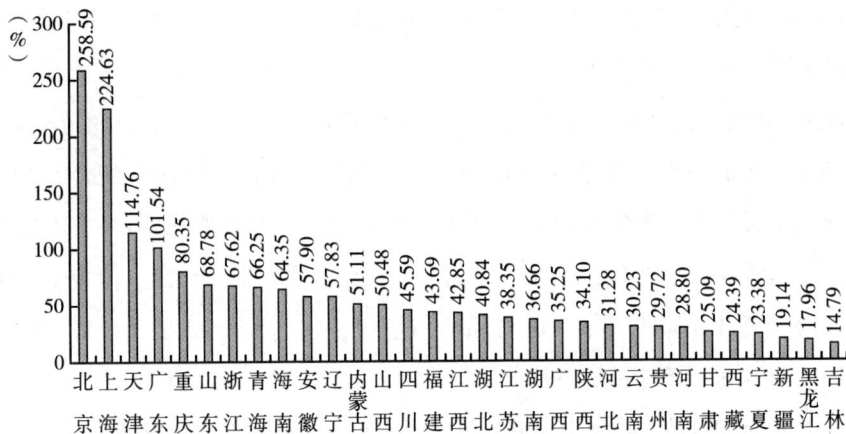

**图9 2021年全国31省份电子商务销售额与GDP比值**

说明：不含港澳台地区。

资料来源：中国科学技术发展战略研究院：《中国区域科技创新评价报告2023》，科学技术文献出版社，2023。

国软件业务收入前百家企业发展报告》显示，2019年中国软件业务收入前百家企业中，北京有32家企业上榜。二是北京人工智能产业发展迅速。

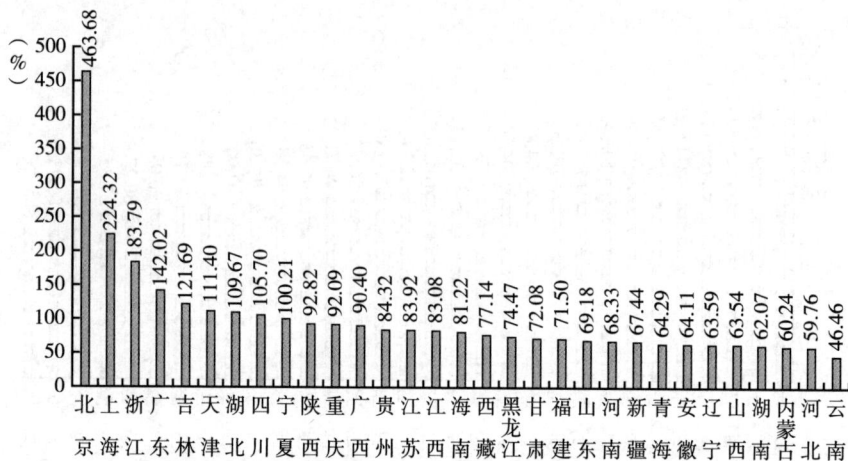

**图 10　2021 年全国 31 省份信息传输、软件和信息技术服务业增加值占 GDP 比重**

说明：不含港澳台地区。

资料来源：中国科学技术发展战略研究院：《中国区域科技创新评价报告 2023》，科学技术文献出版社，2023。

2020 年，北京人工智能产业规模达 1860 亿元，同比增长 9.8%，相比 2016 年增长逾一倍。已初步形成中国的人工智能人才高地，北京人工智能领域学者超 4000 人，占全国的近四成；技术人员将近 4 万人，占全国的近六成。三是北京集成电路产业位居全国第三。据北京半导体行业协会统计，2020 年北京集成电路产业实现销售额 909.1 亿元，比 2019 年增长 1.6%，继续保持在全国第 3 位。四是北京融合通信产业持续发展。根据北京电信技术发展产业协会统计，2020 年北京融合通信市场规模达到 155.82 亿元。5G 方面，2020 年北京累计部署 5G 基站 5.3 万个，发展 5G 用户 820 万人。①

**3. 出台促进数字技术发展的政策，探索完善科技管理信息系统**

在数字化政策方面，2022 年，北京正式对外发布了《北京市促进数字人产业创新发展行动计划（2022—2025 年）》；2023 年 5 月，《北京市加快建设具有全球影响力的人工智能创新策源地实施方案（2023—2025 年）》

① 北京市科学技术委员会、中关村科技园区管理委员会组编《北京科技年鉴 2021》，北京科学技术出版社，2022。

《北京市促进通用人工智能创新发展的若干措施（2023—2025年）》印发。

在科研管理信息化方面，一是完善科技计划项目管理信息系统。北京市科学技术委员会加强对科技项目立项、实施、验收、监督检查等环节的全流程管理，强化科技项目智能化查重。二是北京市自然科学基金委员会不断完善信息化建设和网络化工作平台。在2000年基金信息化建设和专家库系统建立的基础上不断优化网络化工作平台，建立联合基金的专家评审系统、会议评审系统和基础研究成果数据库。三是实现科研项目信息公开和科技报告开放共享。截至2020年底，北京科技计划科技报告服务系统收录科技报告共计2400余份。[①]

### 4. 专项支持科研基础设施和仪器建设，促进基础设施的开放共享

一是专项支持科研基础设施建设。2022年11月，中国科学院大气物理研究所和清华大学共同建设的国家重大科技基础设施项目地球系统数值模拟装置正式开放运行，加大了设施开放共享力度，提升了我国的地球系统科研水平。

二是发布政策措施，促进科研基础设施等向外资研发中心开放。2023年8月，北京发布《北京市关于进一步支持外资研发中心发展的若干措施》，提出支持重大科研基础设施、大型科研仪器、共性技术基础平台、科技信息公共服务等向外资研发中心开放，支持外资研发中心研发数据依法有序跨境流动，推动外资研发中心按照国家数据跨境流动安全管理相关要求加强自身数据管理，促进研发数据安全有序自由流动。由北京市和中国科学院合作共建的重大项目——北京超级云计算中心面向科学计算、工业仿真、气象海洋、新能源、生物医药、人工智能等重点行业应用领域，随需提供超级云计算服务。[②]

### 5. 加强国际化科研环境建设，建立国际合作共享机制

北京依托北京怀柔综合性国家科学中心建立重大科技基础设施国际合作共享机制，支持发起和参与国际大科学计划和大科学工程，支持开展国际科技创新合作。加强与共建"一带一路"国家的知识产权交流与合作，制定

---

① 北京市科学技术委员会、中关村科技园区管理委员会组编《北京科技年鉴2021》，北京科学技术出版社，2022。

② 北京超级云计算中心，http：//gad.blsc.cn/view.asp？classid=1&nclassid=7。

《首都知识产权国际交流合作基地管理办法（试行）》，指导各基地发挥自身的特色。2021 年 12 月，由一批行业龙头企业和国内顶尖科研单位共同牵头发起的创新联合体——北京开源芯片研究院成立。

### （二）北京数字化科研发展中存在的问题与挑战

#### 1. 缺乏统筹规划，政策分散造成资源浪费

北京在数字化建设方面已经出台《北京市关于加快建设全球数字经济标杆城市的实施方案》、《北京市"十四五"时期智慧城市发展行动纲要》和《北京市数字经济促进条例》等政策文件，这些政策文件虽然为开放科学背景下的北京数字化科研发展提供了良好的基础和环境，但尚未融合成一个整体，缺乏一个统领性的文件，不利于北京数字化科研与开放科学的协同建设、统筹发展。北京虽有数量众多的创新主体，但这些高校、科研院所等在发挥协同作用方面存在不足，资源重复建设现象严重。此外，北京对数字化和开放性背景下科研活动的政策，包括资源开放共享政策及数据的版权、认证、授权、标准规范等研究不足，亟须制定相应的法规、制度与政策。

#### 2. 缺乏协同机制，科研基础设施尚未互联互通

虽然目前北京拥有大量科研基础设施，但这些科研基础设施尚未通过政策措施和技术手段实现互联互通，新建设施也没有与已有设施实现连接。科研数据管理和数据访问机制尚待优化，各机构科研数据收集统计工作效率较低，数据质量不高且部分历史数据缺失。统计分析功能仅限于项目确立与申报、科研成果专利录入与维护、科研团队与人员奖惩等数据信息，未能及时统计或关联，从而导致数据碎片化问题。

#### 3. 缺乏人才支撑，数字化科研人才无法满足国际竞争需要

我国的数字化科研人才和美国等科技发达国家相比差距较大，也面临与其他发展中国家的竞争。北京作为拥有大量战略科技力量和科技资源的首都，必须率先承担推动数字化科研发展的重任，在最关键的人才培养和队伍建设方面下功夫。据统计，我国数字化综合人才总体缺口约为 2500 万～

3000 万人，且缺口仍在持续扩大。预计到 2025 年，新一代信息技术产业人才缺口将达 950 万人，无法满足国家创新体系数字化转型的需求。如果不能及时围绕数字化科研需求做出调整，就难以充分满足发展和安全的需求，无法应对当前激烈的国际竞争。

4. 缺乏合作机制，数字化科研的国际交流合作不足

目前，北京科研机构关于科学数据、科研基础设施与科研仪器开放共享的合作仍以交流研讨为主，缺乏深入的国际合作实践。特别是在数字化科研方面尚未形成国际合作和跨学科合作的理念，科研方法、软件在国际交流方面的政策也未跟上这个领域的社会实践。为了顺应科研向开放性和数字化发展的趋势，需要采取更加有针对性的措施，在北京各机构层面协同促进国际合作与开放交流，在协调、合作和可及性方面做出努力，以国际项目为契机，在实践上尝试推动更多层面的合作共享。

5. 缺乏安全保障，开放共享容易引发数字安全与隐私泄露问题

随着科研基础设施和科研数据开放共享，政府与机构之间以及政府与企业、学术界之间的科研数据流动不断加快，容易引发数字安全和个人隐私泄露等问题。近年来，系统漏洞、黑客攻击、网络爬虫等导致数据泄露的事件时有发生。科研管理系统涉及科研计划及其成果、知识产权、审核信息等，一旦泄露将严重影响个人、组织甚至国家的利益与发展。此外，随着数据生产、存储、分析的数量不断增长，个人隐私泄露问题也愈加凸显，如科研人员的个人数据信息被泄露等。

# 四　北京发展数字化科研助力开放科学的对策建议

## （一）抓好数字化科研的统筹规划，加强政策支持和组织保障

以数字化科研与开放科学协同发展为目标，加快推动市、区联动，形成工作合力。市级部门做好政策、资金、人才等资源的统筹，建立完善的保障体系；相关区政府依法在资金、用地、房租、税收等方面做好

配套支持。此外，要进一步发挥国家实验室、高校科研院所、新型研发机构等的力量，引导其围绕数字化科研发展需求加强基础理论研究与实践创新。

## （二）促进在京科研基础设施和仪器的数字化

要充分顺应数字化转型趋势，建立和完善促进在京科研基础设施和仪器数字化的政策和规章制度，鼓励在京各部门、各单位积极探索建设科研基础设施与仪器开放共享在线服务平台。建设高速、稳定的网络环境，为科研基础设施与仪器开放共享提供可靠的网络连接，以支持数据传输、远程访问和在线实验等功能。开发或引入科研基础设施与仪器使用管理系统，包括设备预约管理、资源共享、数据管理等功能，实现科研基础设施和仪器的合理调配和有效利用。定期评估科研基础设施和仪器数字化的效果并关注用户反馈，根据北京社会需求不断进行系统升级和改进。

## （三）重视数字化科研人才培养，提供源源不断的人才支撑

以系统观念推进数字化科研人才培养，为北京数字化科研与开放科学的协同推进提供源源不断的人才。一方面，加强中小学 STEM 教育并注重全过程教育。重视 STEM 教育的顶层设计，整合全社会资源，营造全社会共同参与的 STEM 教育环境。同时，将 STEM 教育融入教育体系，使其贯穿各个层次和阶段的教育，进一步壮大 STEM 人才队伍。另一方面，在高等教育阶段加强数字关键技术研发人才培养。优化师资队伍和教材，鼓励计算机、信息专业和商学、人文、社会学等学科的交叉融合，将信息与通信技术作为理工科专业通识教育予以推进。

## （四）打通数字基础设施"大动脉"，进一步加强国际合作与开放共享

持续拓展科研网络基础设施覆盖广度和深度，推进算力基础设施优化布局，加快提升应用基础设施水平。畅通数据资源大循环，健全北京数据管理体制机制，加快构建数据基础制度体系。进一步加大国际合作力度，以先进

的科研基础平台为依托，发起并牵头一批国际科技合作项目，积极主动融入国际科学研究体系；以新兴数字化科研基础平台为依托，以更加开放的姿态为全球提供数据存储、计算、检索等应用和服务，推动开放科学发展，支撑我国科技创新的新一轮跨越式发展。

## （五）加强数字化科研创新生态建设与安全保障

通过科研数据等信息资源的共享、认证、授权、使用、核算、版权管理等制度以及标准、规范、协议的制定，逐步培育北京数字化科研创新生态。聚焦数据安全、隐私保护、身份可信等，加强监管机制和监管模式探索，利用区块链、隐私计算、网络安全、量子加密等新型监管技术，实现科研数据的跨境流动与共享，保障科研数据的安全与隐私，进一步提升监管的智能化水平。筑牢可信可控的数字安全屏障，切实维护网络安全，增强数据安全保障能力，提升个人信息保护水平。

# B.8
# 开放科学背景下北京科研组织模式研究

孙艳艳 张 红*

**摘　要：** 开放科学推动了全球科研组织模式创新，数据密集型科研组织模式、网络组织模式、公民科学组织模式等成为新的发展趋势，引起政府、学术界、产业界、公众等多方主体的广泛关注。北京是开放科学高地，依托国家科学数据中心、首都科技条件平台等载体开展开放科学实践，探索形成数据密集型科研组织模式、"小核心、大网络"科研组织模式及开源社区科研组织模式等新型科研组织模式，其中数据密集型科研组织模式包括基于海量科学数据和智能分析工具开放共享的新型科研组织模式、以科研机构知识库等为依托的科研成果信息化管理模式、以数据创新应用大赛等为依托的科学数据创新应用模式。但是相较于发达国家，北京还存在一些亟待解决的问题，如开放科学创新共同体建设亟待加强、缺乏具有影响力的开放科学互动交流平台、开源社区可持续发展面临诸多瓶颈等，需运用央地协同、产学研协同、跨领域融合发展、公众参与等多元主体协同治理机制，发挥北京国际科技创新中心的辐射带动作用，在开放科学创新共同体建设、开放科学互动交流平台建设、开源社区做大做强、公民科学推广普及等方面不断优化科研组织模式，助力北京建成世界主要科学中心和创新高地。

**关键词：** 开放科学　科研组织模式　数据密集型科研　公民科学

---

\* 孙艳艳，北京市科学技术研究院副研究员，研究方向为区域创新资源共享；张红，北京市科学技术研究院副研究员，研究方向为科技政策与管理、区域协同。

当前新一轮科技革命加速演进，科技创新呈现交叉融合的新特征，科研体系向开放科学转型，知识分享和跨界交流合作成为常态。① 开放科学的深入发展，带来全球科研组织模式的重大改革，引起全球科学界、产业界、政府管理机构的广泛关注。

# 一 开放科学背景下科研组织模式新趋势

现代科研组织模式是在遵循科研发展规律的基础上，根据科学技术演进的时代特点，合理调动和配置人才、经费、研究设备等要素资源，为达成既定研究目标而构建的一种最为合理的研究结构。② 开放科学具有高度开放性、包容性、公开透明、社会化等特性，建立了科研机构、社会公众等相关主体协同参与科研活动的新科研场景，对学术文献、科学数据、仪器设备等创新资源的配置机制产生较大影响，科研组织模式正在朝全要素、全主体、全过程参与的开放共享方向转变，呈现数字化、智能化、网络化、生态化、社会化等新趋势。③

## （一）数据密集型科研组织模式方兴未艾

海量科学数据的产生以及人工智能时代的到来，深刻改变了科研方式，全球科技创新进入大数据驱动的"第四范式"时代。经济合作与发展组织（OECD）认为广义上的开放科学是指通过数字化使科学过程对科学界内外的所有相关行动者更加开放和包容。开放科学是一种以数据为核心要素和核心驱动力的新型研究范式，与以大数据驱动为特征的"第四范式"相辅相成。④ 在开放科学的推动下，基于数据进行研究，对数据进行挖掘、管理、

---

① 《完善科技创新体制机制（深入学习贯彻党的十九届五中全会精神）》，人民网，2023 年 9 月 30 日，http://ip.people.com.cn/n1/2020/1214/c136655-31965294.html。

② 郑舒文、欧阳桃花、张凤：《高校牵头国家重大科技项目科研组织模式研究——以北航长鹰无人机为例》，《科技进步与对策》2022 年第 10 期。

③ 袁亚湘等：《我国开放科学治理框架研究》，《中国科学院院刊》2023 年第 6 期。

④ 杨卫等：《我国开放科学政策体系构建研究》，《中国科学院院刊》2023 年第 6 期。

共享和利用成为开展科研活动的主要方式，数据密集型科研组织模式成为新发展趋势。

开放科学背景下，各国协同开展了人类基因组计划等全球化开放科学计划，形成了一系列开放科学大数据平台和成果。开放科学推动了海量科学数据的汇集和共享，助力科研加速进入大数据时代。在自然语言处理、深度学习等人工智能技术的加持下，科研的对象范围、研究内容进一步扩展，对科研组织模式产生重大影响，推动了智能科研组织模式的产生。智能科学促进了数学、物理学、生物医学、材料科学等领域突破性成果的取得。以生命科学领域为例，智能科学为生命科学领域带来前所未有的机遇，人工智能技术已成为驱动药物研发的重要因素。AlphaFold 是 DeepMind 公司的开源人工智能系统，它能更加准确地预测蛋白质的形状，将预测误差缩小到原子尺度，并将计算时间从数年缩减到数分钟。DeepMind 公司向世界各地的科学家提供 2 亿个蛋白质结构预测的开放访问，大大提高了药物研发速度。[①]

## （二）开放科学催生新型网络组织

随着开放科学在全球的快速发展，LabRoots、ResearchGate 等多个全球化的科研社交网络平台兴起。基于社交网络平台形成开放式创新社区，催生具有网络组织特征的科研组织模式，网络组织成员要将自己的知识、信息、技术贡献出来与每个网络组织结点共享。[②] 科研社交网络平台实现了不同国家、不同机构、不同领域科学家的成果及时共享和互动交流，科研组织模式由科层制朝扁平化方向转变，以网络组织为载体，全球开放包容的多元主体治理格局正在形成。以 LabRoots 为例，LabRoots 是一个为科学家、医学专家、工程师和其他技术人员创立的免费、自由的社交网络平台，通过该平

---

① 王飞跃、缪青海：《人工智能驱动的科学研究新范式：从 AI4S 到智能科学》，《中国科学院院刊》2023 年第 4 期。

② 朱桂龙、彭有福：《产学研合作创新网络组织模式及其运作机制研究》，《软科学》2003 年第 4 期。

台，科研人员可以实现资源共享，促进相互学习和合作。其最大特色是能够实现虚拟可视化交流，如提供一个 3D 的虚拟场景进行科研交流，包括虚拟门厅、展厅和展台。

### （三）开放科学推动跨学科交叉融合

在开放科学背景下，学术共同体的边界愈加模糊，科研机构和学科的边界也逐渐被打破，科研组织范式更注重组织内部与其他组织之间的关系，形成以科学问题为主线，开展跨机构、跨主体、跨学科资源配置的新型科研组织模式。[①] 尤其是在环境、健康等全球共同面临的挑战以及基础前沿科学领域，更需要在开放科学背景下开展跨学科交叉融合研究，现有以学科为单位的科研组织模式不再适应科研需求，基于跨学科交叉融合的重大科学问题攻关对科研组织模式提出了新要求。[②] 以科研数据共享平台、科研设施共享平台等为载体形成了无边界科研组织，科研数据、科研设施等要素的跨主体、跨学科开放共享有利于推动跨学科交叉融合研究，进而实现重大科学突破。近年来，欧美等国家新布局一批科学数据基础设施，围绕设施的开放利用开展问题导向的跨组织合作。例如，欧洲脑研究基础设施的开放共享推动了神经科学、分布式计算技术的交叉融合研究，成为两大领域科研机构和科研人员协同合作的重要科研平台，形成以重大科技基础设施为核心的跨学科研究生态体系。[③]

### （四）公民科学组织模式迎来新的发展机遇

联合国教科文组织《开放科学建议书》将"社会行动者的开放参与"列为开放科学四大组成部分之一。随着开放科学、互联网及科研众包模式的发

---

① 姜明智等：《科学组织范式的演变及其发展趋势研究》，《图书与情报》2018 年第 5 期。
② 李亚玲、魏阙：《"未来实验室"数字平台驱动下的科研范式变革》，《科技智囊》2023 年第 4 期。
③ 郭华东等：《加强开放数据基础设施建设，推动开放科学发展》，《中国科学院院刊》2023 年第 6 期。

展，参与科学活动的主体不再仅限于具有专业科学素养的科研人员，科研活动开始逐渐向公众开放。开放科学大大推动了公民科学的发展，公众更加广泛地参与科研的各个环节，对科研组织模式产生较大影响。

公民科学在国外已经成为一种较为成熟的科研组织模式，如已有100多年历史的圣诞节鸟类调查活动，所收集的数据一度成为北美进行鸟类物种研究的主要数据来源。2008年，由牛津大学、约翰霍普金斯大学等高校联合发起的"星系动物园"活动邀请公众协助天文学家对上百万个星系进行线上分类。"进化实验室"项目支持公众对其所在地附近带状蜗牛的数量、外貌特征、受环境影响的程度等信息进行采集，欧洲已有15个国家的公众参与该项目。[1]

在开放科学的推动下，公众有机会参与基础前沿领域的科研，并作为研究者参与研究方案设计、数据采集、项目人员招募、数据分析和处理乃至科研成果发表出版等科研活动全过程。例如，在线平台 Zooniverse 鼓励公众参与数据收集和分析，并通过开放科学平台贡献数据或资源，该平台拥有超220万名志愿者，他们通过对图像以及声音和视频文件进行分类或转录来帮助数据生成和分析。Epidemium 在线平台将癌症科学家和公众聚在一起，共同使用大数据推进癌症研究，公众可参与项目设计、分析、传播和成果发现等各个环节。[2]

开放科学特别强调非专业人士的公众参与，即一般公众能够以不同形式参与科研，既超越了传统科学共同体的边界，也将科学创新主体扩大到大学—产业—政府—公民社会四重螺旋开放生态系统，[3] 这将是一种不再由科学共同体实行内部自治的新型科研组织模式，有助于推动开放科学发展，推动科学和社会共同进步。[4]

---

[1] 牛毅冲、赵宇翔、朱庆华：《基于科研众包模式的公众科学项目运作机制初探——以 Evolution MegaLab 为例》，《图书情报工作》2017年第1期。

[2] 陈雪飞、黄金霞、王昉：《开放科学的开放创新内涵及生态作用机制研究》，《农业图书情报学报》2022年第9期。

[3] 武学超、罗志敏：《开放科学时代大学科研范式转型》，《高教探索》2019年第4期。

[4] 廖苗、闫曦月：《后常规之后：开放科学会成为一种新范式吗?》，《科学学与科学技术管理》2023年第4期。

## 二 开放科学背景下北京科研组织模式

北京的开放科学创新主体和服务机构数量众多,科研数据、仪器设备、软件代码、科技人才等开放科学资源富集,在开放科学的推动下,北京形成了数据密集型科研组织模式,"小核心、大网络"科研组织模式和民间力量推动的开源社区科研组织模式。

### (一)形成"科学研究+成果汇集+创新应用"闭环,数据密集型科研组织模式引领全国

北京的数据资源和技术优势明显,尤其是以中国科学院、清华大学、北京大学等为代表的科研院所主导建设的国家科学数据中心、科研机构知识库等开放科学数据共享平台,汇集了海量科研数据,积极推进开放科学数据共享服务,使北京成为开放科学高地。同时,北京在大数据、人工智能等新兴领域拥有显著的技术优势,在海量科研数据、大数据挖掘技术、人工智能技术的推动下,北京的数据密集型科研组织模式日益成熟,依托国家科学数据中心、科研机构知识库以及数据创新应用大赛等形成"科学研究+成果汇集+创新应用"的科研组织闭环(见图1)。

#### 1.基于海量科学数据和智能分析工具开放共享的新型科研组织模式

一是科学大数据开放共享模式。我国非常重视国家科学数据中心等科研数据平台建设,2019年,我国在高能物理、基因组、气象、地震、海洋等领域组建了20个公益性的国家科学数据中心,面向全国科研人员提供开放共享服务。《科学数据管理办法》规定,国家财政经费投入产生的科学数据必须汇交到国家科学数据中心。20个国家科学数据中心中有17个在北京,以科学数据共享和软件工具服务为核心,构建"数据中心+科研机构/科研人员"的"点对点"式科研组织模式,科研人员可在线注册并申请数据开放服务,将科学数据用于科研活动和重大科研项目,国家数据中心为全国乃至全世界科研机构和科研人员提供科研数据支撑。在为科研人员提供数据开放共享服务的同时,

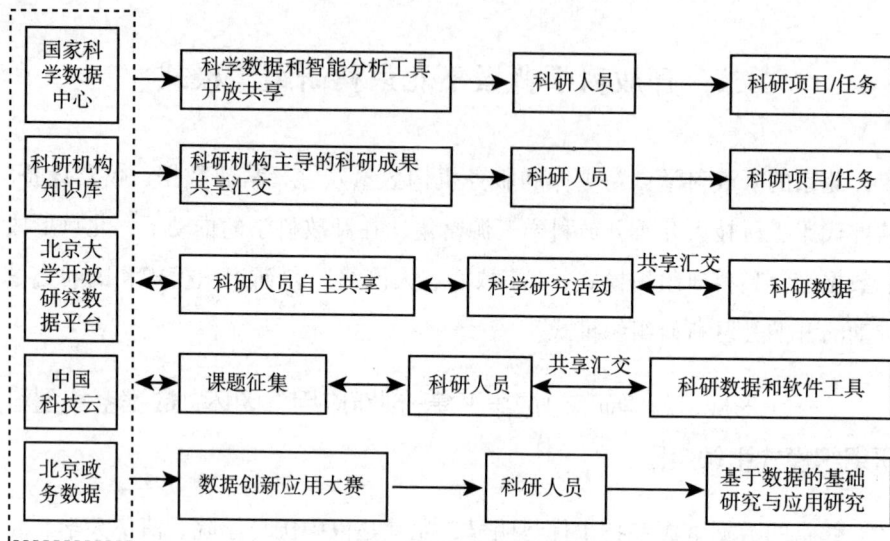

**图1 北京数据密集型科研组织模式**

国家科学数据中心还与世界范围内其他专业领域的数据中心合作构建数据共享网络，形成数据开放服务和数据合作共享双线并行的全球大科研协同模式。

二是专业软件工具和模型开放共享模式。开放科学背景下海量科学数据的存储、管理和分析需求推动了科研组织模式的变革，云平台、专业化软件工具成为科研人员开展科研必不可少的方法和手段，尤其是大科学时代的实验数据分析要借助智能化软件完成，科研人员对数据处理软件的需求越来越复杂，在基础前沿领域形成了以软件工具和云平台驱动的数据密集型科研组织模式。国家科学数据中心对外开放了一系列专业领域的数据分析软件和模型，有效支撑科研创新活动的开展。例如：国家基因组科学数据中心提供多款生物数据分析软件和生物信息在线分析平台；国家对地观测科学数据中心围绕数据全生命周期提供了数据预处理模型、数据深加工模型、共性产品生产模型、行业应用模型，为科研人员、产业界、政府决策提供有力支撑。

三是开放课题和成果反哺模式。为更好地汇聚开放科学的资源与服务，加速重大科技成果产出，中国科技云和国家高能物理科学数据中心等通过课题征集的方式，为科研人员提供软件服务或科研经费支持，课题产生的科研数据和成果再共享汇交到云平台和数据中心，形成开放科学服务机构和科研人员双向促进的科研组织模式。中国科技云推出了开放科学推进计划，为入选项目提供中国科技云基础设施和平台服务，主要包括高速数据传输、大规模计算、海量数据存储、科研协作软件等资源与服务。同时在中国科技云上开展相关科研活动，所产出数据、软件工具等科研成果需汇聚到中国科技云对外提供服务。国家高能物理科学数据中心推出开放课题申请，为每个课题提供最高15万元的专项经费资助，支持科研人员开发科学数据分析工具和可视化工具，相关工具和软件能够在国家高能物理科学数据中心的计算环境和数据在线分析环境中部署及应用。

2. 以科研机构知识库等为依托的科研成果信息化管理模式

科研机构知识库是研究机构及高等院校建立的集科研成果存储、科研数据收集、人员管理等功能于一体的知识服务系统，在实现科研成果信息化管理的同时，面向全球学者提供开放获取和共享服务。北京的科研机构知识库由大型科研院所和专业领域开放共享联盟主导建设，通过制定统一的成果共享汇交标准和机制，实现下属机构及成员单位机构知识库的独立部署运营，便于对科研人员和科研成果进行信息化管理，为科研机构和科研人员提供支撑平台。

当前我国的科研机构知识库联盟主要有中国科学院机构知识库网格系统、中国高校机构知识库联盟和农业机构知识库联盟。中国科学院机构知识库网格系统中有位于北京的38家中国科学院系统科研院所；中国高校机构知识库联盟由北京大学图书馆倡导，北京理工大学、北京师范大学、北京邮电大学、清华大学等17所高校图书馆共同发起；农业机构知识库联盟实现了以中国农业科学院为首的全国35家农科院所科研成果的共享汇交。科研机构知识库不仅实现了科研成果的开放共享，还提供科研成果数据挖掘分析工具和服务，如知识图谱等可视化分析工具，可进行成果统计与分析、研究热点和趋势分析、科研人员合作网络分析等。

科研机构知识库是"大院大所"主导的自上而下的科研成果共享模式，而北京大学开放研究数据平台则采取自下而上的科研人员自主共享汇交模式。该平台以"规范产权保护"为基础，以"倡导开放科学"为宗旨，鼓励科研人员自主开放和共享数据，为科研人员提供研究数据的管理、发布和存储服务，科研人员可创建自己的数据空间，上传可开放共享的数据。同时，用户在实名注册后可以下载开放数据，或在站内申请使用受限数据。该平台已创建116个数据空间，实现374个数据集的共享汇交，构建了一种自主共享、自主开放的科研数据众包组织模式。

3. 以数据创新应用大赛等为依托的科学数据创新应用模式

为了鼓励数据密集型的科研活动，开放科学机构和平台通过举办数据创新应用大赛等方式，鼓励科研人员和在校学生、企业等主体利用新方法、新技术分析发掘数据潜在价值，促进数据的流通和共享。国家科技基础条件平台中心每年举办"共享杯"科技资源共享服务创新大赛，面向全国在校大学生、科研人员和创新企业开展"双创"实践活动，推动科研设施与仪器、科学数据、生物种质与实验材料等科技资源开放共享与高效利用。项目研发需求来自企业、科研机构、国家科学数据中心等，开放数据资源来自国家科学数据中心。以2023年为例，共征集水质监测量值溯源技术研究与应用等262个研发需求，开放数据集136个，每个项目设立不同奖项，表现优秀者还可获得北京、上海等研究院所、央企单位的实习、就业直推等机会。

全国高校数据驱动创新研究大赛依托北京大学开放研究数据平台、北京市政务数据资源网的数据资源，旨在增强高校师生的数据意识，培养高校学生的数据能力，鼓励以问题为导向的跨学科创新研究，推动数据驱动的创新研究和教学，推动学术界和企业界的跨界交流与合作。该大赛仅2018年和2019年就产出500多项基于数据分析的科研成果，包括"'12345'市民服务热线的城市公共管理问题发掘与治理优化途径"等优秀成果。

（二）构建区域科技资源开放服务体系，"小核心、大网络"科研组织模式成效显著

2003年开始，北京市科委推进首都科技条件平台建设，通过科学合理的市场化制度安排，以"伤筋不动骨"的改革方式推动首都高校、科研院所和大型企业的科技资源向社会整体开放。

首都科技条件平台是国家科技基础条件平台指导下的地方科技条件平台，跨部门、跨领域整合仪器设备和科技人才，提供测试分析、联合研发及技术转移等服务，构建"小核心、大网络"的科技资源开放服务体系，实现了在京高校、科研院所、企业科技资源的市场化服务，形成了以科技资源整合促进产学研用协同创新的"北京模式"。

经过多年摸索，首都科技条件平台构建了"所有权与经营权分离"的运行机制，平台以合同授权的形式鼓励高校、科研院所引入专业服务机构，对所拥有的科技资源进行市场化运营，科技资源所有权仍归高校、科研院所所有。平台确定资源方、服务人员和专业服务机构三者之间的利益分配比例，调动各方的积极性。截至 2023 年 10 月，首都科技条件平台已汇集 30145 台（套）开放仪器设备、740 个开放实验室、106 项关键技术服务。2022 年，90 家开放单位共促进 1.59 万台（套）、价值 151 亿元的科研设施与仪器向社会开放共享，为 6388 家企业提供测试分析、联合研发等服务，服务合同总额达到 38.9 亿元，为北京企业开展研发创新提供了良好支撑。

为支持北京的小微企业享受创新资源服务，首都科技条件平台推出首都科技创新券，支持在京高校、科研院所、新型研发机构、企业、科技企业孵化器及其他科研仪器设备拥有单位为北京小微企业和创业团队提供测试、检测、研发等服务。2022 年，首都科技条件平台共支持了 46 个首都科技创新券项目，使用财政科技经费 796.35 万元。

## （三）借助民间力量和信息技术产业优势，开源社区实现快速发展

近几年，随着移动互联网、云计算、人工智能技术的蓬勃发展，开源运动在全球如火如荼地开展，中国也涌现出大量开源社区和开源组织，据中国开源软件推进联盟（COPU）不完全统计，截至 2023 年 6 月，国内各类开源社区已经超过 500 个。[①] 新一代信息技术产业是北京的支柱产业之一，北京已成为

---

① 《2023 中国开源发展蓝皮书》，GitCode 网站，2023 年 9 月 10 日，https：//gitcode.net/zjdyzww/2023。

全球数字经济资源最充裕、发展条件最优越的城市之一，北京也是开源运动发展较为迅速的地区之一，开源组织联盟、新型研发机构、信息技术产业龙头企业、开源爱好者和志愿者等民间力量成为开源运动和开源社区的主要推动者，开放原子开源基金会、中国开发者网络（CSDN）、红山开源社区、稀土掘金技术社区等是影响力较大的几个开源社区，对开源项目研发、开源文化推广有积极意义。在中国开源软件推进联盟、中国开放指令生态（RISC-V）联盟等开源组织联盟，北京智源人工智能研究院、北京开源芯片研究院等新型研发机构以及百度、小米等龙头企业的共同推动下，北京以开源社区为依托构建起独具特色的开放科学生态（见图2），形成开源项目群模式、开发者社区模式、专业领域龙头机构引领模式等开源社区科研组织模式。

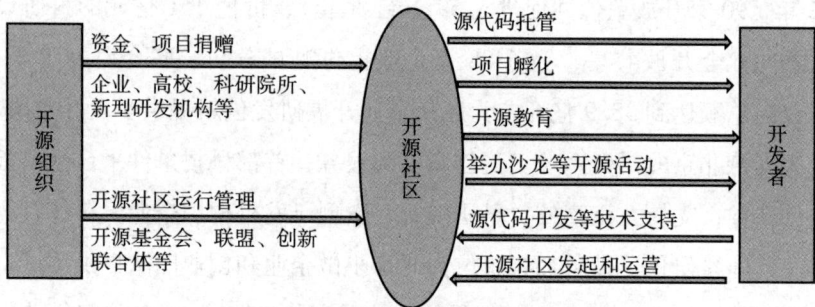

图2 北京以开源社区为依托构建的开放科学生态

一是基于开源社区的开源项目群模式。开放原子开源基金会通过项目牵引，推动以开发者为本的开源项目运营治理，搭建国际开源社区。开放原子开源基金会于2020年6月在北京成立，由阿里巴巴、百度等多家龙头科技企业联合发起，已有15个项目正式进入孵化流程，其中openHarmony、openEuler两个重点开源项目在业界形成较大影响力，已发展为项目群，逐步走向社区开放治理。开发人员和企业可通过网络免费获取、使用项目的公开源代码并进行协同开发，节约了大量研发成本和社会交易成本。

二是开发者社区模式。CSDN创立于1999年，是全球第二大开发者社区，现有注册用户 4300 万人。CSDN 依托 GitCode 开源项目协作管理平台，为开发者提供源代码托管、开源教学、开发云、开源百科等服务，通过打造符合中文开发者使用习惯的开源项目协作产品，推动国内开发者学习开源、参与开源、贡献开源。GitCode 拥有 CSDN 的开发者用户基础，具有海量的开源文档资源库，是国内开源开发者用户量、互动量较高的社区。

三是专业领域龙头机构引领模式。专业领域龙头机构是支撑北京开源社区生态的关键节点，北京智源人工智能研究院是在国内最早系统化布局大模型的科研机构，自 2021 年以来先后推出悟道模型系列，悟道 3.0 大模型实现全面开源。北京开源芯片研究院打造了全球领先的 RISC-V 产业生态，研发出性能领先国际的开源高性能 RISC-V 处理器核"香山"，在全球最大的开源项目托管平台 GitHub 上获得超过 2500 个星标（Star），成为国际上最受关注的开源硬件项目之一。截至 2021 年底，百度已在 GitHub 主导的 21 个开源组织中累计完成开源项目 1000 多个，社区贡献者超过 1.8 万人，获得星标总数超过 37 万个。

# 三 开放科学背景下北京科研组织模式<br>存在的问题及优化建议

北京既是国际科技创新中心，也是开放科学高地，开放科学对国际科技创新中心建设具有重要支撑作用。在开放科学主体和资源要素的支撑下，北京形成了一系列具有特色的科研组织模式，积极推动了科技创新活动的开展。但是相较于发达国家，北京还存在一些亟待解决的问题，需运用央地协同、产学研协同、跨领域融合发展、公众参与等多元主体协同治理机制，进一步优化开放科学背景下的北京科研组织模式，全方位构建北京开放科学生态。

## （一）开放科学创新共同体建设亟待加强，应依托国家科学数据中心、大科学装置构建跨领域、跨主体的协同创新网络

开放数据、开放基础设施等是开放科学的重要组成部分，但开放科学的

边界并不限于数据和基础设施等要素的开放共享服务，还包括基于开放共享服务的开放科学创新共同体建设。北京有 17 个国家科学数据中心和多个大科学装置，怀柔科学城已初步形成重大科技基础设施集群。虽然这些平台和设施已经发挥较好的开放科学服务作用，但国家科学数据中心与科研人员、科研机构之间主要是数据开放服务关系，还未形成稳定的科研合作关系。虽然国家高能物理科学数据中心、国家基础学科公共科学数据中心也面向科研人员开展课题征集，但形式仍是临时的课题合作。以地球系统数值模拟装置、综合极端条件实验装置 2 个大科学装置为例，主要是通过课题征集的方式提供大科学装置开放服务，对用户群的管理较为松散，未形成基于大科学装置的科学研究网络。

近几年，欧美等发达国家成立重大科技基础设施联盟，通过契约合作关系将相关创新资源组织起来，以实现资源整合、配置优化与合作共享。例如，欧盟分别于 2017 年 11 月和 2018 年 6 月成立基于加速器的光源联盟和先进中子源联盟，旨在借助德国电子同步加速器、欧洲 X 射线自由电子激光装置、瑞典同步辐射光源和欧洲散裂中子源，将汉堡—哥本哈根—隆德地区的研究机构、高等教育机构和工业界联系起来，构建科学研究共同体，形成协同创新效应。[①]

建议北京依托国家科学数据中心、大科学装置构建科学研究共同体，优化科研网络组织治理机制。围绕科学数据和大科学装置开放共享服务，进一步增强客户群黏性，构建科研设施与高校、科研院所、企业、科研团队等不同用户群的合作网络，共同开展科研任务，构建长期"伙伴关系"。通过举办学术会议、学术沙龙等方式，汇聚科研设施用户，分享研究成果，开展创新合作，形成跨领域、跨主体的协同创新网络。同时建议北京各级政府积极融入开放科学协同创新网络，推动国家科学数据中心、大科学装置与周边科研基地、科技园区、创新示范区等创新载体融合发展，最大限度地发挥开放科学基础设施对区域经济发展的辐射带动作用。

---

① 李粉：《重大科技基础设施管理的国际经验与启示》，《科技中国》2021 年第 5 期。

### （二）缺乏具有影响力的开放科学互动交流平台，应加强以科学家为核心的开放科研社区建设

科研社交网络平台是推动开放科学发展的重要组织载体，用于促进科研人员之间的学术交流并加强机构内部及机构间的信息沟通，主要有综合性和专业性两种类型。近年来，国外科研社交网络平台数量和规模快速增长，已经形成 ResearchGate、Academia. edu 等多个具有全球影响力的科研社交网络平台，正深刻影响和改变学术交流与合作方式，科研组织开始从实体机构向虚拟网络组织转变，科研人员可实现跨时空交流。北京虽然也有科学网、小木虫、丁香网等"门户+论坛"的科研领域网络交流平台，具有科研社交网络平台的交互特性，但用户群体以学生为主，其他用户群体人数相对较少，缺少一个专为科学家等科研人员群体服务的实名制科研社交网络平台，且影响力和规模也无法与国外科研社交网络平台比较。

北京拥有庞大的科研人员群体，具有较好的科研合作网络基础，建议率先在北京建设具有全球视野的科研社交网络平台，吸引多元化科研群体加入。由北京科技管理部门采取央地协同的方式，与基础前沿领域的龙头科研机构、开放科学服务机构等合作，牵头搭建具有科研成果共享、科研思想交流等多种功能的科研社交网络平台，为初始搭建和运营提供资金和项目支持，推动模块化细分领域的虚拟社区搭建，促进科研社交网络平台规模快速扩大。对于运作较为成熟的平台，可引入社会化运作方式，从由政府主导转为由社会第三方机构、科研人员等主导，与全球其他影响力较大的科研社交网络平台构建合作关系，不断扩大影响力和传播范围，为中国科研人员提供对外交流合作的平台。

### （三）开源社区可持续发展面临诸多瓶颈，应着力推动北京开源社区规模化和国际化发展

北京的开源社区发展起步较早，发展规模和影响力在全国处于领先地位，但是开源社区今后的可持续发展仍面临诸多瓶颈。一是开源社区地位较

低，多由民间开发者、企业、团体等自发组织和运营，缺少政府支持，稳定性较差，未能使潜在开发者有效集聚并参与开源社区建设；二是目前的开源社区主要聚焦国内，项目文档及相关信息全部是中文，国外开发者无法深入了解和参与开源项目，阻碍了开源项目的全球化发展，开源社区未能发展成链接全球开发者的桥梁；三是开源社区的运营管理水平有待提高，由于缺少专业的运营团队和人才，开源社区的运营流程还不规范，无法为开发者参与开源项目提供相关指导，影响了开发者的参与积极性。[①]

针对以上问题，建议政府为影响力较大的开源社区和开源组织提供资金等方面的支持，提高开源社区的公益属性，吸引更多开发者参与开源项目研发，打造开源社区样板。支持开源社区的全球化发展，支持开放原子开源基金会等开源组织开展国际合作，吸引海外项目和资金捐赠，推出跨国协同的开源项目标杆产品，融入全球开源生态。培育和引入成熟的开源社区运营团队，借鉴国外先进的开源项目运营管理经验，探索开源项目商业模式和产业化路径，加强开源社区项目孵化，推动开源技术在产业领域的应用和发展，助力北京新一代信息技术产业高质量发展。

### （四）尚未形成开放科学文化环境，应推动公民科学提高社会化参与度

公众参与是开放科学的重要组成部分，公民科学范式使科研组织模式从内部走向无边界，大大影响了开放科学背景下的科研组织模式，尤其是在互联网技术的推动下，基于科研众包模式的公民科学项目迅速崛起。世界各地的科研机构、决策管理机构等开始积极鼓励公众参与科研和决策制定的过程，利用群体智慧开展大科学时代的天文观测、自然资源监管、稀有物种跟踪记录与保护等科学活动。

相比国外的公民科学项目，北京的公民科学项目几乎处于空白状态，仍

---

① 《2023 中国开源发展蓝皮书》，GitCode 网站，2023 年 9 月 10 日，https：//gitcode. net/zjdyzww/2023。

然以在京科研院所、重大科技基础设施、博物馆等举办的"公众科学日"为主，属于面向公众的单向科学普及模式，公众与科研人员共同参与科研设计、数据收集和分析以及成果评价的机制还未有效建立。此外，北京开放科学发展仍以国家科学数据中心以及大科学装置等硬件基础设施建设为主，亟须进一步打造开放科学文化环境。建议北京的科研机构尤其是基础性、公益性科研机构充分发挥北京公众科学素养高、人才资源丰富的优势，围绕不同领域的科研需求和城市创新应用场景，共同开发一批公众科研项目并打造一批科研众包平台，将北京乃至全国、全球的公众联系起来，共同参与大科学研究项目和公益性科研项目，营造浓厚的开放科学文化氛围。

# B.9
# 开放科学背景下北京国际科技
# 合作交流的现状与对策

张 红 孙艳艳*

**摘 要：** 开放科学与国际科技合作交流有天然的关联和较强的互动。全球共性问题凸显，开放科学逐渐成为发展潮流，为顺应发展趋势，世界各国更加重视国际科技合作交流，致力于推动以国际大科学计划为代表的国际研究合作，逐步扩大科学数据及科研设施开放共享范围，并为人才等要素流动创造更好的政策环境。北京在国际科技创新中心建设过程中也积极顺应开放科学发展要求，深入推动国际科技合作交流，在国际科研合作、科学数据和设施开放共享、国际科技合作交流平台搭建、国际人才交流以及开放合作政策环境等方面主动实践并取得一定成效，但也面临一定挑战和问题，未来需要从顶层设计、专项支持、开放共享、完善配套等方面推进国际科技合作交流，更好地顺应开放科学发展趋势。

**关键词：** 开放科学 国际科技合作交流 科学数据 重大设施 人才交流 北京

　　开放是科学的本质属性①，开放科学与国际科技合作交流有天然的关联

---

* 张红，北京市科学技术研究院副研究员，研究方向为科技政策与管理、区域协同；孙艳艳，北京市科学技术研究院副研究员，研究方向为区域创新资源共享。
① 《2019年中国开放获取推介周推进开放科学实践》，中国科学院文献情报中心网站，2020年10月29日，http://www.las.cas.cn/xwzx/zhxw/201910/t20191029_5413786.html。

和较强的互动。开放科学作为一种新型科研形态，致力于营造一种全要素、全过程、全主体联动的科学文化氛围，开辟一条多元主体广泛参与、通力协作、共享科学进步效益的科学发展新路[①]，其的实现要求推进全球化合作，建立更透明、更开放的世界协作网络。联合国教科文组织《开放科学建议书》的发布标志着开放科学开始进入获得全球共识的新阶段，也影响了各国政府、科研主体进行国际合作交流的策略。推动开放科学发展，既是推动各国科技创新发展的内在要求，也是世界各国携手应对人类共同挑战、努力缩小全球科技创新鸿沟的客观需要。设立国际科技合作研究项目、牵头组织或参与国际大科学计划、推动数据资源和大型科研仪器设备共享、加快人才跨境流动等成为各国在开放科学趋势下开展国际科技合作交流的主要途径和手段。加强国际科技合作交流和开放共享是加快建设北京国际科技创新中心的重要内容。开放科学背景下，北京围绕科研合作、科学开放、人才交流、环境优化等积极部署，深入推动国际科技合作交流。面对现实问题和未来发展趋势，北京需从顶层设计、专项支持、开放共享、完善配套等方面全面发力，实现国际科技合作交流与开放科学的深度融合与互动。

## 一 开放科学背景下国际科技合作交流现状

面对开放科学带来的变革，世界各国更加重视国际科技合作交流，致力于推动以国际大科学计划为代表的国际研究合作，逐步扩大科学文献、数据及大型科研设施的开放共享范围，并从制度环境、配套措施等方面为人才等要素流动创造更好的环境。

### （一）国际组织推动下的全球开放合作实践

以联合国教科文组织为代表的国际组织是推动开放科学全球实践的主要

---

① 方颖：《国际组织助推开放科学发展的成绩、经验与改进对策——以国际工程科技知识中心为例》，《知识管理论坛》2022 年第 3 期。

领导力量，通过国际倡议、分支机构、专业平台等，这些国际机构尝试将开放合作的理念深入世界各地，致力于实现国际社会平等共享科技创新资源和创新成果。

联合国教科文组织《开放科学建议书》为全球社会向开放科学转变提供了一个国际框架。同时，联合国教科文组织积极推动二类中心（机构）落地，利用自身品牌与声誉、信息、技术和理念等发挥在开放科学中的引领作用，以带动城市国际化水平和影响力的提升。2014 年，联合国教科文组织在中国成立国际工程科技知识中心，该中心以促进全球工程科技领域知识共享、为国际社会提供知识服务为愿景，在广泛的国际科技合作交流中支撑联合国教科文组织各项行动计划，促进了工程技术的传播利用及知识型社会的发展。

国际科学理事会（ISC）是践行联合国教科文组织《开放科学建议书》的关键合作伙伴和利益攸关方，在其两个数据组织——数据委员会（CODATA）和世界数据系统（WDS）的支持下，通过开展开放科学能力建设、教育和数字扫盲以及开放科学基础设施和服务等方面的行动，主导推动多方合作。CODATA 搭建的全球开放科学云（GOSC）鼓励世界各地开放科学基础设施并加强合作，通过一系列科学和数据案例研究来实现跨大洲的积极合作。

全球研究理事会（GRC）自 2012 年成立以来，先后发布《科研诚信原则声明》《科学质量评估原则声明》《科技论文开放获取行动计划》《支持科学创新发现原则声明》《研究与教育能力建设原则声明》等文件，向各国科学界发出倡议，以推动全球科学研究的健康发展和更加广泛、实质性的国际科技合作交流。

欧盟通过"欧洲云计划"——欧洲开放科学云（EOSC）为欧洲科研人员及各领域的专业人士提供跨境、跨领域的科研数据存储、管理、分析与再利用服务，所有欧洲科研人员可以通过门户网站跨学科获取各种科研数据资源。另外，截至 2019 年，2008 年成立的全球研究基础设施高官会（GSO）已经举行 14 次会议，致力于构建推动全球研究基础设施开放共享的多边合作机制。

## （二）世界主要国家进行国际科技合作交流的动向和举措

### 1.在国际科技合作交流战略中顺应开放科学趋势

欧美等发达国家的宏观政策和战略部署重视顺应开放科学趋势，以提升国家创新能力，促进社会经济发展。2023 年 1 月，美国白宫科学和技术政策办公室宣布了旨在促进开放和公平研究的行动，包括提供资助基金、改善研究基础设施、提升新兴学者的研究参与度以及增加公众参与机会，并将2023 年定为"开放科学年"，得到了多个政府部门的积极响应。[①] 欧盟将"地平线欧洲"计划和"科学外交"确定为加强国际科技合作交流的主要策略，并强调国际科技合作交流的重要性以及欧盟作为全球研究与创新领导者的作用，其在 2021 年 5 月发布的《全球研究与创新方法：变化世界中的欧洲国际合作战略》中重申将以身作则保持国际研究和创新合作的开放性。[②]英国研究与创新署（UKRI）2022 年发布的国际合作战略框架提出促进开放获取、开放数据和负责任的研究评估，并加强国际基础设施合作。以上措施都致力于贯彻和推行开放科学理念。

### 2.开展联合研究，牵头或组织国际大科学计划实践

国际大科学计划和大科学工程是世界科技创新领域重要的公共产品，也是世界科技强国利用全球科技资源、提升本国创新能力的重要合作平台。多年来，美国、德国、法国、俄罗斯及欧盟等国家和地区以及国际组织在诸多领域积极组织了人类基因组计划、国际大洋发现计划、国际人类蛋白质组计划等数十个国际大科学计划，携手应对人类社会面临的共同挑战，在提升自身国际地位和影响力的同时，推动了世界科技创新和进步。[③]

继人类基因组计划之后，美国又牵头组织了人类细胞图谱（HCA）计划，全球研究人员均可参与数据共享和开放合作，全球的相关科学项目都可

---

① 李琦、李颂：《把握开放科学战略机遇　共筑开放创新生态》，《今日科苑》2023 年第 4 期。
② 鲍悦华：《欧盟国际科技合作机制及对我国的启示》，《上海质量》2022 年第 8 期。
③ 张晓：《大科学计划和大科学工程：携手解决人类共同难题》，《国际人才交流》2019 年第 9 期。

列入 HCA 项目注册表,使在不同国家背景下工作的科研人员的信息发布和标准保持一致。欧盟提供多谱系科技合作项目以实现其发展目标,其中"地平线欧洲"计划向全球的研究人员和创新者开放,[①] 在欧盟网站上公开受资助项目的设立、评审和执行信息,并将科研信息的开放获取列入参与计划的准则之一,努力确保欧洲各国科研人员公平分享。[②]

3. 开放科学数据和重大设施,推动资源开放共享

开放科学理念兴起以来,各国政府、机构都在积极推动本国乃至世界范围内"开放获取"运动的发展。[③] 以欧盟、法国、荷兰、英国等为代表的"开放获取"运动进程较快的国家主动推动从开放获取向开放科学的跃升,将开放对象从学术论文拓展到科研全链条,为开放科学机制的建立提供了重要支撑。

为推动科学数据开放的国际合作,美国联邦政府开放数据部际协调小组与美国国家科学技术委员会于 2016 年发布《通过国际科技合作促进联邦资助项目科学数据开放共享的原则》,提出国际科技合作活动的合作伙伴应在项目启动时制定数据管理计划,确保科学数据在技术上和法律上的互操作性,实施共同的数据开放共享政策和数据标准,以促进开放数据政策在国际科技合作中的应用。[④] 欧盟通过协同制定开放数据共享国际规范、参与研究数据联盟建立、发布研究数据管理政策以及积极推进研究数据建设项目等,释放海量数据的能量,促进了"欧洲研究区"建设并服务科研人员。[⑤]

4. 主动引育国际科技组织,完善国际合作生态

许多创新型城市通过制定长期战略规划、打造国际化发展环境、提供资金支持等积极引进国际科技组织。例如,日本东京都政府于 20 世纪 90 年代

① 鲍悦华:《欧盟国际科技合作机制及对我国的启示》,《上海质量》2022 年第 8 期。
② 黄日茜、李振兴、张婧婧:《德国国际科技合作机制研究及启示》,《中国科学基金》2016年第 3 期。
③ 张明妍等:《我国开放获取科技期刊和论文出版现状与趋势研究》,《今日科苑》2021 年第 9 期。
④ 王炼:《美国联邦政府科学数据管理政策及实践》,《全球科技经济瞭望》2018 年第 7 期。
⑤ 姜恩波、李娜:《开放科学环境下的欧盟研究数据开放共享研究》,《世界科技研究与发展》2020 年第 6 期。

提出"21世纪千禧十年计划"并颁布《东京都国际化政策推进大纲》，制定吸引各类国际科技组织的相关规划，增强对国际科技力量的吸引力。美国纽约市政府通过政府购买弥补国际科技组织缺口，还为其提供场地租金优惠与运营补贴。一些城市还依托已有优势，锁定特定主题，吸引国际科技组织集聚发展。例如，德国波恩以《联合国气候变化框架公约》秘书处为突破口，聚焦环境、气候变化和可持续发展等议题，成功吸引了联合国环境规划署项目办公室、《联合国防治荒漠化公约》秘书处等国际科技组织入驻。[1]

### （三）新形势下中国在国际科技合作交流方面的重要方针、政策

中国主动融入开放获取与开放科学，积极倡导和实践全球科技合作。从2001年开始，基于与相关国家、地区、国际组织和多边机制签署的协议，科技部组织实施了"政府间国际科技创新合作"重点专项。我国对国际大科学计划和大科学工程也高度重视，2012年就发布相关论证指南，党的十八届五中全会提出了"积极提出并牵头组织国际大科学计划和大科学工程"的战略发展要求，2018年3月国务院发布《积极牵头组织国际大科学计划和大科学工程方案》，提出要提升我国在全球科技创新领域的核心竞争力和话语权。

为了加快科学数据和科学仪器设备的管理与共享，我国先后出台《科学数据管理办法》《国家重大科研基础设施和大型科研仪器开放共享管理办法》，并持续推动建设了21个国家科学数据中心。2016年，郭华东院士倡议发起由48个国家、国际组织参与的"数字丝路"国际科学计划（DBAR），通过建设地球大数据平台，为"一带一路"建设提供信息决策支持。另外，由国家对地观测科学数据中心和国家综合地球观测数据共享平台发起和主导的国际重大灾害数据援助机制（CDDR）也在国际重大灾害应急响应中发挥

---

① 龙开元、薛美慧、李东宇：《国际科技组织引育的国内外经验与启示》，《科技中国》2022年第10期。

了作用，得到国际社会的高度关注和评价。

中国积极加入国际组织和多边机制，并围绕一些全球共性问题设立全球性科技议题，与全球科学家开展合作，着力构建开放科学生态。2021年修订的《中华人民共和国科学技术进步法》明确提出推进开放科学发展。2022年，党的二十大报告提出"形成具有全球竞争力的开放创新生态"，进一步推进了开放科学实践。2022年11月，我国在第五届世界顶尖科学家论坛开幕式上发布了《关于国际合作的科研行为的倡议》，积极倡导包括开放科学在内的具有全球共识的科研价值观，成为中国科技工作者加快融入全球科技开放合作的一项重要实践。①

## 二 开放科学背景下的北京国际科技合作交流现状

开放科学背景下，为更好地发挥北京国际科技创新中心、国际交往中心等功能，支持区域创新体系完善和高精尖产业发展，北京市政府部门、中国科学院等有代表性的科研机构、科协等民间组织及其他各类主体围绕基础研究、技术创新、资源共享等深入推动国际科技合作交流。

### （一）高度重视国际科技合作交流

#### 1. 设立国际科技合作交流专项

科技部作为国家最主要的科技主管部门，2001年启动实施"国际科技合作重点项目计划"（后更名为"国家国际科技合作专项"）。根据2014年12月公布的改革方案，原本由科技部管理的国际科技合作与交流专项、国家科技支撑计划等项目以及其他多个部门管理的公益性行业科研专项整合形成一个国家重点研发计划。国家自然科学基金委员会资助的国际合作项目包括国际（地区）合作研究项目、重大国际（地区）合作研究项目、组织间合作研究项目等。中国科学院的国际科技合作交流项目主要是"国际伙伴计划"和

---

① 杨卫等：《我国开放科学政策体系构建研究》，《中国科学院院刊》2023年第6期。

"国际人才计划"，前者包括国际大科学计划培育专项、"一带一路"科技合作行动专项、对外合作重点项目等国际科技合作交流项目，后者包括国际杰出学者、国际访问学者、外国青年学者和特需人才培养等多项计划。

北京市政府为实现高质量发展，构建具有国际竞争力的高精尖产业体系，设立了国际科技合作交流专项，为国际优秀项目成果落户北京、推动企业"走出去"开展海外布局、共建联合实验室等5类工作任务提供支持。另外，北京国际科技合作交流专项还专门设立了"国际科技合作专项国际大科学计划和大科学工程培育课题""联合研发课题"，用于支持基础研究、关键技术研发等方面的国际合作。

### 2. 组织牵头或参与国际大科学计划

2018年3月，国务院《积极牵头组织国际大科学计划和大科学工程方案》正式出台。为落实方案内容，科技部在国家重点研发计划中部署了"大科学装置前沿研究"重点专项，并于2019年在"战略性国际科技创新合作"重点专项中部署了牵头组织国际大科学计划和大科学工程培育项目。

在国家的政策引导和支持下，中国科学院牵头发起或积极参与国际子午圈、国际热核聚变实验堆、泛第三极环境、平方公里阵列射电望远镜等国际大科学计划和大科学工程。其中，"国际子午圈计划"得到北京市发改委的支持，在怀柔区设立总部（位于中国科学院国家空间科学中心怀柔园区）集中管理和运行，为各国代表、科学家以及相关国际科技组织开展工作和合作交流提供便利。2018年以来，国家自然科学基金委员会围绕量子科技、脑科学、航空航天等重点领域的前沿重大基础科学问题，气候变化、绿色经济、老龄化社会等全球挑战及可持续发展重大需求共性科学问题以及基于大科学装置平台的合作等，持续与世界各国科研资助机构及国际组织开展联合资助，投入直接费用近48亿元。①

---

① 孙姝娜等：《系统深化科学基金国际合作—积极融入全球科技创新网络》，《中国科学基金》2022年第5期。

## （二）积极推进科学数据和设施开放共享

### 1. 面向国际社会的开放获取

我国政府一直支持全球科技信息开放共享，并在推进科技信息开放获取方面做出了努力和贡献。2014 年，中国科学院与国家自然科学基金委员会分别发布声明，要求得到公共资助的科研论文发表后存储到相应知识库中，并在发表后一年内免费向公众开放。2018 年，国家自然科学基金委员会、国家科技图书文献中心和中国科学院文献情报中心在第 14 届柏林开放获取会议上发布声明，表示支持"OA2020 路线图"和"Plan S"计划，并支持公共资助项目的研究论文即时开放获取。

科学出版社、清华大学出版社等出版商积极参与创办高水平国际化 OA 科技期刊，其中，科学出版社于 2020 年将其创办的顶级综合性期刊《国家科学评论》成功转型为 OA 出版。① 顺应国际科研界各大预印本平台发展趋势，中国科学院于 2016 年发布了国内首个与国际接轨的预印本平台 ChinaXiv，并于 2022 年推出了升级版 ChinaXiv2.0，受到了越来越多学者的认可。

### 2. 数据与仪器设备国际开放共享

目前，科技部和财政部认定的 20 个国家科学数据中心有 17 个设在北京，这些数据中心在推进数据开放共享方面开展了大量实践，它们的国际影响力也不断提升。国家微生物科学数据中心、国家基因组科学数据中心等得到了国际知名出版机构的认证，国家基因组科学数据中心被国际同行称为"全球主要生物数据中心"，国家微生物科学数据中心已处于国际合作主导地位，牵头开展了全球微生物菌种保藏目录等国际合作计划和国际科学数据库共建工作。中国科学院还在 2020 年启动了"中国科技云"与"欧洲开放科学云"的战略合作，开展国际大科学计划培育专项"全球开放科学云培育计划"，推动中国科技云迈向国际，为无边界研究和发明创新打造全球数

---

① 钱灵姝：《中国开放获取论文及期刊出版现状分析》，《科技促进发展》2022 年第 4 期。

字环境。①

北京历来重视重大科学基础设施建设，如北京正负电子对撞机建设至今已有 30 余年，较早实现了高能物理领域的人才国际交流。北京正在加速建设怀柔综合性国家科学中心，大科学装置"综合极端条件实验装置"和"地球系统数值模拟装置"已建成并投入使用，5 个交叉研究平台试运行，还有 22 个设施正在建设中。怀柔科学城依托大科学设施集群，提出了针对外籍人才的开放共享战略，推出相关城市服务供给与配套措施。

### （三）主动搭建国际科技合作交流平台

#### 1. 举办会议、论坛

中关村论坛经过十多年的发展，已成为面向全球科技创新合作交流的国家级平台。2021 中关村论坛的平行论坛之一——全球科技创新高端智库论坛以"开放科学的理念与实践：全球高端智库之声"为主题，正式发布"开放科学实践北京倡议"，呼吁国际社会各界共同营造良好的开放科学环境，共同搭建开放科学国际共享平台、交流平台。2023 中关村论坛以"开放合作·共享未来"为主题，并设立"科学数据与开放科学"平行论坛。另外，2023 年在京举办的首届国际基础科学大会有 40 多个国家和地区的800 余名科学家出席，在打通与国际顶尖科学家的交流渠道、搭建国际基础科学领域合作桥梁的同时践行了"科学探索、开放合作"理念。

#### 2. 设立联合实验室、国际合作基地及联盟

为落实相关要求，教育部于 2014 年实施"国际合作联合实验室计划"，依托高校建设、认定一批国际合作联合实验室。北京航空航天大学和法国中央理工大学集团在京设立"中法未来城市实验室"；清华大学与法国建立联合研究中心，在水环境、废水及固体废物处理、微生物燃料电池等领域开展合作研究。②

---

① 张蒂、朱江：《中国科学院文献情报系统开放科学政策和实践概述》，《图书情报工作》2022 年第 23 期。

② 张烨：《北京该如何推进与法国的科技合作》，《中国外资》2022 年第 10 期。

北京市科委自 2011 年开始认定北京市国际科技合作基地，配套出台了《北京市国际科技合作基地管理办法（试行）》。截至 2019 年，共培育认定北京市国际科技合作基地 370 家，与 53 个国家的近 600 家机构开展合作，签署新材料、新能源等战略性新兴产业领域跨国科技合作协议 338 个。① 科技部、中国科协、北京市政府等部门发起成立或组织的北京国际技术交易联盟（NICTC）、中国（北京）跨国技术转移大会、中国国际技术转移中心等发挥了重要的作用，促进北京成为链接全球创新资源和展示国际先进技术的重要枢纽和窗口。中国科学院联合俄罗斯科学院、联合国教科文组织等 12 家科研机构和国际组织成立的"一带一路"国际科学组织联盟，来自中国、德国、西班牙等 8 个国家的 17 个科学中心和实验室联手在北京怀柔区成立的"国家科学中心国际合作联盟"，以及在 2021 中关村论坛期间成立的"开放科学国际创新联盟"，都在推动相关国家科技合作、倡议全球科学开放共享等方面发挥了积极的作用。

### （四）全面推动国际人才交流

围绕国际科技人才的引入，北京市联合北京大学、清华大学、中国科学院等在京高校和科研单位，共同推动组建了北京量子信息科学研究院、北京脑科学与类脑研究中心、北京雁栖湖应用数学研究院等 8 家世界一流的新型研发机构，从海外引进多位知名科学家和高层次人才；组织实施各类科技人才计划，并开展科技人才选拔培养工作。中关村各类平台也成为北京促进国际人才及项目落地的有效途径，中关村国际青年创业平台、中关村国际人才会客厅、海外高校校友会中心等都发挥了积极的作用。

为做好人才服务，北京市一方面争取中央组织部、公安部分别出台支持中关村国际人才和外籍人才的政策，在全国率先开展外籍高层次人才绿卡"直通车"试点；另一方面先后出台《关于开展在华外籍人才个人外汇业务

---

① 《北京扩大创新的国际"朋友圈"》，"人民网"百家号，2019 年 4 月 2 日，https：// baijiahao. baidu. com/s？ id = 1629690789497304269&wfr = spider&for = pc。

便利化试点的指导意见》《支持外籍人员使用外国人永久居留身份证创办企业享受国民待遇的实施意见》等支持性政策文件，在全国率先探索建立外籍人才申请永久居留积分评估制度，在配套措施方面做出各种探索。

### （五）不断优化开放合作政策环境

为进一步加大科技对外开放力度，营造良好的开放创新生态，科技部试点设立了面向全球的科学研究基金，支持外籍科学家领衔和参与国家科技计划，鼓励各国科学家围绕重大问题共同开展研究，并鼓励和支持我国科研院所、高校、企业等主体和科研人员积极开展对外合作交流，推动实现政府、民间双轮驱动。北京落实国际组织落户便利化措施，建设我国首个国际科技组织总部集聚区，推动全球音乐教育联盟、国际商事争端预防与解决组织、全球服务贸易联盟、世界互联网大会等在京落户，在京注册登记的国际组织达 113 家。

## 三　北京国际科技合作交流面临的困难与挑战

整体来看，北京国际科技合作交流面临顶层设计不足、缺乏分类发展策略和合作研究长效机制、合作领域较为分散、缺乏资源统筹以及主动设置全球性科技创新议题能力有待提高等问题。同时，在当前复杂的国际环境下，北京国际科技合作交流也面临更多挑战。

### （一）缺乏顶层设计且面临更复杂的国际环境

新冠疫情拉大了国家间的发展差距，促使保护主义抬头、逆全球化情绪高涨。以美国为首的技术先进国把国际科技创新竞争视作"零和博弈"，对中国这样的后发国家在科技创新上的努力和追赶进行打压，鼓吹所谓"脱钩"，在一定程度上制约了国际科技合作交流。

从实践来看，北京的国际科技合作交流领域较为分散，创新主体间的合作没有形成体系和规模，创新推动力不强。北京尚未从战略层面出台专项规划和配套政策，支持国际科技合作交流系统持续发展的政策体系还不完善，创新主体在国际科技合作交流中"单兵作战"的情况较为普遍，即依靠某个单位、团队甚至个人的推进。[①] 北京分布着众多的联合实验室、创新联盟、国际科技合作基地等平台载体，应充分整合现有国际科技合作交流资源和优势，发挥它们在推动国际科技合作交流、提升国际影响力方面的作用。

### （二）国际大科学计划和大科学工程在专项支持、项目布局上的不足导致设备和数据依赖

目前，国际大科学计划和大科学工程主要依托科技部重点研发计划的重点专项等获得财政支持，具体的顶层设计及运行机制有待完善；我国参与国际大科学计划和大科学工程的学科领域不均衡，以科学发现型大科学工程为主，在学科领域上集中于地学领域，在数理天文、生命科学、地球环境科学、能源等领域还需进一步挖掘和培育。

此外，北京相关主体参与的国际大科学计划和大科学工程仍然是美国、日本等发达国家主导的，我国对这些国家的科研装备和科学探测数据存在比较严重的依赖，多通过出资购买的方式获得相关数据、参与名额和探测机会，这种"依赖"在一定程度上制约了我国一流科研成果的产出。[②]

### （三）科研设施与研究数据全球共享的制度环境有待完善

在重大科技基础设施国际合作方面，国内项目的国际合作比重较低，且大部分停留在一般性合作交流上，导致专用研究设施的国际领先性、国际影响力和重大成果产出不足。另外，国内较少实质性、有显示度地参加国外项目，国际影响力不足，进而影响了国外参与国内项目。[③]

---

① 张烨：《北京该如何推进与法国的科技合作》，《中国外资》2022 年第 10 期。

② 张志会：《"十三五"期间我国组织或共同发起的国际大科学计划和大科学工程发展状况与对策》，《今日科苑》2021 年第 4 期。

③ 王贻芳：《中国重大科技基础设施的现状和未来发展》，《科技导报》2023 年第 4 期。

北京相关主体自主开展的大科学工程中，部分设备不能支持大型共享，与世界上一些国家相比还有一定差距，还面临共享网站服务功能单一、信息公开率低等问题。一些科研设施与仪器共享平台主要由政府部门推动建立，平台行政职能和展示功能大于服务功能，大部分共享平台在可见性、可得性上存在差异，在可用性方面存在短板。大多数科研设施与仪器共享平台都是根据用户需求被动服务，缺少主动服务意识。

### （四）管理体制束缚下人员和设备"走出去""引进来"受限较多

目前，北京国际科技合作交流面临科研经费跨境转拨制度不健全、缺乏完善且成体系的国际合作费用支出办法和标准、相关审批流程复杂且要求严格等问题，在仪器设备方面也存在"走出去"建设手续较多的问题。同时，国际人才引进面临多头管理协调较难，信息缺乏共享导致重复引进和支持，引进渠道和形式不够丰富、缺少创新以及国外专家来华配套服务和相关软环境仍需优化等问题。①

## 四　开放科学背景下北京深化<br>国际科技合作交流的建议

### （一）做好顶层设计和政策统筹，有效应对当前国际形势

加强国际科技合作交流和开放共享是加快建设北京国际科技创新中心的重要内容。《北京市"十四五"时期国际科技创新中心建设规划》在国际大科学计划、国际联合研究项目、大科学装置面向全球开放共享、吸引全球顶尖科研人才等方面做出了部署，与联合国教科文组织《开放科学建议书》提出的倡议具有高度的一致性和匹配性。北京的国际科技合作交流应进一步

---

① 王凡、陈志辉、李宝文：《大科学工程国际合作共享分析与建设推进建议研究》，《中国科技纵横》2019 年第 15 期。

顺应开放科学发展趋势，紧紧围绕北京国际科技创新中心建设工作部署和发展目标制定专门规划、加强政策统筹，对国际科技合作交流进行整体布局，避免零散、单一的合作交流，实现人才、技术和资本等创新要素的系统、可持续合作。要建立差异化的国际科技合作交流模式，立足国家"科技外交"定位，加强科技与外交、外贸等的协同，发挥北京国际友城的网络链接作用，充分利用北京"两区"政策优势，建立差异化、层次化的国际科技合作交流模式。

### （二）加大对国际科技合作交流的支持力度，提升原创力和国际影响力

加大对国际科技合作交流的支持力度，积极牵头和参与国际大科学计划和大科学工程是北京提升基础研究和原始创新能力、国际影响力的一个重要抓手。纵向上，北京既要主动加强部市协调，积极响应国家层面的要求和部署，充分满足国家重大战略需求，保持方向的一致性，实现基础研究和原始创新能力提升、关键核心技术攻关和科技自立自强，也要通过与科技部等部门的沟通协调，尽可能地使本市的国际科技合作交流规划在国家政策和部署中得到充分体现。横向上，北京市政府、高校、科研机构以及重点企业等各类创新主体要在学科领域、基础研究与技术转化应用等不同维度做好布局安排，既要立足自身优势，又要紧盯科技前沿。要加强与北京大学、清华大学、中国科学院等地方高校和科研院所的对接合作，依托怀柔科学城等大科学装置开展国际联合研究，积极参与、主动牵头开展国际大科学项目，提升基础研究和原始创新能力、国际影响力；加强人工智能、医药健康、新能源等前沿技术领域的国际合作研究，为构建高精尖产业体系和推动未来产业发展创造有利的外部环境。

### （三）推广开放共享理念，加强资源开放共享

资源开放共享是开放科学的核心要素之一，通过各种制度性安排推广开放共享理念是推进创新资源开放共享的前提和保障。一方面，要增强创新主

体尤其是科研人员的开放共享意识，做好科研数据、科研成果等科技资源的制度性安排，在科研项目申请、科研绩效评估中适当将国际合作交流、资源开放共享等作为考评指标，并鼓励高校、科研机构等设立专项计划，为科研人员提供科研数据或设施的管理、存储及共享技能培训；推动企业等主体通过圆桌会议、座谈会等构建互信共赢的共享文化，在产业界形成开放共享的氛围。另一方面，要加强北京重大科研设施的统筹管理，健全共享制度，包括统一的数据共享和管理标准、开放共享的安全法规等，实现整个研究生命周期的开放共享。例如，通过政策引导并与出版商合作，形成期刊开放获取的集群优势；加快怀柔综合性国家科学中心建设，有序开放重大科研设施，利用开放合作推动重大科研设施性能和管理水平的提升，以重大科研设施为载体，促进国内与国际顶尖科学家和科研团队的科研活动和成果的融合，快速提升科研能力和科研国际化水平。

### （四）完善制度配套，促进国际科技人才交流互动

优化城市软硬环境、加强城市形象宣传、完善相关配套和服务等对于吸引国际高端创新人才至关重要。北京要深入推进中关村国际人才社区建设，落实中关村国际人才和外籍人才政策；要加强国际人才信息化管理，建立专门的数据库，搭建信息共享平台，吸引更多创新人才和创新团队来京研究和工作；要加强对各类国际人才的培养，鼓励高校、科研机构、企业等主体充分利用联合实验室、海外分支机构等合作培养具有国际视野和格局、创新意识和能力且专业基础较强的创新人才，依托技术转移中介、国际科技合作基地等服务机构培养面向国际科技合作交流的专业服务人才；要不断优化科研人员因公出国经费使用、审批报备等相关制度和流程，鼓励其"走出去"开展国际科技合作交流。

# 国 际 篇

International Report

# B.10
# 国际开放科学政策与推进举措

张敏 杨雨寒 贾苹 彭皓 肖雯*

**摘 要：** 本报告从国际组织和发达国家两个维度，系统梳理了开放科学的政策动向和推进举措。经济合作与发展组织（OECD）、欧洲联盟（EU）、联合国教科文组织（UNESCO）和国际科学理事会（ISC）四大国际组织是推动开放科学发展的先驱，制定了相关倡议书、标准文件等，主张建立全球开放科学伙伴关系，发布相关研究成果和指南，重视数据开放共享，推进开放科学基础设施建设，搭建全球开放共享平台。德国、荷兰、美国、日本等发达国家纷纷出台本国开放科学相关法案、战略、政策、指导框架并布局相关项目，科研机构积极响应，出台本机构的开放获取政策、数据管理政策与指南、设立促进开放科学发展的相关项目。

\* 张敏，博士，北京市科学技术研究院副研究员，研究方向为产业经济理论与政策、开放科学；杨雨寒，中国科学院文献情报中心馆员，研究方向为学科情报分析、产业情报分析；贾苹，中国科学院文献情报中心研究馆员，研究方向为产业情报；彭皓，中国科学院文献情报中心馆员，研究方向为学科情报分析、产业情报分析；肖雯，北京市科学技术研究院研究员，研究方向为图书情报、信息资源管理。

从保障开放科学的体制机制来看，由政府和公共机构提供政策体系支持和法律保障、经费支持，建立多机构协调制度，为开放科学营造良好的氛围；由科研机构、高校、社会团体等组建相关联盟或协会，协力推进开放科学发展；由政府为开放科学发展提供经费和基础设施保障。不同国家支持开放科学的主导力量有较大差异，日本以政府和科研机构为主，荷兰以相关协会和联盟为主，德国则以协会为主，而美国的商业组织和公私联合伙伴也在开放科学中扮演着重要角色并得到政府的积极支持。

**关键词：** 开放科学　开放获取　开放数据　开放基础设施　公民科学

进入 21 世纪以来，国际组织和德国、荷兰、美国、日本等国家积极出台开放科学政策，结合自身情况采取了不同的推进措施。例如，欧盟作为开放科学运动的主要推动力量，促进形成了以"地平线 2020"为总体框架、FAIR（Findable、Accessible、Interoperable、Reusable）原则为基础、欧洲开放科学云为工具、"促进面向欧洲科研的开放科学培训"项目为保障的开放科学系统性框架。本报告对国际组织和德国、美国等国家开放科学政策和推进措施进行了梳理总结，希望为我国推动开放科学提供借鉴。

## 一　国际组织：推动建立全球开放科学伙伴关系

本报告选择经济合作与发展组织（OECD）、欧洲联盟（EU）、联合国教科文组织（UNESCO）和国际科学理事会（ISC）四大国际组织，系统梳理其开放科学动态与推动举措。上述国际组织作为推动开放科学发展的先驱，号召建立全球开放科学伙伴关系，制定相关倡议书、标准文件、调查报告等，发布相关研究成果和指南，重视数据开放共享，推进开放科学基础设施建设，搭建全球开放共享平台，成为推动开放科学运动向全球纵深发展的重要力量。

### （一）经济合作与发展组织

OECD 是由全球 30 多个市场经济国家组成的政府间国际组织，目前是世界上最大、最可靠的比较统计、经济和社会数据的来源之一。进入 21 世纪以来，OECD 发布了一系列开放科学相关报告与文件，加速了开放科学理念、原则和相关政策在成员国的传播与实践，推进开放科学运动深入发展。

#### 1. 促进数据开放与利用

早在 2004 年，OECD 就签发了《公共资助的研究数据开放获取宣言》，倡导通过研究数据的开放获取促进科学进步和研究者培训，最大限度地获得公共投资价值，积极促进全球开放获取运动开展。

2007 年，OECD 发布了《公共资助的研究数据获取的原则与指南》，为研究数据开放共享确定了原则，具体包括开放、灵活、透明、遵守法律、保护知识产权、明确责任并确定相关原则和规则、专业化（制定机构研究数据管理协议）、互操作（重视相关国际数据文件标准，在技术和语义上实现科学数据的互操作）、质量（遵循明确的研究数据质量标准）、安全（确保研究数据的完整性和安全性）、效率（提高公共资助研究数据访问和共享的整体效率）、可计量、可持续。2021 年，OECD 理事会针对新技术和政策发展对该指南进行了更新与修订，并提供了 7 个领域的政策指导，包括数据治理与信任、技术标准与实践、激励与奖励、责任与所有权和管理权、可持续的基础设施、人力资源、国际合作促进研究数据获取。[①]

#### 2. 发布开放科学研究报告

（1）促进开放科学实现

2015 年 10 月 15 日，OECD 发布《让开放科学成为现实》报告，将开放科学定义为：科研人员、政府、科研资助机构或科学界努力使公共资助的

---

① "Recommendation of the OECD Council Concerning Access to Research Data from Public Funding," https：//www. oecd. org/science/inno/recommendation－access－to－research－data－from－public－funding. htm.

科研成果（出版物和科研数据）在没有限制或最小限制的情况下可以以数字形式公开获取，以提高科研的透明度，促进科研协作和科研创新。该报告形成了以下主要结论：开放科学是一种科研方式而不是结果，其政策的最终目的是支持更高质量的科研，加强合作，加强科研与社会的联系；相比较科学文献的开放获取，各国目前推动数据开放的政策不够完善；开放科学政策应根据不同的政策环境，在遵循一定原则的基础上制定适应性政策；科研人员之间的数据共享需要更好的激励机制来促进；科学界需进一步强化与数据相关的技能；科研人员的培训和意识的培养对于开放科学文化的发展至关重要；国际和国家层面都需要更加清晰的文献共享和数据重用立法；相关政策需考虑对研究产出进行长期保存的成本。①

（2）号召开放、包容的科学合作

2018 年 3 月，OECD 发布框架文件《开放、包容的科学合作》，指出数字化正在从根本上改变科学，并列出了与这一变化相关的机遇、风险和挑战，提出了开放科学的概念框架，包括制定开放式研究议程、开放式筹资机制、开放获取出版物、开放研究数据、开放式政府数据、公民科学、众包、开放式研究基础设施、开放式科学工具、公开同行评审、开放式许可证、知识产权、公众参与、知识转让等方面，更有效地实现开放出版物和开放数据在新产品开发中的潜在效益。②

### 3. 促进数字时代开放科学的发展

2021 年，OECD 发布《开放科学——在数字时代实现发现》报告。③ 数据驱动的创新和数据密集型科学为应对重大社会挑战带来了希望。开放科学倡议促进出版物、数据、算法、软件和工作流程的开放获取，在加速科学研究和创新中发挥着重要作用。该报告概述了开放科学的成就，包括在

---

① "Making Open Science a Reality," https：//www. oecd - ilibrary. org/science - and - technology/making-open-science-a-reality_ 5jrs2f963zs1-en.

② "Open and Inclusive Collaboration in Science," https：//www. oecd - ilibrary. org/industry - and - services/open-and-inclusive-collaboration-in-science_ 2dbff737-en.

③ "Open Science - Enabling Discovery in the Digital Age," https：//www. oecd - ilibrary. org/science-and-technology/open-science-enabling-discovery-in-the-digital-age_ 81a9dcf0-en.

COVID-19 大流行背景下取得的成就，指出了实现开放科学必需的条件及当前面临的挑战。该报告对开放科学的发展和公共资助的研究成果的开放提出了 7 个方向，包括开展数据治理以促进信任，制定技术标准和管理标准，建立激励和奖励制度，明确责任、所有权和管理权，建设可持续基础设施，重视人力资本，开展研究数据获取方面的国际合作。

### （二）欧洲联盟

欧洲联盟（简称"欧盟"）作为开放科学理念与实践的积极推行者与践行者，从顶层设计领域对开放科学进行了系统性的战略规划与布局。[①] 欧盟的开放科学战略从顶层设计出发，致力于由上至下设计和打造一个开放科学生态体系，并在此大框架下陆续推出了一系列部署与举措。欧盟的开放科学行动涉及开放科学倡议的提出、联盟组建、开放数据、开放存取、数据共享、政策建议等各个层面。

1. 发起开放科学倡议

（1）欧盟开放获取 2020 倡议

开放获取 2020 倡议（简称"OA2020"）最初是由马普学会于 2015 年发起的一项全球倡议。截至 2020 年 4 月，已有 145 家学术机构正式签署协议支持 OA2020。2020 年 5 月，欧盟竞争力委员会宣布欧盟达成 OA2020，欧洲所有的科学论文和研究数据实现开放获取。[②]

（2）欧盟 S 联盟

2018 年 9 月，11 个研究资助机构在欧盟委员会和欧洲研究理事会（ERC）的支持下宣布成立 S 联盟（Coalition S），这是一项旨在使研究出版物全面、立即开放获取成为现实的举措，并提出 Plan S（《加速向全面且立即的科研出版物开放获取转变倡议》），要求到 2021 年所有受机构资助发表的科研论文实现开放获取。截至 2024 年 1 月，已有 20 个国家的 26 个资

---

① "The EU's Open Science Policy," https：//research-and-innovation. ec. europa. eu/strategy/strategy-2020-2024/our-digital-future/open-science_ en.

② "Open Access 2020-Be Informed," https：//oa2020. org/be-informed/.

助主体签署了该项目。[①] 2023 年 1 月，S 联盟重申将在 2024 年后不再对转换安排提供财政支持，取而代之的是更具创新性和社区主导的开放获取出版计划。[②]

### 2. 欧盟开放科学立场与举措

（1）组建开放科学高级顾问小组

2016 年，欧盟科研与创新总司（DG-RTD）组建了高级顾问小组——开放科学政策平台（OSPP），就欧洲开放科学政策的制定和实施向欧盟委员会提供建议，以从根本上提升欧洲科学研究的质量与影响力。OSPP 成员由来自大学、科研机构、学会、资助机构、公民科学组织、出版商、开放科学平台、图书馆等利益相关方的代表组成，通过协同的方式为欧洲设计和制定开放科学政策议程，并以此为欧洲的开放科学实践提供依据和指导。

（2）设定开放科学战略目标

2016 年 2 月，欧盟委员会公布《欧洲开放科学议程》。欧盟的开放科学战略设置了 8 大目标，具体包括：开放数据，欧盟资助的科研成果应遵循FAIR 原则，并实现开放数据共享；欧洲开放科学云，打造"科研数据基础设施的联合生态系统"，使科学团体能跨部门、跨领域共享和处理公共资助的科研成果与数据；新一代指标，开发新的指标来补充传统的科研质量和影响评估指标，以公平对待开放科学实践；未来学术交流，所有经同行评审的科学出版物都应实现自由获取，并鼓励尽早分享不同类型的科研成果；激励，研究职业评估系统应给予开放科学活动充分承认；科研诚信，欧盟所有公共资助的研究都应遵守公认的科研诚信准则；教育和技能，欧洲所有科学家都应获得实施开放科学研究路线必需的技能和支持；公民科学，普通公众也能做出重大科学贡献，并被承认为有效的欧洲科学知识生产者。

---

① "Organisations Endorsing Plans and Working Jointly on Its Implementation," https：//www. coalition-s. org/organisations/.

② 袁青、陈星辰：《高校图书馆推动学术期刊从订阅模式向开放获取模式转化的困境与出路》，《图书情报工作》2020 年第 18 期。

（3）强调开放科学的价值与意义

2016 年 5 月，欧盟理事会提出"向开放科学系统过渡"，承认"开放科学有潜力提高科学的质量、影响力和效益，通过使其更可靠、更高效、更准确、更好地为社会所理解应对社会挑战，并有潜力通过社会各级所有利益相关者重复利用科学成果来实现增长和创新，最终为欧洲的发展和竞争力做出贡献"。开放科学包括开放获取，开放研究议程、数据和方法，开源，开放教育资源，开放评估和公民科学。①

（4）长期性研发计划遵循开放科学原则

2018 年 6 月，欧盟委员会提出第 9 期研发框架计划"地平线欧洲"（2021~2027 年）。该计划将遵循"开放科学、开放创新和向世界开放"的总原则，通过"开放科学""全球性挑战与产业竞争力""开放创新"三大支柱的执行，注重平衡、连贯和协同，并支持加强研发创新体系。2022 年 12 月，欧盟委员会发布了"地平线欧洲"2023~2024 年工作计划，② 计划投入 36 亿欧元（约合人民币 264.15 亿元）用于支持核心数字技术发展，促进数字化转型，使 21 世纪 20 年代成为欧洲的数字十年。

3. 开放科学项目与基础设施建设

（1）OpenAIRE 项目

2009 年，欧盟委员会启动面向欧洲科研的开放获取基础设施研究项目（OpenAIRE 项目），旨在收集在欧盟资助下产出的科研元数据，为欧盟科研人员、企业和公民提供免费、开放的科研论文访问，使其实现对科研出版物与数据的重复使用并获取更多科学发现。OpenAIRE 平台提供了一系列高价值的资源，使科学研究变得可发现、可获取、可互操作、可再利用，科研人员将其科研成果存储到知识库中，而资助方通过具体的数据来量化科研影响

---

① "The Transition Towards an Open Science System," https：//data. consilium. europa. eu/doc/document/ST-9526-2016-INIT/en/pdf.

② 《欧盟发布"地平线欧洲"2023~2024 年工作计划》，中国科学院科技战略咨询研究院网站，2023 年 4 月 27 日，http：//www. casisd. cn/zkcg/ydkb/kjzcyzxkb/kjzczx202301/zczxkb 202302/202304/t20230427_ 6746 658. html。

和投资回报率。OpenAIRE 平台作为欧洲开放获取和开放数据运动的先锋，通过为欧盟委员会资助的研究提供存储库来支持其开放数据政策。

（2）欧洲开放科学云

2016 年 4 月，欧盟委员会推出"欧洲云计划"，拟在之后 5 年重点打造欧洲开放科学云（EOSC）和欧洲数据基础设施，确保科学界、产业界和公共服务部门均能从大数据革命中获益。EOSC 利用云计算，将欧洲现有信息化基础设施联合起来，约定统一的访问接口和协议，形成一体化的信息化基础设施环境，实现对欧洲和全球科学数据资产的长期轻量型管理，为数以千万计的用户提供科研数据存储、管理、分析与再利用服务。2022 年 4 月，欧盟委员会发布《欧洲科研领域政策议程》（ERA），提出通过发展欧洲开放科学云等各种方式，实现知识和研究成果的开放共享和利用。

（3）欧洲 Gaia-X 云计划

2020 年 7 月，欧洲议会发布《欧洲的数字主权》报告，正式表明欧盟要减少在云基础设施和服务方面对外国技术的依赖，重点加强欧洲数字技术能力，增加对托管、处理和使用数据的基础设施投资。同时，欧盟决定与德国和法国的 Gaia-X 云计划合作推进上述目标。Gaia-X 是由 22 家法国和德国公司在比利时建立的非营利组织，其目标是建立一个可以连接来自数十家公司云服务的平台。Gaia-X 云计划将建立在本地服务器上存储和处理数据的通用标准，并遵守欧盟数据隐私相关法律。Gaia-X 云计划的一个独特之处在于互联互通，可使用户轻松切换云服务提供商。

（4）GO FAIR 计划

为推动 FAIR 原则的实施，欧盟提出构建基于 FAIR 原则的科研基础设施与服务，即 FAIR 数据与服务网络（IFDS）。作为 IFDS 计划的积极推动者，GO FAIR 是一个自下而上的利益相关者驱动和自治的计划，旨在推动 FAIR 原则的实施，使数据可查找、可访问、可互操作和可重用，并通过实时网络（INS）为个人、机构和组织的合作提供一个开放和包容的生态系统。来自世界各地的个人、机构和组织根据兴趣和专长，志愿参与并组成不同的 GO FAIR 实施网络，推动 FAIR 原则在各学科领域和各地区逐步成为现实。截至 2021 年 9 月，GO FAIR 已建立德国、法国、巴西、美国、奥地利和丹麦 6 个办事处，围绕三大支柱/领域——GO BUILD、GO CHANGE 和 GO TRAIN 开展工作。[①]

（5）开放科学监控器

开放科学监控器（OSM）目的在于帮助欧盟委员会获得有关开放科学实践持续发展的一些定量和定性见解，以促进开放科学。OSM 不是一个评估工具，其帮助欧盟委员会从开放科学的定量和定性趋势及其驱动因素中得出结论，以提出促进开放科学的新政策，[②] 主要作用在于提供数据和见解以了解欧洲开放科学的发展、收集有关欧洲和其他全球伙伴国家开放科学发展的最相关和最及时的指标。[③] 开放科学监控器以开放存取、开放科研数据、开放合作三大领域为核心特征设定了一套指标体系，用于评估开放科学活动。

（6）开放科学培训

2014 年，欧盟启动了"促进面向欧洲科研的开放科学培训"（FOSTER）项目，在欧洲 28 个国家开展了 100 多场培训活动，通过在线学习、混合学习、自学、服务台、分发培训材料、面对面培训、专职教员培训、研讨会等多种渠道和方式，为各类利益相关方提供一系列的培训方案、实践指导、相关支持和帮助，覆盖开放存取、开放数据、开放可重复研究，以及开放科学的定义、政策、工具、评估等诸多内容。2017 年，欧盟在前期项目的基础上，启动了新阶段的 FOSTER Plus 项目，重点针对特定学科领域完善已有的培训材料。

---

[①] 杨玲等：《GO FAIR 计划的探索与启示》，《图书馆建设》2023 年第 3 期；"GO FAIR Initiative- GO CHANGE," https：//www. go-fair. org/go-fair-initiative/go-change/。

[②] "Open Science Monitor," https：//research – and – innovation. ec. europa. eu/strategy/strategy – 2020-2024/our-digital-future/open-science/open-science-monitor_ en.

[③] "Study on Open Science：Monitoring Trends and Drivers," https：//research-and-innovation. ec. europa. eu/system/files/2020-01/ec_ rtd_ open_ science_ monitor_ final-report. pdf.

（7）公民科学在线平台

公民科学既是开放科学的目标，也是其驱动因素。为实现公民科学的主流化，欧盟推出了公民科学在线平台 EU-Citizen. Science，为全欧洲公民科学的参与者、实践者、研究者和决策者提供公民科学相关知识、工具、培训课程和资源的共享。

## （三）联合国教科文组织

UNESCO 是践行多边主义的重要平台之一，其中期战略（2014～2021年）明确把促进国际科学合作作为自然科学领域的一项战略目标，成为推动创新和发现的重要力量。UNESCO 也指出，开放科学对实现联合国 2030可持续发展目标和消除贫困等有重要作用。

1. 制定《开放科学建议书》并促进其实施

（1）《开放科学建议书》

2019 年，UNESCO 的 193 个会员国开展关于开放科学的磋商，并计划制定准则性文件《开放科学建议书》。经过两年的讨论修改，该建议书于2021 年 11 月经 UNESCO 大会第 41 届会议审议通过，标志着开放科学迈入全球共识的新阶段。该建议书承认关于开放科学的观点存在学科和地区差异，考虑到学术自由、促进性别平等变革方法以及不同国家特别是发展中国家的科学家和其他开放科学行为者所面临的具体挑战，有助于缩小国家之间和国家内部存在的数字、技术和知识鸿沟，为开放科学政策和实践提供了一个国际框架。[①]

（2）《开放科学建议书》的实施

《开放科学建议书》肯定了开放科学作为提高科学成果及科学过程的质量和可及性的重要工具的重要性，有助于缩小国家之间和国家内部存在的科学、技术和创新差距，并实现获取科学的人权。随着该建议书的通过，成员国已经接受了开放科学的文化和实践，同意每四年报告一次进展情况，并希

---

① 《科学将不再是一部分人的自娱自乐！联合国教科文组织〈开放科学建议书〉正式发布》，中国教育信息化网，2022 年 4 月 11 日，https：//web. ict. edu. cn/2022/2022_ 0411/80156. html。

望保持建议书的实施过程与制定建议书的过程一样具有包容性、透明性和协商性。2022 年 10 月，UNESCO 和非洲开放科学平台共同在南非举办"世界科学边缘的开放科学日"，为世界各地的研究人员、出版商、资助者、政策制定者、民间组织和其他开放科学参与者提供一个平台，以交流思想，从实施开放科学实践中汲取经验教训，并根据 UNESCO《关于开放科学建议书》的规定，在个人、机构、国家、区域和国际层面上促进形成开放科学联盟和伙伴关系。

（3）开放科学指导委员会与工作组

UNESCO 总干事召集组建了开放科学指导委员会，确定《开放科学建议书》实施过程中的关键机遇和挑战，对世界各地区和不同开放科学参与者取得的进展提供指导和监督。并召集了能力建设、政策和政策工具、资助和激励、基础设施、监测框架共 5 个特设工作组，重点关注关键影响领域，根据其活动领域和专业知识，将专家和开放科学实体、组织和机构聚集在一起。

2. 号召建立全球开放科学伙伴关系

UNESCO 在其所涉及的所有领域与众多合作伙伴建立了广泛的合作关系。伙伴关系已深刻嵌入 UNESCO 处理全球、区域及国家事务的工作之中，是应对全球挑战、产生可持续变革和持久影响的关键驱动因素。通过与合作伙伴共同努力，UNESCO 可以更好地分配资源、发挥专长与竞争力，推广组织的所有理想与价值观，实现共同的发展目标并提升组织行动的知名度与影响力。[①] 基于开放科学伙伴关系的理念，UNESCO 支持建立国际科学组织，比较典型的有世界工程组织联合会（WFEO）、发展中国家科学院（TWAS）、欧洲核子研究组织（CERN）等。

3. 开放科学基础设施建设

（1）全球开放资源门户网站

全球开放资源门户网站（GOAP）是 UNESCO、Redalyc、印度统计研究

---

① "UNESCO Global Open Science Partnership," https：//en. unesco. org/science - sustainable - future/open-science/partnership#collapseOne.

所和 AmeliCA 的合作成果，是在多利益相关者咨询委员会的指导下开发的。GOAP 包含 166 个国家的开放获取概况，各国关键的开放获取措施、任务、活动和出版物，以及开放获取的有利环境和潜在障碍。GOAP 整合了来自公开信息的动态内容，提供了促进非商业期刊出版的工作流程，收集重要资源，还将开放教育资源纳入开放获取，以促进开放获取资源的使用。①

（2）开放科学工具包

UNESCO 开放科学工具包是一套指南、政策简报、概况介绍和索引，该工具包的要素由 UNESCO 开放科学合作伙伴合作开发，或根据与开放科学工作组成员的讨论和意见而开发，旨在支持实施《开放科学建议书》。② 开放科学知识共享平台索引目前包括生物多样性、减少灾害风险、气候变化、地球科学、海洋和水 6 个领域的平台、数据和计划等内容。

## （四）国际科学理事会

ISC 是一个非政府组织，拥有独特的全球成员资格，汇集了 230 多个国际科学联盟和协会以及国家和地区科学组织，是全球最大的科学理事会。其愿景是推动科学成为全球公共利益；科学知识、数据和专业知识必须可供人人获取，其惠益必须为人人共享；科学实践必须具有包容性和公平性，科学教育和能力发展的机会也是如此。

### 1. 明确开放科学立场

（1）确定开放科学主题

2020 年 6 月，ISC 发布《21 世纪的开放科学》，对 UNESCO 开放科学全球磋商进行回应，阐明了现代开放科学运动的基本原理、起源、规模和应用，向科研机构、高校、UNESCO 和其他科学系统利益相关方提出关于开放科学有效运作所需的变革和建议。ISC 确定了开放科学的四个主题：开放获取科学记录；开放获取科学数据和证据；对社会利益相关者的开放；获得对

---

① "Global Open Access Portal," https：//www. goap. info/.

② "Open Science Toolkit," https：//www. unesco. org/en/open-science/toolkit.

社会参与至关重要的数字革命的计算和通信工具。①

（2）发布开放科学立场文件

2021年11月，ISC发布其立场文件《让科学成为全球公共产品》，提出将科学视为全球公共产品的愿景，扩展了该愿景对科学如何进行和使用，以及科学在社会中所扮演的角色的影响。该文件为ISC的所有活动和工作提供了重要的基础，以期支持和维护科学中的道德实践，以及推动响应社会需求的科学。

2. 开放科学基础设施

（1）全球开放科学云

国际科学理事会数据委员会（CODATA，ISC）旨在通过促进国际合作来推进开放科学并提高所有研究领域数据的可获取性和可用性。② 2022年10月，CODATA和中国科学院计算机网络信息中心联合成立"全球开放科学云"国际项目办公室（GOSC IPO）。GOSC将在现有国家、区域开放科学基础设施与平台的基础上，遵循一致的资源服务对等交换原则、共通的技术标准规范，通过网络互通、资源互换、数据与信息共享、算法与软件工具共用等，全面支撑全球性重大科技创新。2023年开放科学云国际研讨会（ISOSC）在北京召开，大会围绕全球开放科学趋势、全球开放科学基础设施展望、面向互联互通的开放科学云治理政策与关键技术、科学应用示范，探讨、分享在实施GOSC计划时面临的挑战与成功经验，对GOSC可持续运行机制达成了共识，并进一步加强了GOSC计划与发展中国家等的交流合作。

（2）世界数据系统

世界数据系统（WDS）是ISC的一个跨学科机构，其愿景是促进对有质量保证的科学数据和数据服务的长期管理以及普遍和公平的获取，促进开

---

① "Open Science for the 21st Century," https：//council. science/wp - content/uploads/2020/06/ International-Science-Council_ Open-Science-for-the-21st-Century_ Working-Paper-2020_ compressed. pdf.

② "CODATA's Mission," https：//codata. org/about-codata/our-mission/.

放获取。

### 3. 积极组织开放科学活动

ISC 每月邀请科学和产业界的专家发表开放科学相关的观点、梳理近期开放科学领域的大事件、发布开放科学活动和机会，形成开放科学综述。例如，2023 年 6 月的开放科学综述探讨了非洲的开放科学，8 月提出推进更加开放和包容的研究基础设施建设，等等。

## （五）趋势与特点

OECD、EU、UNESCO 和 ISC 等国际组织是推动开放科学发展的先驱，以建设全球开放科学伙伴关系为己任，采取了一系列推动开放科学发展的相关措施。国际推动开放科学发展的趋势与特点主要体现在以下几个方面。

第一，国际组织积极发布开放科学相关宣言、倡议书等，号召全球参与开放科学，主张建立全球开放科学伙伴关系。

第二，国际组织不定期发布开放科学相关研究成果与指南，这些文件连同相关宣言和倡议书等，对于在世界范围内促进开放科学发展，克服开放科学中的政治、经济、伦理、法律、社会、机构、技术障碍，以及实现开放研究与开放创新具有至关重要的作用。

第三，国际组织重视数据开放共享，相关政策既注重科学数据开放共享的价值，也重视科学数据的高质量、互操作与知识产权保护，还强调利益相关者的责任担当。

第四，欧盟在开放科学基础设施建设方面表现尤为突出，围绕欧盟开放科学 8 大目标建设了开放存取基础设施、开放科学云、开放科学评价项目、开放科学培训平台、公民科学平台等，以支持欧洲开放科学发展。

## 二 德国：以协会为主体推进开放科学进程

德国联邦政府和部委积极响应欧洲和全球的开放科学倡议，出台本国开放获取倡议与战略，设立开放获取项目；组建科学组织联盟，与数据库签订 OA 转型协议，促进开放获取；通过研究与创新公约（PFI），确立了具有约束力的开放获取举措。德国以协会为主推动开放科学进程，包括促进科学信息基础设施建设、发起开放科学倡议与国际活动、促进大科学装置开放共享等。德国的相关经验为北京加快开放科学发展提供了有益借鉴。

## （一）德国联邦政府推进开放科学的政策措施

德国在联邦州政府层面设计了开放科学政策，政策核心是保障科研成果的二次发布权，也就是要求在公共资助占研究经费 50% 以上的研究中产生成果并在期刊集（至少一年出版 2 册）上发表的作者，在学术成果发表后12 个月内向非商业目的公众提供研究成果（无论是否已经授予数据库经营商排他性知识产权）。2013 年，德国修订了国家版权法，允许公共资助的科研人员在将出版权转交给出版商的 12 个月之后，仍保留将其出版物在线发布的合法权利。

1. 政府部门开放科学倡议与项目

（1）科学、研究和文化部开放获取战略

2019 年 5 月，德国科学、研究和文化部（MWFK）资助实施"勃兰登堡开放获取战略"项目，目的在于制定一份战略文件，重点规划作为开放获取主要实施方的出版领域。巴登-符腾堡州、柏林州、汉堡州、石勒苏益格—荷尔斯泰因州和图林根州等五个联邦州先后制定了开放数字科学战略。

（2）教育和研究部开放获取项目

德国教育和研究部（BMBF）是德国最高教育和科研管理机构，核心职能是制定和研究科研与教育政策，设立专项计划促进基础研究并开展相关资助。[①]

BMBF 于 2016 年提出了开放获取战略。BMBF 在开放获取领域的一系列

---

① 周雷、张士运：《德国国家开放获取项目研究及启示》，《数字图书馆论坛》2022 年第 8 期。

措施旨在可持续地将开放获取确立为德国科学领域的出版标准。在其数字战略中，BMBF 设定了目标，确保到 2025 年德国所有新出版的科学出版物中的 70% 将以开放获取方式独家或额外出版。2018 年，BMBF 发布了《教育和研究部提醒：未来是开放的》，其中阐明了开放的意义、概念、战略和措施。2020 年 BMBF 发布了《加快向开放获取转型的资助项目政策》，再次开启了开放获取专项行动。资助主要集中在三方面，包括现有科学出版物的开放获取转型、中小型出版社和大学出版社开发成功创新的出版模式、有利于开放获取生态体系的其他项目。①

### 2. 科学组织联盟 Projekt DEAL 促进开放获取

科学组织联盟（Allianz der Wissenschaftsorganisationen）是德国最重要的科学研究组织的协会，定期对德国科学体系的科学政策、研究经费和结构发展问题发表评论。② 联盟成员包括德国科学委员会、洪堡基金会、德国学术交流服务协会、德国研究基金会、弗劳恩霍夫协会、亥姆霍兹联合会、大学校长会议、莱布尼兹协会、马普学会、国家科学院等。

随着数字环境的发展、研究人员的科研成果丰富化，专业期刊的订阅模式开始制约研究成果的传播，科学出版成本不断上升。2014 年，科学组织联盟启动了 Projekt DEAL，与出版商协商新的合作模式，通过开放获取出版模式促进科学进步，实现德国研究成果的公开传播。DEAL 代表所有德国学术机构（包括大学、技术学院、研究机构、州立和地区图书馆），在大学校长会议的领导下与最大的学术期刊商业出版商谈判全国范围内变革性的"出版和阅读"协议。③ DEAL 计划谈判开放准入并建立新的融资渠道，为德国科学界和学术出版商之间的关系制定了新原则。其谈判的目标是新的、变革性的合同模式，重新分配图书馆的订阅支出，并用其资助开放获取出版物。

---

① "Richtlinie zur Förderung von Projekten zur Beschleunigung der Transformation zu Open Access," https：//www. bmbf. de/bmbf/shareddocs/bekanntmachungen/de/2020/06/3044 _ bekanntmachung. html.

② "Die Allianz der Wissenschaftsorganisationen – Über die Allianz," https：//www. allianz – der – wissenschaftsorganisationen. de/ueber-die-allianz/.

③ "Open Access ermöglichen," https：//deal-konsortium. de/.

通过联盟与 Wiley 和 Springer Nature 签订的 DEAL 合同，每年来自德国科研机构的数以千计的研究论文实现开放获取。2020 年 1 月，Springer Nature 与联盟达成的开放获取转型协议是目前世界范围内签署的规模最大的 OA 转型协议。根据该协议，700 多家德国学术与研究机构的学者可在 Springer Nature 旗下 1900 多种 OA 期刊上发布论文，并自发表之日立即实现开放获取。所有参与机构可永久无限访问 Springer Nature 的学术出版内容，费用计算采用全新的"出版阅读费"（Publish and Read，PAR）模式。2023 年 9 月，DEAL 与 Elsevier 签订为期 5 年的 R&P（Unlimited Read and Publish）合约，德国约 1000 个接受公立补助的学术机构参与该项合约，包括大学、应用科学大学、研究机构、州立和地区图书馆等，这些机构可中途退出。[1] 截至 2022 年，德国超过 500 家学术机构积极参与 DEAL 项目，马克斯·普朗克数字图书馆（MPDL）与德国大学、研究机构及其图书馆、信息和开放获取专家一起确保项目的成功实施。[2]

### 3. 联邦政府具有约束力的开放获取举措

除了政府部门开放科学倡议和以联盟为主体推进开放科学进程，德国联邦政府还确立并实施了一系列约束性举措。研究与创新公约是增强德国科学地位及其国际竞争力的最重要工具之一。2015 年，德国联邦政府和联邦各州在《2016—2020 年研究与创新公约》中正式确立了具有约束力的开放获取举措。2021 年，联邦政府和联邦各州对其进行了第 4 次更新，设立了 5 项研究目标，其中，在促进活力发展中提出通过扩大开放数据和开放获取、优化战略流程、推进科学系统的数字化；在研究基础设施方面提出开放研究基础设施，以实现卓越的科学。[3]

---

[1]  "Projekt DEAL-Elsevier Publish and Read Agreement，" https：//pure. mpg. de/rest/items/item_ 3523659_ 2/component/file_ 3527946/content.

[2]  "Open Access-Fortschritte：Zahlen und Fakten der EAL-Verträge in 2021，" https：//deal - konsortium. de/images/documents/DEAL_ Zahlen_ und_ Fakten_ 2021. pdf.

[3]  "Pakt für Forschung und Innovation，" https：//www. bmbf. de/bmbf/de/forschung/das - wisse nschaftssystem/pakt - fuer - forschung - und - innovation/pakt - fuer - forschung - und - innovation_ node. html.

此外，德国研究基金会与相关研究机构致力于进一步积极扩展开放获取服务，使其中一些目标具有可量化性。亥姆霍兹联合会、马普学会、莱布尼兹协会和弗劳恩霍夫协会等科学组织已通过一系列措施对开放获取进行推广。

## （二）机构层面的开放科学政策与实践

### 1. 德国研究基金会支持开放科学

德国研究基金会（Deutsche Forschungsgemeinschaft，DFG）是德国研究资助组织，由约 100 所研究型大学和其他研究机构组成，是德国促进科学研究的自治机构。DFG 当前年度预算为 39 亿欧元，主要由德国联邦政府和各州政府提供，出资份额分别为 70.4% 和 28.7%。DFG 通过各种资助计划、研究奖项和资助基础设施来支持科学、工程和人文学科的研究。

2003 年，DFG 签署了《关于自然科学与人文科学知识开放获取的柏林宣言》，表明其致力于通过推广可免费获取的在线电子资源来支持研究交流。2016 年，DFG 签署了 OA2020 意向书，加速向开放获取过渡。2018 年，DFG 发布了一份关于"资助研究信息基础设施"的战略文件，该战略文件反思了 DFG 资助活动在科学信息基础设施领域的结构框架条件，探讨了当前该领域变革的需求，深入审查了向开放获取的过渡，这也是 DFG 认为 2018 年最需要采取行动的资助领域之一；在向开放获取的过渡方面，DFG 认为最需要的是在资助出版费、DFG 内的开放获取监控、进一步制定开放获取资助指南等领域采取行动。2022 年，DFG 表示支持"钻石开放获取行动计划"，并参与国际钻石开放获取社区，以协调活动，支持需求驱动和科学主导的开放获取出版，不谋取利润。①

DFG 支持足以进行科学研究的开放科学，并支持开放获取。但 DFG 不将开放获取视为目的，而是将其视为一种工具，以符合研究需求的方式促进

---

① "What is DFG's Position towards Open Access with Regard to Research Policy?" https：// www. dfg. de/en/research ＿ funding/programmes/infrastructure/lis/open ＿ access/dfg ＿ position/ index. html#positionspapier.

学术交流。①

### 2.德国马克斯·普朗克学会开放科学实践

德国马克斯·普朗克学会（简称"马普学会"，MPG）是德国最大的非大学性质的科研学术组织，致力于自然科学、生命科学和人文科学等领域的基础研究工作。MPDL是马普学会的中心机构，它通过广泛的服务组合为学会下设的86个研究所的科学家提供支持，并提供对数据、科学文献、商业软件许可证、科学交流工具和服务以及相关研究软件应用程序的轻松访问。

（1）柏林开放获取会议与柏林宣言

柏林开放获取会议是由马普学会举办的与开放获取相关的全球性会议，关注学术信息开放获取政策、策略和最佳实践等内容。2003年10月，马普学会和欧洲文化遗产在线（ECHO）项目在柏林举办会议，旨在开发一个新的基于网络的研究环境，这次会议被称为柏林会议。会议发布了《关于自然科学与人文科学知识开放获取的柏林宣言》（简称《柏林宣言》），以互联网为媒介推动实现自然科学知识和人文科学知识的开放获取，为科研政策决策者、科研机构、资助机构和图书馆等提供具体技术方法。截至2024年1月，全球770多个国际组织签署了《柏林宣言》。

2003~2023年，柏林会议已经举办了16次，历次会议围绕开放科学进行了讨论。② 部分会议的议题如下：开发新的基于网络的研究环境、开放获取科学和人文学科的数据和成果；实施《关于自然科学与人文科学知识开放获取的柏林宣言》的步骤；《关于自然科学与人文科学知识开放获取的柏林宣言》的实施进展；开放获取世界中的挑战、经验和观点；改变知识社会中的学术交流；接触多元化社区；开放获取实施进展、最佳实践和未来挑战；开放获取对研究和学术的影响；网络世界中的网络学术，参与开放获取；《柏林宣言》发表10周年；更快地实现开放获取的目标；在OA2020的背景下，为向开放获取过渡提供交流和审查的机会；加速学术出版向开放获

---

① "Open Science Actions by Science Europe Members," https：//scienceeurope.org/our-priorities/open-science/science-europe-members-practices-on-open-science/.

② "Berlin Open Access Conferences," https：//openaccess.mpg.de/Berlin-Conferences.

取转变；讨论学术出版系统向开放获取的持续转型；实现为科学和社会服务的开放信息环境的愿景。

（2）开放科学日

自 2014 年以来，MPDL 每两年举办一次"开放科学日"，活动由马普学会主办，主要面向内部和外部对开放科学、跨学科交流感兴趣的研究人员和专家。活动致力于开放既定的科学流程，提高可用性、透明度和开放性。"开放科学日"主要讨论以下 7 个方面的议题：开放获取，公众以出版物形式获取研究成果；开放研究数据，免费访问研究数据；链接开放数据，公共数据库存储的访问和交叉链接；开放评审，寻求期刊出版商提供的传统评审流程的替代解决方案，以提高该领域的透明度；用于研究活动的开源软件的开发和使用；公民科学，非专业科学家参与研究过程；开放教育，努力提供广泛的学习和培训机会，超出传统教育系统当前提供的选择。

（3）开放获取基础设施建设项目

2014 年，MPDL 与德国研究基金会、美国科学公共图书馆（PLoS）和瑞典 OA 出版商 Co-Action Publishing 联合提出了论文费用的效率和标准（Efficiency and Standards for Article Charges，ESAC）倡议。ESAC 是开放获取基础设施建设项目，聚焦于开放获取出版市场数据和信息的汇总，旨在提高图书馆驱动的开放获取 APC 管理的工作流程效率。[①]

**3. 亥姆霍兹联合会大科学装置开放共享**

亥姆霍兹国家研究中心联合会（简称"亥姆霍兹联合会"）是德国最大的科学研究机构，由 19 个各自独立的自然科学、工程学、生物学和医学研究中心组成，负责管理德国大科学装置并实现了较高程度的开放共享。首先，开放共享是管理制度与评价体系的要求，政府、科研、产业和其他研究机构的代表组成了亥姆霍兹联合会评议会，评估报告中多处涉及开放共享表

---

① 《开放科学实践——德国篇 Ⅰ》，清华大学图书馆网站，2022 年 10 月 5 日，https：// lib. tsinghua. edu. cn/info/1376/5878. htm。

现。其次，培育与企业合作开展研究的创新文化，大科学装置在推动科技进步的同时，对经济发展产生积极影响。亥姆霍兹联合会旨在为人类社会可持续发展面临的挑战寻找出路，因而特别注重将依托大科学装置的先进技术和前沿知识引入市场。而对于企业来说，由于缺乏独立投资大科学装置的能力和意愿，依赖政府资助的公共基础设施就成为必然选择。通过亥姆霍兹研究中心创新基金、亥姆霍兹创新实验室等项目，亥姆霍兹联合会每年约有2000 个与企业合作进行研究的项目。最后，推动研究机构与高校协同发展的教育制度不断完善，德国的博士学位授予权主要集中于综合性大学，亥姆霍兹联合会的学者必须通过受雇于大学招收博士生，德国大学生也得以充分利用高性能的亥姆霍兹联合会大科学装置。此外，围绕大科学装置建设的科学园区也与当地的大学展开密切合作，部分大学也将相关研究所直接设置在园区内。①

**4. 哥廷根州立大学图书馆混合开放取用仪表板**

2023 年 6 月，德国哥廷根州立大学图书馆推出名为混合开放取用仪表板（HOAD）的公开资源服务项目，旨在为图书馆和联盟迎接全面开放取用的未来做好准备。该服务得到 DFG 的资助，以支持德国联盟转型协议的实施，它是 CC0（知识共享许可协议）授权的公开资源，允许任何人以任何方式复制、修改、出版、使用、编译、出售或传播这些资料。HOAD 旨在呈现混合期刊走向完全 OA 的程度，仪表板可以帮助图书馆和联盟分析 3 个方面的问题，包括：混合期刊中已经以 CC 授权方式出版的内容数量；与其他国家相比，德国在混合期刊中的产出分布情况；混合期刊出版公开元数据的情况。

**（三）趋势与特点**

德国是开放获取倡议的发起者、将开放获取倡议付诸实践的先驱，也被

---

① 王慧斌、白惠仁：《德国大科学装置的开放共享机制及启示》，《中国科学基金》2019 年第
3 期。

视作开放科学运动的关键参与者。德国推进开放科学发展的趋势与特点主要体现为：第一，积极响应欧洲和全球的开放科学倡议，包括签署开放科学与开放获取倡议书、支持开放获取行动计划等；第二，德国以协会为主推动开放科学进程，包括促进科学信息基础设施建设、发起开放科学倡议与国际活动、促进大科学装置开放共享等；第三，以协会、基金会、科研机构等为主组建科学组织联盟，与数据库签订 OA 转型协议，促进开放获取；第四，联邦政府和部委出台开放获取倡议与战略，并设立开放获取项目；第五，德国通过研究与创新公约，确立了具有约束力的开放获取举措。

## 三 荷兰：以国家计划先行打造开放科学发展高地

荷兰是欧盟和全球开放科学的领先力量。早在 2013 年，荷兰就制定了有关开放科学的呼吁政策。近年来，荷兰制定了《开放科学国家计划》《开放科学国家计划 2030 雄心文件和滚动议程》，推进开放科学有明确的目标、原则、项目设计和经费支持，并且使所有利益相关者共同承担荷兰开放科学议程的责任。荷兰通过荷兰科学研究组织、荷兰大学协会、荷兰图书馆联盟（UKB）等组织集中力量进行开放科学谈判，大大增强了谈判者在谈判桌上的权力。荷兰推进开放科学发展的成功经验为北京提供了参考和借鉴。

### （一）荷兰政府推进开放科学的政策措施

自 2013 年开始，荷兰政府即表明支持公共资助的研究免费获取的立场，并希望在十年内使 100% 的荷兰学术出版物实现开放获取。2016 年，荷兰在担任欧盟轮值主席国期间，将开放科学作为主要优先事项之一，并提出了《阿姆斯特丹开放科学行动计划》，指出欧洲需要加快向开放科学转型的速度，每个成员国都应制定国家开放科学计划。这一行动计划直接促使欧洲理事会通过了《向开放科学体系过渡》，委员会、成员国和利益相关方就推动开放科学达成了协议，正式开启欧洲向开放科学系统的转型之路。2017 年，荷兰政府正式提出《开放科学国家计划》，发布《荷兰开放科学宣言》，启动"开放科学国家平台",从国家层面向开放科学系统转变,重点包括科学出版物的开放获取、促进研究数据的最佳使用和再利用、调整评价和奖励制度三个方面。

1.《开放科学国家计划》

遵循 2013 年的开放获取呼吁政策,以及 2016 年的《阿姆斯特丹开放科学行动计划》,2017 年 2 月荷兰发布了首个国家级别的《开放科学国家计划》(NPOS),来自荷兰的众多利益相关方签署了 NPOS。NPOS 将促进荷兰所有利益相关方合作开展开放科学,并根据国际倡议开展开放科学实践,从科学"现状"转向科学"未来"。NPOS 由 17 个荷兰高等院校和研究组织协调合作,形成了荷兰国家开放科学平台,其成员包括发起、制定或支持国家开放科学计划的各类主体,如荷兰大学协会(VSNU)、荷兰皇家艺术与科学院(KNAW)、荷兰科学研究组织(NWO)、荷兰国家图书馆(KB)等。

NPOS 重点关注 3 个方面的行动。一是开放获取,促进所有学术成果开放获取;确保社会能够重复利用所有学术成果;控制成本,无须为开放获取付出额外的费用;保持高质量和研究诚信;探索新颖的激励和奖励方式,而不是通过定量的方式进行评价;对所有权、公共价值观以及学术和数字主权进行明确与管理;开放服务,逐渐减少对出版商的依赖。二是公平数据,建立由拥有专业知识的熟练数据管理员组成的专业社区;支持、指导和激励生成足够丰富、标准化、开放和可机器操作的 FAIR 数字研究成果以及相关的 FAIR 元数据,以实现最佳(再)使用;在机构、领域和国家层面实现公平数据服务和研究基础设施的可持续互操作网络;在社会利益相关者的协同作用下,促进建立国家信任框架,以获取公平数据,甚至包括敏感的、机密的数据。三是公民科学,增强公民开放科学意识;巩固并进一步发展开放科学最佳实践;开展能力建设;加强合作、协同和跨学科协作;开发和投资配套基础设施。[①]

---

① "National Programme Open Science," https://www.dtls.nl/national-programme-open-science/。

2. 《开放科学国家计划2030雄心文件和滚动议程》

2022 年，荷兰政府发布《开放科学国家计划 2030 雄心文件和滚动议程》（NPOS 2030 Ambition Document and Rolling Agenda，简称"NPOS 2030"）。[①] 该文件包含了未来几年荷兰对开放科学的指导原则、2030 年开放科学的愿景、实现开放科学的要求等。滚动议程是一份动态文件，描述了每个战略目标的基本内容。NPOS 将 UNESCO 关于开放科学的建议作为荷兰开放科学活动的指南。

荷兰开放科学遵循以下 5 个指导原则：科学知识是一种公共物品，获取科学知识是一项普遍权利；科学成果和过程必须尽可能开放，但必要时也应受到限制（如隐私、知识产权、保密协定、知识安全等）；再现性和审查对于保障科学工作的质量和完整性至关重要；多样性、公平性和包容性对于开放科学的成功至关重要；学术主权（自主决定政策、研究和教育的内容与组织，并决定学术界在社会中的作用的能力）和数字主权（可持续数字信息服务和基础设施的自主权）必须得到维护。

NPOS 愿景是到 2030 年，科学知识将可供所有人免费获取和重复使用。荷兰的开放科学将作为标准实践纳入从基础科学到应用科学、自然科学、医学、社会科学和人文学科的所有科学学科。为实现愿景，必须实施和嵌入开放科学实践，这需要科学界和社会文化的变革，NPOS 将满足一系列基本要求，从而建立荷兰开放科学生态系统：通过开放基础设施使开放科学成为可能；通过支持和培训让开放科学变得简单；通过积极的学术界参与，建立活跃的开放科学社区网络，使开放科学成为规范；通过激励措施使开放科学获得回报（认可和奖励）；通过政策法规强制开放科学。为此，NPOS 将与所有利益相关方确定集体开放科学的雄心，包括政府、知识机构、学术界和科学组织、开放科学服务提供商、行业和公民。

NPOS 2030 列出了 NPOS 的基本行动和行动的时间线。一是迈向社会参

---

① "NPOS 2030 Ambition Document and Rolling Agenda," 2022, DOI: 10. 5281/zenodo. 7433767.

与，到 2030 年，知识机构、政府、行业和公民之间密切合作，加强荷兰科学的国际地位，优化创造、共享和传播知识的流程，造福社会。二是迈向包容和透明的科学过程，到 2030 年，科学（共）创造、评估、质量保证和交流过程具有包容性、高效性和透明性。三是走向开放的学术交流，到 2030 年，消除创造、阅读、重用和评估所有荷兰学术成果的障碍，使每个人都能以可持续的方式获取科学知识并从中受益。四是争取公平和开放的研究成果，到 2030 年，知识创造的产品（如数据和软件）是可查找、可访问、可互操作和可重用（公平）的，并且在法规允许的范围内开放。

总的来说，NPOS 旨在促使所有国家利益相关者共同承担荷兰开放科学议程的责任，与国际倡议保持一致。

## （二）机构层面的开放科学政策与实践

### 1. 荷兰科学研究组织开放科学计划

NWO 是荷兰最重要的科学资助机构之一，致力于提升荷兰科学水平，促进科技创新。NWO 对开放科学的支持工作主要包括 4 个方面。一是开放获取出版，NWO 资助条件规定，所有研究成果在出版时必须立即开放获取。NWO 接受各种开放获取途径，就出版物而言，NWO 不仅指科学文章，还指会议文稿、专著和书籍章节。二是研究数据管理，NWO 要求其资助的项目制订数据管理计划（DMP），明确项目期间生成、收集、重复使用的数据；项目期间和项目结束后，上述数据安全存储；促进上述数据的公平使用，包括查找、访问、互操作和重复利用。三是签署《旧金山研究评估宣言》（DORA），不再以期刊影响因子和 H 指数作为评价指标，通过叙述性简历筛选人才等。四是公民科学，让公民参与科学。[1]

### （1）Open Science NL

Open Science NL 是由 NWO 发起的一项国家计划，于 2023 年 3 月启动，立足于 NPOS 2030，旨在加速荷兰向开放科学过渡，使命是在十年内将开放

---

[1] "Open Science," https：//www.nwo.nl/open-science.

科学确立为荷兰的常态。当年，荷兰 16 家科研机构、图书馆和基金会等机构的管理人员共同签署了《荷兰开放科学监管机构协议》，成立 Open Science NL 的指导委员会，并明确该计划的治理模式，明了指导机构的地位、磋商形式、财务安排等内容。Open Science NL 包含开放研究软件、公民科学与社会参与、开放学术交流、FAIR 数据 4 个方面的内容。[①] 自 2021 年以来，荷兰开放科学界每年会举办开放科学节，为开放科学实践中的研究人员、支持者和政策制定者提供交流的机会。自 2024 年开始，该项活动将由 Open Science NL 组织。[②]

（2）Plan S

NWO 自 2015 年起即要求由其资助产生的出版物必须可供开放获取。NWO 作为 S 联盟的成员，从 2021 年开始实施 Plan S，并为其提供资助。NWO 详细阐述了 S 联盟于 2019 年 5 月发布的 Plan S 的实施指南。

（3）《预印本实用指南》

2021 年 11 月，NWO 联合 VSNU、UKB 和 KB 出版了《预印本实用指南》，提供预印本有关的实用信息，以加速学术交流。在开放科学和学术出版中，预印本作为学术交流的重要元素越来越受到关注；通过发布预印本，学者可以快速分享他们的发现并借鉴彼此的工作。该指南剖析了预印本的优缺点，对于研究人员而言优点在于出版时间短、开放授权、提高可见度、成果被认可、获得早期回馈、获得 DOI 后可被引用、成本低，缺点在于部分期刊不接受曾经以预印本方式出版的投稿文章；对于大众而言优点在于可免费取用工作成果、可在早期建立潜在的合作关系、通过快速建立的合作关系加速科学发展、任何人都可以参与评论，缺点在于有伪科学的风险，研究创新性及品质难以验证。关于预印本服务器的选择，应该选择读者定位准确、服务符合需求的服务器，包括论文有 PID 或 DOI、有基本的品质审查、能保证长期服务、有开放授权机制、能被搜索引擎建立索引、支持评论、支持版

---

① "Open Science Fund 2023," https：//www.nwo.nl/en/calls/open-science-fund-2023.

② "Open Science Festival," https：//www.openscience.nl/en/open-science-festival.

本控制和最新修正版本服务。该指南回答了如何查找期刊预印本政策、如何了解授权种类等问题。

**2. 荷兰大学协会促进开放获取**

VSNU 是由莱顿大学、代尔夫特理工大学、阿姆斯特丹大学、乌得勒支大学等 14 所公立大学组成的协会，负责制定与学术教育、研究和增值相关的共同目标，并游说获取实现这些目标所需的条件。荷兰的大学通过 VSNU 形成了与数据库商单一谈判的机构，并得到了政府的支持，在开放获取方面取得了较大的成果。

（1）《开放获取路线图（2018—2020）》

2018 年 3 月，VSNU 发布《开放获取路线图（2018—2020）》。[①] 该文件指出，到 2016 年近 42% 的荷兰研究型大学发表的同行评审文章是开放获取出版物。该文件提出了荷兰未来开放获取的愿景：未来将实现所有研究学科和所有类型的出版物 100% 开放获取；制定自己的"参与规则"，并要求服务提供商遵守。该文件提出开放获取的 5 个支柱：与出版商谈判，VSNU 将继续与大型出版商进行谈判，尊重出版文化的差异，探索通往开放的不同路线；国际合作，大学须与欧洲游说团体合作，使开放获取成为国际议程上的高度优先事项；归档（存放），大学有责任保证其研究成果的获取，存档政策可以强化这一过程；监控，探索监测开放获取出版物的替代方法；替代发布平台，大学须通过减少对成熟出版商的依赖来加强谈判地位。

（2）与数据库商共同推进开放科学

自 2014 年起，VSNU 和大学图书馆就与数据库商开始了关于开放获取的谈判。2014 年 11 月，VSNU 和大学图书馆与 Springer 达成协议，未来两年 100% 开放获取论文，在 2017 年延长一年后，于 2018 年在主要问题上达成一致，继续实行 100% 开放获取论文。2015 年 7 月，与 SAGE 达成部

---

① "Association of Universities in the Netherlands（VSNU）Launches 2018-2020 Roadmap to Open Access," https：//www. openaccess. nl/en/events/association - of - universities - in - the - netherlands-vsnu-launches-2018-2020-roadmap-to-open-access.

分协议，未来两年 20% 的已发表文章开放获取；并于 2017～2019 年达成协议，实现 100% 开放获取。2015 年 12 月，与 Elsevier 达成部分协议，3 年内逐步实现 10%、20% 和 30% 的论文开放获取。2020 年 5 月，VSNU、荷兰大学医学中心联合会（NFU）和 NWO 再次与 Elsevier 达成协议，将为科学工作提供一种全新的服务方式，其中包括为荷兰研究机构提供出版和阅读服务。在该合作模式下，95% 的荷兰科研论文实现即时开放获取。2016 年 2 月，与 Wiley 达成 4 年 100% 开放获取的协议。2016 年 5 月，与美国化学学会出版社（ACS）达成 5 年 100% 开放获取的协议。2016 年 7 月，与 Taylor & Francis 达成 2 年 100% 开放获取的协议，并于 2018 年初达成一致，将 100% 开放获取延长 3 年。

### 3. 荷兰图书馆联盟联合学术信息服务

UKB 由荷兰主要的研究机构和学术图书馆组成，参与者是相关图书馆的馆长，每两个月举行一次会议。UKB 被荷兰大学和政府机构视为科学信息领域的重要咨询机构，其职能包括可持续获取的馆藏，利用、共享知识基础设施的创新，促进和便利荷兰大学开放知识。[①] 当前，荷兰科学家 80% 以上的研究成果以开放获取方式发表，这离不开 UKB 的支持。

2020 年，UKB 启动了联合学术信息服务（UKBsis），该计划致力于与出版商达成可持续的协议，以获取科学信息和实现开放获取出版。UKBsis 寻求与其他（国际）国家联盟尽可能多的合作，以实现向 100% 开放获取的过渡。UKBsis 创建了相关的管理流程，开放了数据中心，将机构、出版商和其他来源的数据结合起来，以深入了解开放获取出版物的数量、开发成本和出版工作流程的质量。此外，由 UKB 发起的研究数据管理（RDM）工作组和国家研究数据管理中心（LCRDM）确保在国家层面上形成数据可查找、可访问、可互操作和可重用。

### 4. 荷兰教育和研究机构合作协会促进研究信息开放

荷兰教育和研究机构合作协会（SURF）是荷兰研究型大学、研究机构

---

① "Open Science: Samen Werken aan een Systeemverandering," https://ukb.nl/science/.

和应用科学大学的合作组织，SURFshare 计划的目标是创建一个通用基础设施，以促进研究信息的获取，并使研究人员能够共享科学和学术信息。该计划从 2008 年持续到 2011 年，旨在与所有荷兰大学（研究型大学和应用科学大学）、NWO 和 KNAW 合作利用信息通信技术的最新进展优化研究成果的共享。①

### （三）趋势与特点

荷兰制定有关开放科学的呼吁政策，并以《开放科学国家计划》《开放科学国家计划 2030 雄心文件和滚动议程》为引领打造开放科学发展高地，成为欧盟乃至全球开放科学的领先力量。其趋势和特点主要体现在以下三个方面。

第一，明确的政策支持和发展目标。无论是国务卿还是部长，均向外界表达自己对开放科学的强烈支持，并且用清晰的数据向公众呈现开放科学的发展目标。

第二，全面的项目设计和经费支持。荷兰每年对促进开放科学发展的项目提供经费支持，这些支持涉及开放科学的评估和奖励、改变研究人员的成果发表方式、平台建设与推广、社区建设等多个方面。

第三，最高级别的开放科学集中谈判。荷兰通过 VSNU、UKB、SURF 等组织集中力量，在开放科学谈判时使用集中谈判的方式，由 1 个组织代表整个荷兰的各大机构进行谈判。谈判团队的原则明确，且不接受任何妥协，这种谈判模式确保了创造力和灵活性，大大强化了谈判者在谈判桌上的权力、地位。

## 四　美国：政府、机构和社会共促开放科学发展

美国联邦政府为公共资助研究成果的开放、开放获取做出了巨大努力。

---

① "About SURF," https：//www. surf. nl/en/about.

开放科学相关文件主要涉及立法、支持开放科学的政策与指南、科学数据管理与开放政策、政府信息开放指令等，相关举措包括积极促进政府信息开放、建立开放科学中心、开放科学框架、在白宫科学技术政策办公室（OSTP）层面推动跨机构合作等。各机构制定开放获取政策、公共获取计划、开源科学计划等文件，搭建开放数据平台，满足开放科学发展需求。全社会广泛参与开放科学，商业组织也在开放科学发展过程中扮演着重要的角色。

## （一）美国联邦政府推进开放科学的政策措施

美国联邦政府为推进开放科学发展设立了一系列相关法案、政策、指令和指南，各政府部门、科学委员会等积极响应联邦政府的倡议，在各自的领域为开放科学的发展、本机构的科研成果与数据开放做出了巨大的努力。

### 1. 支持科研成果开放

（1）支持科研成果开放的相关法案

自 2003 年起，美国一直试图通过立法推进大众对科研成果的获取，如 2003 年众议院提交的《公众获取科学法案》，要求开放由联邦政府资助的科学研究成果；[1] 2005 年参议院议员提交的 CURES 中心法案，要求将联邦政府资助的医学研究成果强制实行开放获取。2006 年的《美国联邦科学研究成果公共获取法案》界定了使用对象、存储库、时限、监督机制和非适用条件。2013 年推出了《公平获取科学技术研究法案》（FASTR）等。这些法案虽然都未获得成功，但仍为随后公共资助的科研成果开放奠定了基础。2007年，美国国会通过 2008 拨款法案，要求由美国国立卫生研究院（NIH）资助的研究论文存储到 PubMed Central（PMC）进行开放获取。

（2）支持科研成果开放的举措

承接上述法案，2013 年 OSTP 发布《关于增加获取联邦资助研究结果的政策》，呼吁每年研发支出超过 1 亿美元的联邦部门和机构制定公共访问

---

[1] "Public Access to Science Act (Sabo Bill, H. R. 2613)," https：//www. southampton. ac. uk/~harnad/Hypermail/Amsci/2978. html.

政策，以支持公众对研究产生的学术出版物和科学数据的访问。近 10 年来，受约束的 20 多个机构实施了公共访问政策，超过 800 万份学术出版物已向公众开放，每天有超过 300 万人免费阅读这些文章，公众和科学界自由公开地分享成果，在一定程度上帮助美国重塑了开放科学研究的格局。① 2022 年 8 月，OSTP 发布开放共享最新政策指南，包括 3 个方面的内容：呼吁所有机构在 2025 年以前全面实施新政策，消除 12 个月的访问滞后期限制，保障学术成果可以在机构指定的存储库中默认免费提供，并向公众公开；呼吁加强科学研究成果的数据共享，使发表在同行评审研究文章中的数据在发表后立即可用，并在合理的时间范围内提供其他研究数据；提出为了保障政策的顺利实施，OSTP 将跟进与各机构的协调，确保机构公共获取政策中的科研诚信，建议机构发布相关政策以记录学术成果明确的元数据信息，并为学术成果创建永久性的学术标识。②

（3）科学数据管理与开放

1991 年，OSTP 发布《全球变化研究数据管理政策声明》，要求对全球变化科研项目所产生的科学数据实行完全公开与共享。2012 年，奥巴马政府发布《大数据研发倡议》，OSTP 联合美国国家科学基金会（NSF）、美国能源部（DOE）、NIH 等 6 个部门倡议提高收集、存储、管理、分析和共享大数据的核心技术水平，加速科学和工程领域创新，培养和储备数据人才。2013 年，美国政府发布《开放数据政策——将信息作为资产进行管理》，要求各机构以支持下游信息处理和传播活动的方式收集或创建信息，最大限度地提高数据的互操作性和信息可访问性。2016 年 5 月，美国总统行政办公室和国家科技委员会印发《联邦大数据研发战略计划》，面向数据科学研发、密集型数据应用、大规模数据管理机构提出了聚焦新型技术、数据质

---

① 《美国 OSTP 出台开放获取新政策》，清华大学图书馆，2022 年 10 月 5 日，https：//lib. tsinghua. edu. cn/info/1377/5871. htm。

② "Breakthroughs for All：Delivering Equitable Access to America's Research," https：//www. whitehouse. gov/ostp/news - updates/2022/08/25/breakthroughs - for - alldelivering - equitable - access-to-americas-research/。

量、基础设施、共享机制、隐私安全、人才培养和加强合作 7 大数据研发战略，以期建立和加强国家大数据创新生态系统。[①]

**2. 促进政府信息开放的政府指令**

美国政府对开放科学的实践不仅体现在科研成果的开放上，政府也大力推动政府信息和数据的开放，这对政府活动公开透明、大众知悉具有重要意义。2009 年，美国行政管理和预算局（OMB）发布了开放式政府指令和相关指示，[②] 鼓励联邦部门公布更多现有的符合《信息自由法案》（FOIA）的数据，使公众获取此类信息更加容易。2013 年，奥巴马总统签署了《使公开和机器可读成为政府信息的新常态》的总统令，要求将政府信息作为资产进行管理，必须具备互操作性、开放性，在法律允许的范围内向公众开放。2019 年，OMB 发布《联邦数据战略与 2020 年行动计划》，将"数据作为战略资产开发"定为核心目标，旨在通过政策设计和方法协调，利用数据来完成任务、服务公众、管理资源，为各相关机构管理和使用联邦数据提供指导。

**3. 开放科学中心与开放科学框架**

（1）开放科学中心

2013 年，美国开放科学中心（COS）成立。[③] 该中心为非营利性技术组织，其使命是提高科学研究的开放性、完整性和可重复性。COS 会向个人和组织提供资助，以支持开放科学计划。2015 年，COS 发布《透明度和开放性促进指南》，并不断制定新的规范，改变激励机制，更新政策，以提高研究的开放性、完整性和可重复性。该中心针对开放科学的发展有 5 个层次的目标：使开放科学成为可能，开源的开放科学框架（OSF）使研究人员提高整个研究生命周期中所有工作的严谨性、透明度和共享性；让开放科学变得简单，OSF 不断开发以用户为中心的产品，以融入研究人员的日常工作流

---

① 马合、黄小平：《欧美科学数据政策概览及启示》，《图书与情报》2021 年第 4 期。

② 《Open Government Directive：开放式政府指令》，TechTarget 信息化网站，2010 年 5 月 18 日，https：//searchcio. techtarget. com. cn/whatis/8-29939/。

③ Center for Open Science，https：//www. cos. io/。

程，并开展培训和定制服务，确保这些工具适合各种研究；使开放科学规范化，通过基层组织激励吸引新的组织和社区参与，并有针对性地使其规范化；让开放科学变得有意义，期刊和资助者通过预印本重新调整激励措施与严格性和透明度倡议；使开放科学成为必须，《透明度和开放性促进指南》形成政策框架。

（2）开放科学框架

OSF 是 COS 的一个开源软件项目，旨在协助科研团队项目管理和公开成果，促进科学研究中的开放协作，最初用于心理学研究的可重复性项目，现已成为美国最大的开放科学平台。2016 年，OSF 启动了 engrXiv、SocArXiv 和 PsyArXiv 三项预印本服务，并成立了相应的机构（OSF Institution）。随后，于 2017 年开放了自己的预印本服务器（OSF Preprints），并与 Dropbox、Google Drive 和其他云存储对接和集成。[①] 截至 2023 年 9 月，OSF 已经积累了 50 多万用户，10 多万注册用户，2000 多条期刊政策评估被纳入 TOP 指标。[②]

4. 跨机构合作推动开放科学

（1）商业、能源、航空航天、国防信息管理小组

商业、能源、航空航天、国防信息管理小组（CENDI）是一个由美国商业部（DOC）、DOE、NASA 等 13 个机构所组成的信息网络，致力于实现天文学、生物科学和基因组学等学科科技创新的信息流通，其使命是通过改善美国联邦科学技术信息和数据的管理以及传播来提高联邦资助的科学技术的影响力。[③] CENDI 由最高级别的美国国家安全联席会发起和组织，可以说美国的开放科学计划由此提出，其参与机构和组织代表了联邦数据和出版物提供商的各个部门，包括图书馆、数据库中心、聚合商、信息技术开发商和内容管理提供商，每年联邦研发投资 1500 亿美元。

（2）Science. gov

Science. gov 是 CENDI 的旗舰产品，是获取美国政府科学信息的平台，

---

① "Anniversary Timelineo," https：//www.cos.io/timeline.

② "Catalyst for Change 2022 Impact Report," https：//www.cos.io/impact.

③ "CENDI Member Agencies," https：//www.cendi.gov/members.shtml.

该平台提供来自 13 个联邦机构的科学组织的研发成果和科学技术信息的免费访问。① 平台由跨部门 Science.gov 联盟管理，包括农业部、商务部、国防部、教育部、能源部、卫生与公众服务部等。在该平台上，用户能够搜索多种格式的 60 多个数据库、2200 多个网站和 2 亿多页权威联邦科学信息。目前，该平台还为本科生和研究生提供来自联邦政府的有关科学、技术、工程和数学领域教育和培训机会的信息。

（3）2023 年开放科学年

2023 年 1 月，美国 OSTP 宣布 2023 年为开放科学年，表明将更新其 OA 计划，采取系列措施以确保公众免费、即时和公平地获取联邦资助的研究。例如，美国地质调查局（USGS）计划通过培训、研讨会和跨美国地质勘探局的交流，让科学家参与活动，进一步提高科学工作的可及性、可重复性和透明度；美国国家医学图书馆（NLM）启动 NIH 预印本试点第二阶段，向 PMC 和 PubMed 添加了 700 多个新的预印本记录；NIH 数据科学战略办公室增强开放科学软件工具的行政补充（NOT-OD-23-073）和支持协作以提高 NIH 支持的数据的 AI/ML 就绪性的管理补充（NOT-OD-23-082）；NASA 拨款 650 万美元，为科研人员提供开放科学教育和培训，通过开源科学计划（OSSI）提升科学信息的开放性和获取速度。

## （二）机构层面的开放科学政策与实践

### 1. NIH 开放科学政策与实践

NIH 隶属于美国卫生及公共服务部，是美国联邦政府中首要的生物医学研究机构，也是美国最早推行开放获取政策的机构，共设有 27 家研究所和研究中心，另有 NLM 等科研辅助机构。

（1）开放获取政策

2004 年 7 月，NIH 制定了《NIH 提高对科研信息开放获取政策草案》，要求受资助的研究项目将其发表的文章存储在 PubMed Central 中，并在 6 个

---

① "About Science.gov," https：//www.science.gov/about.html.

月内公开发布。该政策实施效果不尽如人意。2007 年 12 月，美国国会通过的 2008 拨款法案包含了 NIH 强制性开放存取条款，使得 NIH 强制性开放存取成为美国法律。

（2）科学数据共享

2003 年，NIH 制定了《NIH 数据共享政策》，规定接受 50 万美元及以上的调查人员需提交数据共享计划或说明数据不可共享的原因。2014 年，NIH 出台《基因组数据共享政策》，规定研究人员需共享所有物种的大规模基因组数据。2015 年，NIH 在《促进从 NIH 资助的科学研究中获取科学出版物和数字科学数据计划》中启用了更全面的数据共享政策，同时努力实现数据共享基础设施的现代化。2016 年，NIH 发布《关于传播 NIH 资助的临床试验信息的政策》，规定所有受 NIH 资助的临床试验均需通过 Clinical Trials. gov 公开试验结果信息。2016 年，NIH 就数据管理和共享政策公开征求公众意见，并于 2020 年 10 月发布《NIH 数据管理和共享最终政策》，要求最大限度地公开和共享由 NIH 资助或开展的科研项目所产生的科研数据。[1]

（3）美国国家医学图书馆

NLM 隶属于 NIH，其下属的开放平台、服务和产品有近 200 个。例如，PubMed，包含来自 MEDLINE、生命科学期刊和在线书籍等的超过 3600 万条医学文献记录；Open-i，开放获取生物医药影响的搜索引擎；GenBank，开放获取的序列数据库，对所有公开可利用的核苷酸序列与其翻译的蛋白质进行收集并注释。2020 年，NLM 发布《培养数据科学和开放科学的馆员》，旨在提升图书馆馆员采取人工智能和大数据服务数据科学家、数据工程师等的能力。

2. 美国国家科学基金会科研成果开放

NSF 由美国国会于 1950 年成立，旨在促进科学进步，提高国家福利，促进国家繁荣发展。该机构支持除医学领域外的科学和工程学基础研究和教育。

---

① 马合、黄小平：《欧美科学数据政策概览及启示》，《图书与情报》2021 年第 4 期。

（1）研究成果公开与共享

2011 年，NSF 要求所有 NSF 资助的项目需符合 NSF《传播与共享研究成果》政策，即必须包含数据管理计划，主要针对项目过程中的数据、样本、实物收集、软件、课程材料等，没有数据管理计划的项目将无法参加评审。2015 年，NSF 制定了"今天的数据，明天的发现——增加获得 NSF 资助的科研成果的机会"公共获取计划（NSF15-52），要求 NSF 资助的研究项目在首次发表后的 12 个月内通过自存储方式保存并实现其成果（包括研究数据）的开放共享与利用。

（2）公共访问计划 2.0

2023 年 2 月，NSF 发布了公共访问计划 2.0，讨论了当今科学事业的开放趋势，开放科学中由研究人员、科研机构与高校、出版商、资助机构等组成的复杂生态系统，以及不断改变数据共享和出版格局的技术发展。公众获取联邦政府资助的研究成果和数据是美国科学开放、学术自由、科学诚信、科学公平和公平价值观的支柱。因此，NSF 致力于与科研社区合作，推动共享的联邦科学生态系统更强大、更公平。[①]

（3）支持开放科学研究协调网络

NSF 资助了一系列为期三年的多机构项目以支持开放科学研究协调网络，即 FAIROS RCN（可查找、可访问、可互操作、可重复使用的开放科学研究协调网络）。FAIROS RCN 提案必须选择其中一个重点，即针对目标科学界的学科改进或跨领域改进适用于许多或大多数科学学科。项目于 2023 年启动，旨在建立和加强研究人员与其他利益相关者之间的国家协调，以推进 FAIR 原则和开放科学实践。这些项目将由 28 个不同的 NSF 奖项组成，代表美国许多寻求推进开放科学的组织和机构。[②]

---

① "NSF Public Access Plan 2.0," https：//www.nsf.gov/pubs/2023/nsf23104/nsf23104.pdf；《第 51 期 | 美国国家科学基金会发布公共访问计划 2.0》，搜狐网，2023 年 6 月 23 日，https：//www.sohu.com/a/689665370_ 121124289。

② "Findable Accessible Interoperable Reusable Open Science Research Coordination Networks （FAIROS RCN），" https：//new.nsf.gov/funding/opportunities/findable - accessible - interoperable - reusable - open.

（4）推进数据基础设施建设

2023 年 3 月，NSF 启动"构建原型开放知识网络（Proto‑OKN）计划"，以建立名为"开放知识网络"的综合数据和知识基础设施原型。通过项目资助，NSF 建立可扩展、基于云的技术基础设施原型，以应对医疗健康、空间、刑事司法、气候变化等领域的挑战，推动下一次信息革命。[①] 4月，NSF 宣布在其"社区研究基础设施（CCRI）计划"下投资 1610 万美元以推进人工智能（AI）研究基础设施的建设，为全美人工智能研究人员提供高质量数据、虚拟环境等研究资源。该项资助涉及面向自动驾驶 AI 研究的开源仿真平台、虚拟体验研究加速器（VERA）、社交机器人协作平台与研究社区、用于算法和界面实验的新闻推介器基础设施、用于身体表达情感理解的开放数据基础设施共 5 个项目。

3. 美国国家科学院开放科学设计

2018 年 7 月，美国国家科学院（NAS）发布题为《开放科学设计：实现 21 世纪科研愿景》的报告，提出开放科学设计理念和框架，设计了一套贯穿整个科研声明周期的原则和具体实践。具体体现为：一是激情，探索或挖掘开放研究资源，使用开放工具与同事联系及合作；二是构思，制定和修订科研计划并准备在 FAIR 原则下分享科研成果与工具，申请科研经费时，研究人员制定数据管理计划，说明可供其他研究人员基于 FAIR 原则使用的数据、工作流和软件代码；三是知识生成，收集数据使用与开放共享兼容的工具，使用自动化工作流工具确保研究成果的可达性；四是验证，针对可重复性和再利用性准备数据与工具，参与实验结果再现研究；五是传播，使用合适的许可来共享科研成果并汇报所有成果与支撑信息（数据、代码、文章等）；六是保存，在 FAIR 档案中存储研究成果，确保其可被长期访问。[②]

---

① "NSF and 5 other U. S. Agencies Launch Program to Build an Integrated Data and Knowledge Infrastructure," https：//beta. nsf. gov/news/nsf-5-other-us-agencies-launch-program-build.

② "Open Science by Design：Realizing a Vision for 21st Century," https：//nap. nationala cademies. org/read/25116/chapter/5#90.

#### 4. 美国航空航天局科学数据开放共享与知识创新

NASA 作为美国联邦政府的重要行政机构，也是世界军用、民用航空航天科技研究的领军者。NASA 拥有一流的研发技术和知识创新能力，下辖 13 个研究中心和实验室，是世界级的知识创新组织，也是美国科学数据的重要来源机构之一，其重要科学数据多以开放共享方式呈现。

（1）开源科学计划

为帮助建立开放科学文化，NASA 开始了综合性活动计划——开源科学计划，旨在推动和支持科学走向开放，包括政策调整、支持开源软件和支持网络基础设施。[①] 该计划包括 4 个方面：透明性，科学过程和结果应该是可见的、可获取的、可理解的；可获取性，基于 FAIR 原则，数据、工具、软件、文件和出版物应该可获取；包容性，项目和参与者应欢迎不同的人和组织成为合作者；可重现性，科学过程和结果应该开放，使社区成员可重复该过程和结果。

（2）向开放科学转型

向开放科学转型（TOPS）任务是 NASA 的一项重要举措，旨在快速推动机构、组织和社区向开放科学转变，形成包容性的开放科学文化。[②] TOPS 是 NASA 开源科学计划的一部分。该计划由 NASA 科学任务理事会（SMD）的核心团队组织，投入约 4000 万美元，为期 5 年。旨在通过以下方式实现开放科学：提高 NASA 开放科学合作和项目的影响力和知名度；通过为更多研究人员提供开放科学工具来提高 NASA 的开放科学能力；通过协调一致的激励计划奖励研究人员参与开放科学；通过加强合作和包容性伙伴关系，使更多群体参与 NASA 科学。[③]

（3）科学数据共享及平台建设

NASA 开放共享的关键环节为科学数据及平台开放共享。1999 年，NASA 建立开放档案信息系统（OAIS），对数字资源存取进行标准化，其参

---

① "Open Source Science Initiative," https：//science. nasa. gov/open-science-overview.

② "Transform to Open Science," https：//nasa. github. io/Transform-to-Open-Science/.

③ "Why Do Open Science?" https：//nasa. github. io/Transform-to-Open-Science/about/.

考模型成为数字信息管理国际标准的遵循原则和参考框架，科学和技术信息（STI）数据库是世界上最大的航空航天信息集合。2009年，为响应开放政府指令，NASA开始实施开放创新项目Open NASA，构建并开放了一系列创新数据平台，例如Open. NASA. gov、Data. NASA. gov。2007年，NASA实施了"创新合作伙伴计划"，吸纳全球创新资源和创新理念，开展协同创新，并于2012年重建了知识管理团队。2013年，NASA专门成立颠覆性技术创新机构空间技术任务委员会（STMD），面向社会广泛投资，推动社会创新。[①]

### （三）趋势与特点

美国联邦政府及各部门、机构和社会共同参与开放科学，在推进开放科学运动中均扮演着不可或缺的重要角色。美国推进开放科学发展的趋势和特点主要体现为以下几个方面。

第一，美国联邦政府明确推进开放科学的法律基础——开放科学法案，在立法的基础上推进公共资助的科研成果开放、政府信息开放。

第二，在OSTP开放政府数据政令等相关政策的呼吁下，所有的政府部门参与开放科学的实践，成立政府间信息管理小组，搭建科学信息平台，开放联邦科学信息，促进科技信息流通。

第三，各机构重视开放科学发展，制定开放获取政策、公共获取计划、开源科学计划等，搭建开放数据平台。

第四，机构层面的数据管理与开放涉及数据的全生命周期，根据开放科学实践中产生的数据、需求，不断调整机构政策，研发新的平台、服务和产品，以满足开放科学发展的需求。

第五，全社会广泛参与开放科学，商业组织也在开放科学发展过程中扮演着重要的角色。

---

① 郭永辉、周乐霖、冯媛：《科学数据开放共享情境下美国航空航天局（NASA）知识创新模式研究》，《科技管理研究》2023年第1期。

## 五　日本：纳入规划和战略推进
## 开放科学和开放创新

日本将开放科学纳入国家科技政策体系，以《科学技术基本计划》和《综合创新战略》为指引，采用小步迭代的方式推进。2011 年，日本政府在第 4 期《科学技术基本计划》中首次提到"开放"一词。自 2013 年 6 月日本签署《G8 科学部长关于开放研究数据的联合声明》以来，日本政府在开放科学方面出台了多项政策。国家层面的《科学技术基本计划》《综合创新战略》等均涉及推进开放科学的相关内容，2015 年内阁府发布《促进日本开放科学》，2016 年科学委员会发布《促进学术信息的开放获取》和《关于有助于开放创新的开放科学方法的建议》。① 在机构层面，2017 年，日本学术振兴会（JSPS）和日本科学技术振兴机构（JST）均发布了本机构的开放获取政策和数据管理政策；多个高校出台了本机构的开放获取文件。日本政府在第 5 期《科学技术基本计划》中提出了"超智能社会 5.0"，这对日本开放科学提出了新的需求。

### （一）日本政府开放科学政策

1. 成立开放科学研究组并发布相关政策

2014 年，日本内阁府成立基于国际趋势促进开放科学研究组，讨论促进基于国际趋势的开放科学措施，并提高该政策领域的国际影响力和加强国内措施，召开基于国际趋势的促进开放科学研究讨论会。2017~2019 年，多次讨论国内外开放科学趋势、研究数据管理和利用政策。②

2015 年 3 月，日本内阁府发布《促进日本开放科学》，强调开放科学是

---

① "Policy Developments on Open Science in Japan," https://rcos.nii.ac.jp/en/openscience/internal/.
② 《国際的動向を踏まえたオープンサイエンスの推進に関する検討会》，https://www8.cao.go.jp/cstp/tyousakai/kokusaiopen/index.html。

通过科学技术知识促进创新的新途径，日本应该以协作、战略性的方式跟上全球开放科学的步伐。日本促进开放科学的核心原则是提高公共资助研究的效用。该文件指出，开放科学的核心要素包括开放获取和开放数据。开放获取方式的发展与信息通信技术的发展同步进行，不仅包括电子期刊，还包括研究成果数据的获取。日本开放数据电子化管理的意义和目标包括：提高透明度和可靠性；促进公民参与以及公共和私营部门之间的合作；刺激经济活动和提高行政效率。①

2016 年 2 月，科学技术委员会学术分委会学术信息委员会发布《促进学术信息开放》。第一，促进论文开放获取，并对资助机构、JST、日本国立情报学研究所（NII）、学术界、政府的平台建设、开放合作等工作提出了建议。第二，鼓励发表研究数据作为论文证据，并针对不同的研究领域、数据存储和管理、公开范围和格式、发布渠道等提出了建议。②

2023 年 10 月，日本内阁府综合科学技术创新会议（CSTI）开会讨论如何推动公共财政经费资助产出的论文实现即时开放获取，并提出了初步的政策方针草案。明确了 3 个主要的政策理念：第一，公共财政经费资助产出的研究成果应为国民带来贡献；第二，在不减少大学可用的期刊数量和论文发表数量，以及不对研究活动带来负面影响的前提下，使全国范围内的期刊订阅费和包括开放获取论文处理费（APC）在内的经济负担合理化；第三，政策寻求以本国研究能力为基础，提高研究成果传播影响力，积极推动与G7 等有共同价值观的国家和国际组织间的合作。③

2. 将开放科学纳入国家重要战略政策

2018 年，第 5 期《科学技术基本计划》开始开放科学的布局，其立场主要是尽可能促进公共基金资助的研究成果利用。同时，关注"开放与封闭"战略，

---

① "Promoting Open Science in Japan," https：//www8. cao. go. jp/cstp/sonota/openscience/150330_ openscience_ summary_ en. pdf.
② 《学術情報のオープン化の推進について》，https：//www. mext. go. jp/b_ menu/shingi/gijyutu/gijyutu4/036/houkoku/1368803. htm.
③ 《公的資金による学術論文等のオープンアクセスの実現に向けた基本的な考え方(案)》，https：//www8. cao. go. jp/cstp/gaiyo/yusikisha/20231019/siryo1. pdf.

从国家利益出发，基于国际合作规则，建立共享研究成果和数据的平台。

2021 年，第 6 期《科学技术基本计划》中提出"构筑开放科学与数据驱动型新研究体系"。通过推动社会整体的数字化转型和开放科学，促进高附加值研究成果的产出。在对新冠病毒研究的驱使下，论文开放获取和预印本的应用不断扩大，使贯穿研究全过程的各种数据得以充分开放。应以战略性眼光加强其共享和活用，为产出高影响力的成果构筑基础。基于开放封闭战略加强研究数据的管理与利用，通过建立高水平的网络与计算基础设施、推动设备共享、提高智能化水平等方式，实现知识和研究资源的开放获取，加速数据驱动型的高附加值研究，并提高研究活动参与主体的多元化水平。

根据第 6 期《科学技术基本计划》的指导方针，近 3 年的《综合创新战略》作为年度实施计划都强调了推进开放科学、开放创新、数据驱动等具有高附加值、高影响力的研究活动。《综合创新战略 2022》强调"构建新型研究体系，推进开放创新和数据驱动的研究"，根据《公共资金资助的研究活动数据管理指导办法》，制定具体的研究数据采集、获取、利用办法，为开放创新创造条件。

3. 保障数据安全，促进数据流动与利用

（1）国家研发机构数据政策制定指南

日本内阁府于 2018 年 6 月发布的《综合创新战略》中提出，为了未来进一步促进日本研究和产业的创新，有必要创建开放科学的社会基础设施。为此，将采取的主要具体措施包括国家研究开发机构在 2020 财年年底前制定数据政策，并由日本内阁府制定指导方针来推动数据政策制定。2019 年 3 月，基于国际趋势促进开放科学研究组编制了《国家研发机构数据政策制定指南》，除数据共享标准的国际原则 FAIR 外，还提出了可靠研究数据存储库的开发和运行要求。信息基础架构包括用于研究数据存储的 ICT 基础设施、数据管理系统、数据备份系统、数据检索系统。人员方面，研究数据存储库需要稳定的管理组织和专业的人力资源来保障。[①]

---

① 《研究データリポジトリ整備・運用ガイドライン》，https：//www8.cao.go.jp/cstp/tyousakai/kokusaiopen/guidelinc.pdf。

（2）IT 综合战略本部《综合数据战略》

2021 年 6 月 18 日，日本内阁 IT 综合战略本部发布了《综合数据战略》，将其作为推动日本社会实现数字化转型的重要指导方针。该战略提出，在保障可信性和公益性的前提下，建立保障数据安全、放心、高效利用的机制，并确保世界各国和日本的数据能可靠、顺畅地流动与利用，并最终将日本打造成世界数据中心。该战略涉及三方面的重点内容：第一，面向数据应用推进政府行政工作改革，推动政府行政工作平台化；第二，明确全国范围内数据应用的政策架构；第三，明确新设的数字化厅的职责。

### （二）机构层面的开放科学政策与实践

#### 1. JST 开放科学与开放创新实践

（1）开放获取与数据管理

2013 年，JST 制定了《JST 开放获取政策》，规定公共资助期刊论文的开放存储和开放出版。该政策提出推动机构知识库发展，受到 JST 科研基金资助的科研成果论文一年内必须免费公开其原文内容。2017 年，JST 制定了《研究出版物和研究数据管理开放获取政策》，以促进开放科学对 JST 资助的研究项目产生的研究成果的影响。该政策指出受 JST 资助的科研成果论文原则上要求向公众开放获取，由研究人员自行决定以何种方式（金色 OA、绿色 OA 等）公开发表；建议研究人员在发布研究成果时公开提供基础研究数据；强制要求提交科研数据管理计划。2022 年，JST 对 2017 年的《研究出版物和研究数据管理开放获取政策》做了进一步修订，以反映国内外形势，进一步推动开放科学发展。①

（2）JST 数据基础设施平台建设

JST 于 2015 年发布了 J-GLOBAL knowledge（JGK）科技管理开放数据库，其中包含了科技信息的部分关联开放数据（LOD），如论文、专利、研

---

① "Japan: JST Revised Its Open Science Policy," https：//librarylearningspace. com/japan-jst-revised-its-open-science-policy/.

究人员信息、技术叙词表和科学数据，数据集的规模超过了 157 亿个三元组。① 为加速日本科技、人文社科研究成果的传播，提升成果国际影响力，促进开放获取内容的出版，JST 推出 J-STAGE 学术出版物平台。该平台提倡开放获取，包括提供对文章的免费获取、指定修改、重新分发等重复使用的条件。②

（3）JST 推动开放创新

JST 负责实施日本产学合作项目。在产学合作支持类项目中，共创基地建设支持项目设立于 2020 年，以大学为中心，相关企业、地方政府等多元主体共同参与基地使命的讨论、设计、确定等流程，希望通过专门经费资助建设形成能够稳定持续地产出创新性成果的产学合作共创基地；创新中心项目旨在推动大学与企业合作实施挑战型、融合型、高影响力型的研究活动；产学开放创新平台合作研究推进计划设立于 2016 年，以推动形成新的主导产业为导向，推动扩大产学合作伙伴关系，以期在非竞争性领域推动基础研究和人才培养，从而加速日本的开放创新。

2. 高校与图书馆协会开放获取政策

近年来，日本的科研资助机构、科研机构等相继发布了本机构的开放获取政策。高校的开放获取政策一般包括四个方面的内容：鼓励研究成果开放；明确开放获取范围，一般为无版权纠纷、可开放获取的研究成果，不强制要求成果开放；建议成果开放渠道，一般是机构知识库；明确开放获取成果的版权事宜，在机构知识库开放获取的成果无须将版权转让给高校。

（1）东京大学开放获取政策

2023 年 2 月 22 日，东京大学董事会成员理事会决议通过《东京大学开放获取政策》，以广泛公开其研究成果，确保东京大学与社会间的互动合作。该政策提出东京大学研究人员应将其研究成果发表在东京大学出版商、学术团体、学院、研究生院、研究机构等发行的期刊上，可通过东京大学知

---

① J-GLOBAL，https：//jglobal. jst. go. jp/en/；郭翔：《日本开放科学的发展、现状以及对我国的启示》，《晋图学刊》2021 年第 2 期。

② "J-STAGE Overview," https：//www. jstage. jst. go. jp/static/pages/JstageOverview/-char/en.

识库或其他方式等公开，但版权无须转让给东京大学。但若研究人员或东京大学认为某项成果开放可能会造成版权或其他问题，则可不公开该项研究成果。①

（2）京都大学开放获取政策

2015年4月28日，京都大学通过了《京都大学开放获取政策》。京都大学研究信息存储库向公众开放获取京都大学研究人员在期刊中发表的研究成果。该政策对此日期前发表的成果、存在合同冲突、出版商禁止开放获取的成果不做要求。与存储库相关的保存、发布、后续使用及其他事宜均按照京都大学研究信息存储库操作指南执行。②

（3）国立大学图书馆协会《开放获取声明》

2009年3月，国立大学图书馆协会发布《开放获取声明》，向所有参与实现开放获取的各方发出呼吁。第一，政府和公共资助机构，推进相关政策，促进公共资助研究成果的开放获取；促进文化遗产数字和研究数据的开放获取。第二，研究人员，支持并配合开放获取；尽量在机构存储库中存档研究成果；寻求保留研究成果的著作权。第三，高校和研究机构，支持促进研究成果开放获取；开发研究成果传播的功能平台。第四，学术团体，支持并配合开放获取；缩短出版限制（禁运）期，并向学术机构存储库提供学术协会版本的论文成果，促进自助出版期刊的开放获取。第五，出版商，促进对开放准入的理解，尊重作者权利；缩短出版限制（禁运）期。第六，高校图书馆，鼓励图书馆用户和其他利益相关方支持和合作开展开放获取；开发机构知识库，作为高校开放获取研究成果的重要渠道。③

3. 文部科学省推进研究设备与仪器共享

日本文部科学省认为，研究设备与仪器的共享是优化研究环境的重要一

---

① "The University of Tokyo Open Access Policy," https：//www.u-tokyo.ac.jp/en/about/open-access-policy_en.html.

② "Kyoto University Open Access Policy," https：//www.kulib.kyoto-u.ac.jp/content0/13092?lang=en#oapolicy.

③ 《オープンアクセスに関する声明》，https：//www.mext.go.jp/b_menu/shingi/gijyutu/gijyutu4/toushin/attach/1283016.htm。

环。在第 6 期《科学技术基本计划》的指导下，2022 年 3 月 29 日，日本文部科学省推出了《研究设备与仪器共享推进指南》，为相关研究机构带来三方面的收益：充分利用和发挥有限资源的作用，推动发展对外合作关系，提高资源（时间、技术、经费）管理和利用效率。① 共享对象与设备仪器的选择基于第 6 期《科学技术基本计划》中提出的"具有通用性和一定规模以上的研究设备与仪器原则上要共享"的规定，由政府的公共财政作为维护经费来源的研究设备与仪器都应共享。

共享体系的结构运营体制涉及定位、机构和制度建设三个方面。首先，为使共享体系能真正发挥作用，各机构应明确经营战略目标，如强化研究能力、解决区域发展问题等。其次，建立专门负责共享工作的部门，明确定义该部门在机构组织管理中的运作机制，使之能与机构整体的经营战略协调起来，从而对机构整体的研究设备与仪器的使用、共享、维护、使用规则制定、技术职称人员的组织等重要事务进行有效管理。最后，完善相关财务与人事制度建设。在财务方面，多元考虑仪器设备的使用与维护，制定相应的使用费用标准；在人事方面，发挥技术人员专业能力。

### 4. 国立情报学研究所数据基础设施建设

NII 成立于 2000 年，隶属文部科学省，前身为日本国家科学信息系统中心（NACSIS），通过推动情报学领域相关理论、方法应用的研究开发活动，推动科学研究和经营活动正常进行。NII 主要通过完善信息基础设施、提供资金资助、促进国际交流、情报学教育、促进开放科学发展等方式来推动科学技术发展。② 2017 年，NII 建立开放科学平台研究中心（RCOS），旨在开发和运营学术基础设施，建设全球开放科学的基础设施。RCOS 由管理平台

---

① 《研究設備・機器の共用推進に向けたガイドライン》，https：//www. mext. go. jp/b_ menu/shingi/chousa/shotou/163/toushin/mext_ 00004. html；《研究設備・機器の共用推進に向けたガイドライン概要》，https：//www. mext. go. jp/content/20220329 - mxt _ kibanken01 - 000021605_ 1. pdf；《研究設備・機器の共用推進に向けたガイドライン》，https：//www. mext. go. jp/content/20220329-mxt_ kibanken01-000021605_ 2. pdf。

② 顾立平、刘金亚：《日本国立情报研究所的发展战略与启示：——创造未来价值的知识技术研发可能性探讨》，《情报科学》2020 年第 2 期。

（GakuNin RDM）、公共平台（WEKO3）、搜索平台（CiNii Research）三个平台组成。RCOS 自 2017 年起致力于 NII 研究数据云（NII RDC）的开发。[①]

（1）CiNii Research

CiNii Research 是日本最大的学术信息检索服务系统，不仅可以综合检索公共平台上注册的研究成果和论文信息，还可以综合检索书籍、研究数据、产生这些成果的研究人员以及研究项目信息。这些学术信息在内部形成了一个大规模的知识图谱，响应研究人员的各种发现方法并使其产生快速的行动和深刻的见解。CiNii 数据库由 CiNii Article、CiNii Books、CiNii Dissertations 三个子数据库构成，对所有人免费开放。

（2）NII 研究数据云

NII 研究数据云（NII RDC）在 2021 年正式启用，目的在于推进可灵活整合研究数据的数据管理制度，开发电子期刊平台 J-STAGE 数据库，扩充收录论文等；制定关于研究数据的管理和利用方针计划，推进政府出资研究活动获得数据的公开，促进与各国研究数据的连接；掌握人才及研究数据应用的实时状况。[②]

（3）NII 科学信息网络

NII 科学信息网络（SINET）是 NII 以日本全国的大学和研究机构等为学术信息平台而构建、运营的学术信息网，旨在为教育研究相关机构、人员提供一个良好的学术信息交流环境。SINET 在全国设置了数量众多的节点，为各个地区的大学和研究机构提供最先进的网络服务。另外，为了达到国际研究信息的无障碍交流，SINET 还连接了美国的 Internet2、欧洲的 GéANT2 和亚太地区的 TEIN3 等很多海外学术研究网络。同时，SINET 提供连接商业互联网的服务。2022 年 4 月 SINET6 开始全面运营，为约 1000 所大学和研究机构提供高水平的学术信息基础设施。[③]

---

① 《オープンサイエンス基盤研究センター》，https://rcos.nii.ac.jp/about/。
② 周斐辰：《日本科技创新战略重点及施策方向解析——基于日本〈科学技术创新综合战略 2020〉》，《世界科技研究与发展》2021 年第 4 期。
③ 《学術情報ネットワークとは》，https://www.sinet.ad.jp/aboutsinet。

### （三）趋势与特点

当前，日本以《科学技术基本计划》为指引，通过开放获取、数据管理、基础设施建设等为开放科学发展营造了良好的氛围，通过小步迭代已经将开放科学的范畴拓展到产业领域，促进产学合作，强化城市、地方政府、大学、初创企业间的合作，通过产学合作推进以大学为中心的开放创新。日本推进开放科学发展的趋势和特点主要体现为以下几个方面。

第一，关于论文开放获取，鼓励研究成果开放；开放获取范围一般为无版权纠纷、可开放获取的研究成果；成果开放渠道一般是机构知识库；在机构知识库开放获取的成果无须将版权转让给高校。

第二，推动公共资源资助的研究成果开放共享，制定数据管理政策，开展研究数据元数据建设；鼓励研究数据公开；推动仪器设备共享。

第三，关于数据基础设施建设，JST、NII 等机构均建设了数据基础设施平台，整合全国科研成果数据、科研人员数据、科学数据等，促进这些资源的开放共享，扩大学术产出影响力，规范成果再利用。

第四，在开放创新方面，日本以社会经济发展问题为导向，致力于推动产学研合作研发、共同支持初创企业，强调共同推动新价值创造。相关项目也将产学合作、数据战略与管理、服务社会应用等情况作为项目评价指标。科研资助机构和科研机构也设立产学合作支持项目，积极参与开放创新活动。

# 案 例 篇
Case Report

# B.11
# 北京开放科学实践典型案例报告

课题组[*]

**摘 要:** 本报告围绕开放科学实践领域,选择北京的 15 个代表性案例,
对其实践活动进行剖析。在政府层面,国家依托在京科研机构
部署新型国家信息化基础设施,地方政府积极搭建科技条件平
台和公共资助成果管理、发布平台等,服务区域创新,引领和
支撑开放科学发展。在组织层面,多元主体汇集资源,创建开
放科学领域联盟、联合体和基金会等,搭建项目孵化平台、构
筑跨界协作网络、传播开放理念和文化。在机构层面,以大学
和科研院所为主体,涌现出众多机构知识库、开放获取和知识

---

* "开放科学背景下科研范式迭代升级及北京应对策略研究"课题负责人:侯元元,博士,北
京市科学技术研究院副研究员,研究方向为产业技术、科技政策。课题执行负责人:杨萍,
博士,北京市科学技术研究院副研究员,研究方向为文献资源管理、开放科学。课题组成
员:李梅,北京市科学技术研究院副研究员,研究方向为区域创新、创新生态和开放科学;
张敏,博士,北京市科学技术研究院副研究员,研究方向为产业经济理论与政策、开放科
学;沈晓平,北京市科学技术研究院副研究员,研究方向为区域经济;周雷,北京市科学技
术研究院助理研究员,研究方向为企业创新管理、信息资源管理;张媛,北京市科学技术研
究院助理研究员,研究方向为文献情报。

服务平台，推动科学资源的开放获取、应用与服务，大大提升了科研效率。此外，还建设了具有国内外影响力的开源社区，为我国乃至全球开源生态做出重要贡献。在高能物理、地球科学等学科领域开放科学实践格外亮眼，以科学数据中心为驱动促进了全球开放合作，实现了科学重大突破。

**关键词：** 开放科学　科学数据　开放获取　基础设施　开源创新

近年来，随着北京国际科技创新中心建设的加快推进，开放科学与开放创新不断融合发展，开放科学实践在区域创新、企业创新中的作用日趋凸显。科技管理部门、高校院所、企业和服务机构等联合发力，顺应全球形势，抓住历史机遇，以开放创新为引领、以开放文化为灵魂、以数字技术为支撑，通过资源共享、搭建平台、组建联盟、创办开源社区等举措积极推动开放科学实践，呈现良好的发展态势。本报告从开放科学和开放创新融合的角度出发，对北京开放科学领域典型实践案例进行分析，总结其成功经验，以期为更好地推动开放科学实践提供启示借鉴。

# 一　政府大力引领　开放科学扬帆

政府在开放科学发展中具有重要的导向作用。通过制定开放科学相关政策，发布开放科学实践倡议，建设科研数字化基础设施，搭建交流合作平台等，为开放科学的发展营造了良好的环境。同时，政府还通过开放科学项目建设等举措，以点带面地带动区域创新发展。在强有力的政策引领下，开放科学这艘巨轮必将扬帆远航，让科技创新成果惠及社会各界。

## （一）新型国家信息化基础设施：中国科技云

### 1.案例概况

中国科技云是我国自主设计、开放汇聚的新型国家级信息化基础设施，于 2017 年启动建设，2019 年中国科技云 2.0 成功发布，基本实现了高速科研网络、海量数据存储、大规模计算分析、科学数据与信息资源、科研软件资源等的云化集成，建立了开放的资源与服务汇聚机制及技术体系。早在2020 年初中国科技云已汇聚 315PFlops 计算资源、150PB 存储和数十 PB 科学数据资源，科研软件有 1000 余款，提供网络、数据、计算、存储、认证等九大类科研云服务。[①]

### 2. 经验解读

面向中国科技界，建立开放的资源与服务汇聚机制及技术体系。中国科技云面向中国科学院乃至中国科技界提供科技资源和信息服务，是支撑科技创新、驱动科学发现的重大信息化基础设施，具有战略性、基础性、通用性。其建设是以中国科学院优势科技基础设施为基础，利用新一代信息技术，汇聚全国乃至全球信息化优质资源，打造国际一流的云服务环境，形成可信可控、开放融合、智能调度的中国科技云服务体系。

涵盖基础设施平台、科研软件资源、信息资源、科研社区等多种资源。2018 年中国科技云门户正式启动上线之时已成功汇聚众多平台资源，包括中国国家网格、人工智能计算与数据应用服务平台、中国科学院超级计算环境等 5 个基础设施平台；11 类 58 款科研软件资源；地理空间数据云、国家基础科学数据共享服务平台、中国科学院数据云等 13 项信息资源；高能物理领域云、微生物领域云、计算化学云服务社区、高通量材料集成计算平台等科研社区；以及电子邮件、云盘和在线会议等科研工作者日常使用的超融合通信软件服务。[②]

科研工作者在线专享资源与服务的一体化云服务。中国科技云门户通过各类资源融合、智能运管和动态调度创新服务模式，为科技工作者提供契合需要、更加安全和智能化的云服务。用户通过实名注册获得中国科技云通行证，即可享受全新的云服务，包括获取网络传输、云计算、云存储、通用型

---

[①] 中国科技云官网：https：//www.cstcloud.cn/xmjs。

[②] 高雅丽：《中国科技云：助力中国跑出科技创新加速度》，《中国科学报》2018 年 5 月 14 日，第 5 版。

大数据处理环境、高性能计算网格、人工智能计算与数据服务等多项基础设施资源服务；上传共享、评价、下载和在线运行科研软件；关联搜索和共享文献、知识产权、领域云数据库等科研信息资源；促进学科领域的交流等。

3. 启示借鉴

充分利用现有科技基础设施，建立开放的资源与服务汇聚机制，服务于北京国际科技创新中心建设。中国科技云作为数据与计算融合的、领先的国家级基础设施，是推进开放科学发展的重要平台，将全面支撑科研范式的变革和国家重大战略需求与信息技术创新。在北京推进开放科学实践过程中，可充分借鉴上述经验，加快推进基础设施、论文、科技成果等资源的开放获取，面向世界科技前沿和世界重大科技合作需求，为加速科技创新提供支撑。

## （二）加快区域科技资源共享：首都科技条件平台

### 1. 案例概况

首都科技条件平台是国家科技基础条件平台指导下的北京地方科技条件平台。该平台始建于 2009 年 6 月，由北京市科学技术委员会、中关村科技园区管理委员会牵头，市财政局、市教委等部门协同推进，首都地区高校、科研院所、企业等科研设施与仪器拥有机构共同参与，旨在向社会开放共享重大科研基础设施和大型科研仪器，为企业提供测试、检测、研发等服务，将科技条件资源优势转化为创新发展优势，为北京建设国际科技创新中心提供重要支撑。

### 2. 经验解读

整合首都科技条件资源，推动科技资源开放共享。北京的科技基础条件资源约占全国总量的 1/3，是全国科技资源最丰富的地区，但是存在不开放、布局分散、使用效率低下等问题。首都科技条件平台是首都区域创新体系建设的基础工程，以"撬动科技资源、促进开放共享，服务企业需求、促进社会发展"为宗旨，通过增加首都科技资源存量，面向科技型中小企业乃至全社会提供研发实验服务，让他们享受优质技术服务的目标正在变为现实。

创新组织机制，建设首都科技资源开放服务体系。北京市科委尝试开展组织和机制创新探索，通过创建新型组织形式，形成科学、合理、高效的管理及运行机制，用有限的财政资金撬动首都丰富的科技资源。经过多年的建设运营，平台建立了以包括中国科学院、北京大学、清华大学在内的 22 家研发实验服务基地为主体的"小核心、大网络"工作体系和科技资源开放服务体系，实现了对首都地区高校、科研院所和企业现有科技资源的统筹整合、高效运营和市场化服务，形成了科技资源整合促进产学研用协同创新的"北京模式"。

基于开放共享和高效服务提高科技资源利用效率。首都科技条件平台持续推动首都地区科研设施与仪器等科技资源的整合、开放共享和服务，通过组织开展服务推介、"百进千"等政策宣讲及供需对接活动，不断提高科研设施与仪器等科技资源利用效率。2022 年，90 家开放单位共促进 1.59 万台（套）、价值 151 亿元的科研设施与仪器向社会开放共享，考评周期内为 6388 家次企业提供测试分析、联合研发等服务，服务合同金额达 38.9 亿元，为北京企业开展研发创新提供了良好的支撑。①

3. 启示借鉴

一是建立科技资源开放共享机制。北京在建设科学数据中心或平台方面，可借鉴本案例的经验，鼓励企业搭建开放共享云平台，推动制定中心或云平台间系统迁移和互联互通标准，加快实现业务与数据的互联互通，建立规范有序、安全高效的科学数据开发利用机制。

二是以服务科技创新主体为导向。北京建设科学数据中心或平台，为高校、科研机构和企业等科技创新主体提供按需使用、动态扩展、优质低价的数据存储、软件开发、交易支付等服务，持续推进科学数据开放共享，可持续地服务于首都科技创新与经济发展。

（三）推动科技成果转化应用：北京市科技成果信息系统

1. 案例概况

按照《北京市促进科技成果转化条例》的规定，北京市科学技术委员

---

① 首都科技条件平台官网：https：//fwy. kw. beijing. gov. cn：8082/sites/sdtjpt/aboutUs. html。

会、中关村科技园区管理委员会组织开发了北京市科技成果信息系统，并于 2021 年 4 月 30 日印发实施了《北京市科技成果息系统管理和使用办法》。利用本市财政资金设立的科技项目承担者应当在项目结题时向市科学技术部门和项目主管部门提交科技报告，并按照规定将科技成果和相关知识产权信息汇交到本市科技成果信息系统，向社会公布并提供科技成果信息查询、筛选等公益服务，推动科技成果转化应用。[①]

2. 经验解读

全面汇聚科技成果。利用本市财政资金设立的科技项目形成的科技成果，包括由北京市科学技术委员会、中关村科技园区管理委员会，北京市发展和改革委员会，北京市教育委员会，北京市经济和信息化局，北京市财政局，北京市卫生健康委员会，北京市人民政府国有资产监督管理委员会，北京市知识产权局等部门以及各区政府、北京经济技术开发区管委会设立的基础研究、应用基础研究以及共性关键技术研发等方面科技项目形成的科技成果和相关知识产权信息，均须在科技成果信息系统进行汇交。科技成果包括专利技术、计算机软件、技术秘密、集成电路布图设计、植物新品种、新药、设计图、配方等。[②]

打通政府部门信息通道。科技成果信息系统与各项目主管部门及资金管理系统实现对接后，能够为项目主管部门提供综合监管、统计分析、预警提示、决策支持等多种服务，并提高服务质量和效率。

向社会提供一站式服务。科技成果信息系统能够向社会提供科技成果信息查询、筛选等公益服务。企业、机构及个人无须注册即可登录科技成果信息系统，免费浏览、查询和筛选科技成果信息；实名注册登记后可在科技成果信息系统上发布科技成果需求，并免费获得科技成果的信息推送、供需对接等便捷服务。

注重科技成果转化应用。通过组织第三方机构对汇交的信息进行评估、

---

① 北京市科技成果信息系统：https：//www. bjcgdj. com/#/answering？id＝15。

② 《北京市科技成果信息系统管理和使用办法》，北京市人民政府网站，2021 年 5 月 27 日，https：//www. beijing. gov. cn/zhengce/gfxwj/202105/t20210527_ 2399902. html。

筛选，对具备转化条件的科技成果通过多渠道向社会进行发布、推介，并鼓励企业、机构及个人合理开发利用科技成果信息系统发布的信息，进行科技成果的加工、集成、熟化、包装、推介、撮合、交易等一系列工作，加快科技成果和相关知识产权信息的传播与扩散，加快推动科技成果的转化和应用。

### 3. 启示借鉴

一是全面汇集分散的首都科技数据资源。北京市科学技术委员会积累了丰富的科技数据资源，其他政府部门也拥有大量高价值的科技数据。可借鉴本案例经验，梳理来自不同部门的非密课题项目、高新技术成果转化项目、新技术新产品服务，科技条件平台开放实验室与成果等，推动科技成果的转化与应用。

二是构建首都科技大数据开放共享平台。借助平台让这些历史数据"活起来"，将这些非结构化的数据真正使用起来，为成果对接、科技金融、成果评价、人才、专家等多方面提供支撑，使科技数据发挥更大的社会作用。

## 二 汇聚各方资源 合力推动开放

开放科学作为一种新的科研范式，倡导科学技术知识的自由流通、跨界协作。要推动这一理念在全社会落地生根，需要政、产、学、研、用等各界力量共同推动。成立开放科学领域的联盟、联合体、基金会等组织，汇聚各方资源是实现这一目标的重要途径。这些联盟组织为国内开放科学的发展提供了平台、资源、指导，是打通科技创新网络、推动开放科学发展的重要力量。

### （一）构建开源领域命运共同体："科创中国"开源创新联合体

#### 1. 案例概况

2021年5月，"科创中国"开源创新联合体（以下简称"联合体"）

在中国科学技术协会的倡导下成立。它是"科创中国"联合体的子联合体和理事单位，由包括中国电子学会、中国汽车工程学会、中国标准化协会、中国科学学与科技政策研究会、中国科学技术法学会、中国通信学会、腾讯、百度、京东、麒麟软件、中国开发者社区（CSDN）等在内的 36 家机构共同发起。联合体秘书处设在中国科协科学技术传播中心，创立的目的在于发挥中国科学技术协会的组织与人才优势，推动我国开源产业各类创新主体的协作与联系，培育自主开源生态，汇聚开源创新资源，打造技术创新跨界协作网络，从而构建开源领域命运共同体，解决"卡脖子"技术难题，实现核心技术可控的目标。

2.经验解读

利用联合体的组织优势，汇聚开源创新资源，举办产业高峰论坛。2023年 5 月，联合体联合中国科协科学技术传播中心、天津市科学技术协会、天津市工业和信息化局、天津市滨海新区人民政府等机构，举办第七届世界智能大会"科创中国"开源创新与信创产业发展高峰论坛，聚焦开源创新生态建设，搭建产学研用等各类创新主体交流合作平台。论坛就"开源软件发展趋势及风险分析""华为计算开源生态建设经验""国产数据库的技术创新实践之路"等话题进行了分享与探讨。有关政府部门、高等院校及科研院所、企业单位等代表 200 余人参会。

利用联合体的专业性优势，开展开源创新评选活动，打造具有公信力的开源发布品牌。从成立当年起，联合体便在中国科技协会的指导下，联合中国科协科学技术传播中心、中国电子学会等机构，在全国开源行业领域内，评选具有创新性、贡献度和影响力的优秀开源产品、开源社区、开源活动、开源人物等，进而传播推广年度优秀开源产品，激励活跃度高、贡献度高的年度优秀社区，发掘从事开源治理、创设中国自主知识产权开源项目、推动中国开源产业发展等方面的典型人物。2023 年评选的 2022 年度"科创中国"系列榜单更是进一步优化了榜单类型设置，加大了联合体的组织动员力度，扩大了榜单征集范围和规模，设立了"先导技术榜""新锐企业榜""融通创新组织榜""创业就业先锋榜""技术经理人先锋榜""国际创新合作榜""开源创新榜",共有30项在中国开源行业领域具有创新性、贡献度和影响力的产品、社区、机构上榜。评选项目分类客观专业、评选流程公开公正、参与评选的专家顾问兼具专业性和权威性,提高了开源创新品牌的知名度与公信力。

利用联合体的资源优势,联结各类开源创新主体,构建多方联动的工作机制。为营造开源文化、提升开源创新能力,联合体广泛联系开源领域内的政、产、学、研、金、介、用、媒等各类创新主体,促进相关主体之间的交流和深度合作。通过发展自主开源基金,建设开源实验室、开源社区、开源创新示范基地等融合机构,例如,2021年联合体与天津滨海高新区、北京中关村软件园共同签署三方合作协议,围绕开源创新与信创产业发展进行合作。

### 3.启示借鉴

一是借助自身专业性与资源优势,打造开源品牌发布平台。类似联合体的组织,可通过高峰论坛和评选活动集聚开源领域优秀资源,打造具有公信力的开源社区与平台。

二是推动政产学研用多方联动,实现开源创新资源共享、良性互动。类似联合体的组织,既有政府指导,也有企业支持,还积极吸纳高校力量,政产学研用多方联动,有效整合创新资源,为开源创新奠定坚实基础。

## (二)打造优质开源项目孵化平台:开放原子开源基金会

### 1.案例概况

开放原子开源基金会(以下简称"基金会")由百度、华为、阿里巴巴、腾讯、360、招商银行、浪潮等多家企业联合发起,于2020年6月在北京成立,是一个专注于以开源项目的推广传播、法务协助、资金支持、技术支撑、开放治理等为目的的公益性科技服务机构。

基金会遵循共建、共治、共享原则,把自身定位于一个以开发者为本的开源项目孵化平台,系统打造开源开放框架,搭建国际开源社区,以起到赋能行业、提升行业协作效率的作用。其业务范围主要包括开源软件、开源硬件、开源芯片、开源内容等项目的资金和技术支持，以及开源项目相关战略咨询、知识产权托管服务、法务咨询、项目运营和品牌营销服务等，促进、保护、推广开源软件的发展与应用，推进开源生态的繁荣和可持续发展是我国在开源领域的首个基金会。

2.经验解读

集聚开发者力量，孵化众多重量级开源项目。开源项目是构建开源生态、汇聚创新资源的核心。基金会成立之后，陆续孵化、开放了华为的数字基础设施开源操作系统 openEuler、百度的超级链 XuperChain、腾讯的 Kubernetes 发行版 TKEStack 和物联网终端操作系统 TencentOS tiny、蚂蚁科技集团股份有限公司的密码算法 Tongsuo（铜锁）、360 的类 Redis 存储系统 Pika、浪潮的低代码开发平台 UBML，以及物联网嵌入式操作系统 AliOS Things 等几十个重量级开源项目，并全部开放了源代码下载，推动了我国开源软件生态的建设和发展。

联合科技企业，推进重磅开源项目的行业场景应用实践。在基金会众多开源项目中，华为捐赠的全场景分布式终端操作系统 OpenHarmony（开放鸿蒙系统，以下简称"OpenHarmony"）于 2020 年底托管了操作系统技术和架构的核心代码及组件，遵循商业友好的开源协议，所有企业、机构与个人都可以去基金会平台下载它的开源代码，结合自身优势，去开发不同领域的操作系统发行版和终端产品。2021 年 7 月，北京 2022 年冬奥会和冬残奥会官方协同办公软件供应商——随锐科技集团成为基金会会员单位，与基金会开启基于 OpenHarmony 的项目合作，在通信云、工业互联网、物联网等领域，打造行业标准、推动产业发展。同时，随锐科技集团也在基金会的开放平台捐赠开源代码，协同丰富 OpenHarmony 生态。

策划组织开源节、开源峰会、技术沙龙等开源活动，参与科技行业展会，传播开源文化、推广开源项目。基金会成立后，先后策划组织了"1015 '有你有我' 开源节""一源初始·开放共创——2020 年度峰会""开放原子超级链 2021 开源技术巡回沙龙""OpenHarmony2.0 共建会"等活动；参加"第四届数字中国建设峰会——软件开源生态分论坛"，积极传播开源理念；参加 2023 年第二十五届中国国际软件博览会，设置了 30 多个展位展示开源技术内容、行业应用场景等，推动了开源技术、开源理念在软件行业的普及和应用。同时，通过这些活动，鼓励企业与开发者参与开源，加快繁荣开源生态，共同促进开源行业的快速发展，赋能千行百业。

3. 启示借鉴

一是借助成员单位的力量，孵化开源项目，建立开放科学的生态系统。基金会通过会员单位的捐赠，孵化、支持、推广多个开源项目，形成了一个完整的开源技术栈，涵盖操作系统、数据库、中间件、编程语言、框架、工具等各个层次，实现了开源技术的互通和共享，拓展了开源生态系统的边界和规模。

二是取之于企业，用之于企业，建立开源软件开发、应用的良性循环。基金会不仅关注开源技术本身，更关注开源技术所能创造的应用价值。通过与各个理事单位、会员单位的共商、共建、共享、共赢，连接各行各业，为开源项目找到落地应用场景，构筑可持续发展的开源生态系统。

## （三）应对前沿科技变革：中国人工智能开源软件发展联盟

### 1. 案例概况

当前，人工智能已成为新一代科技改革的核心驱动力，社会对智能化的需求日趋强烈。为应对未来科技变革、推进我国人工智能产业发展，成立了中国人工智能开源软件发展联盟（AIOSS，以下简称"联盟"）。联盟于 2018 年 7 月 1 日在北京成立，是在工业和信息化部信息化和软件服务业司的指导下，由中国电子技术标准化研究院成立的中国开源人工智能组织。联盟聚焦于人工智能开源软件相关的政策研究、标准研制、核心关键技术攻关和产业发展推动等工作，同时聚集产学研用各方力量，营造人工智能开源软件的开发环境，共同推进我国人工智能开源软件发展。

### 2. 经验解读

带动联盟成员单位和产、学、研机构，撰写发布产业白皮书，推动人工智能开源软件快速发展。2018 年，联盟召集中国电子技术标准化研究院、上海软件中心、北京大学、蚂蚁金服、京东等机构，编撰并发布《中国人工智能开源软件发展白皮书（2018）》，研究并梳理了人工智能开源软件发展现状，分析了人工智能开源软件生态，对我国人工智能开源软件发展提出建议，并提炼了我国人工智能开源软件应用案例。白皮书为各级产业主管部门、企事业单位推动人工智能开源软件的技术创新和产业发展，提供了积极的参考作用。

有效推进人工智能产业相关标准的编写与应用推广等工作，构建我国人工智能开源软件健康生态圈。2019 年，联盟组织成员单位编写了《信息技术服务　人工智能　开源软件选型指南》《信息技术服务　联邦学习　参考架构》《信息技术服务　人工智能　医学影像数据标注规范》《信息技术服务　人工智能　医学影像智能处理要求与任务评价》四项团体标准和《人工智能开源软件应用案例集》，以标准化的手段对人工智能开源软件进行行业规范和引领，加速人工智能开源软件的技术革新和迭代演进，促进人工智能开源软件在产业应用层面的良性发展。

联合权威媒体、研究机构、企业、协会等组织，征集人工智能业务场景与需求，展示人工智能领域创新成果。2021 年，联盟携手央视网、中国电子技术标准化研究院、中国科学院自动化研究所、中国生产力促进中心协会、北京远舢智能科技有限公司等机构，发起"智敬中国·AI 场景应用招募大会"活动，招募大会面向企业和政府机构征集相关业务场景下，智能化转型升级的需求；面向科技公司征集场景创新应用、智能化解决方案和创新技术成果，通过专家评审后参加大会评选路演直播节目，央视网全媒体平台同步播出，以中央媒体的公信力和传播影响力赋能中国人工智能开源产业发展。

### 3. 启示借鉴

一是需要一个联盟这样的多方参与的平台，整合人工智能开源软件行业资源，集聚产业多方力量，共同促进人工智能开源软件的技术创新和产业发展。联盟成员包括政府部门、科研机构、高校、企业、社会组织等，涵盖人工智能开源软件的研发、设计、生产、集成、服务等各个环节，从而实现资源共享、知识交流、技术协作，提高人工智能开源软件发展的质量和效率。

二是需要联盟这样的组织制定人工智能开源软件的共同标准、行业白皮书等，以确保开源科学技术的公平、开放和透明。联盟通过发布白皮书和行业标准等报告，梳理了人工智能开源软件的发展现状、生态、建议和案例，为人工智能开源软件的研究和应用提供指导和参考，为企业、政府、行业提供服务，同时可以保护公众利益，应对技术带来的安全、伦理和社会挑战。

## 三　强化平台赋能　提升科研效率

大学、研究机构、出版社等不同主体是开放科学实践的重要参与者和推动者，在开放科学理念引领下，这些机构汇聚科学数据与资源，通过打造开放的机构知识库、建设科技知识的开放获取与交流平台、提供科研成果的一站式发布与发现服务等，积极推动科学资源的开放获取、应用与服务，提高科研效率，助力科研高质量发展。

### （一）实现一站式开放资源获取：GoOA——开放获取论文一站式发现平台

#### 1. 案例概况

GoOA——开放获取论文一站式发现平台（以下简称"GoOA"）是一个由中国科学院立项启动、中国科学院文献情报中心建设的开放获取（OA）期刊服务平台，旨在为科研人员和专业学习、工作者提供开放获取（OA）论文的集成发现、免费阅读与下载服务。GoOA集成了严格遴选的自然科学领域与部分社会科学领域的OA期刊及论文全文，覆盖物理、化学、生物、医学、工程、数学、计算机、地球、环境等多个学科。截至2023年9月，GoOA共收录了全球近2万种OA期刊、1300多万篇OA论文。[①]

---

① GoOA官网：http：//gooa.las.ac.cn/。

GoOA 不仅提供了开放资源数据的检索和下载服务，还提供了多种增值服务，如关联检索、知识图谱分析、用户分享、OA 期刊投稿分析等。这些开放科学服务旨在帮助科研人员更好地利用开放资源数据，提高科研效率与质量。

2. 经验解读

建立严格的遴选标准，保证开放资源的权威性和可信度。GoOA 只收录符合国际标准的 OA 期刊，以提高自身开放资源的质量。例如，2018 年 9 月，中国科学院文献情报中心与全球最大的开放研究出版机构之一施普林格·自然（Springer Nature）签署合作协议，通过 GoOA 平台，为用户提供施普林格·自然出版旗下所有完全开放获取（OA）的期刊，包括自然科研（Nature Research）全部的 OA 期刊，如《科学报告》（*Scientific Reports*）和引用量最高的 OA 期刊《自然-通讯》（*Nature Communications*）等，以满足中国科研人员对高质量开放获取资源日益增长的需求。

利用数据开放技术，提供一站式的开放资源获取服务。GoOA 采用了先进的 OAI-PMH 元数据操作框架和信息组织技术，实现了对不同来源和格式的 OA 论文的集成处理，方便科研人员在一个平台上检索和下载所需的论文，并提供多种检索方式和筛选条件，满足不同用户的需求，提高他们的科研效率。同时，OAI-PMH 元数据挖掘标准还实现了 OA 论文元数据的第三方挖掘与再利用，促进了开放资源的互联互通，提高了开放数据的价值和影响力。此外，GoOA 还支持 DOI 和 ORCID 等国际标识符，提高了数据的可识别性和可追溯性。

始终以用户需求为导向，不断完善与优化开放获取的服务功能。为帮助用户更好地利用开放资源，GoOA 内嵌了领域知识结构树，实现了关联知识的发现和检索，帮助科研人员拓展自己的视野与思路，发现相关或交叉的研究主题和论文。同时，GoOA 为期刊用户提供了质量评估和投稿信息分析，帮助科研人员选择合适的期刊发表研究成果。另外，GoOA 为用户提供了知识图谱分析功能，展示了论文之间的引用关系和主题关系，并增加了用户将论文分享给其他用户或社交媒体平台的功能，提高了用户的参与度和满意度，促进了开放资源的传播与利用。

3. 启示借鉴

一是构建开放科学资源门户，整合高质量的开放获取资源，提供一站式发现服务。OA 期刊与论文平台可以积极拓展与全球优质资源方的合作，获取全球领先的开放获取资源，并利用开放数据技术，提高用户使用效率，提高开放获取资源的可见性和影响力，促进开放科学交流与知识共享。

二是开放科学要重视用户需求，不断优化服务，实现开放资源的价值最大化。随着科技的进步，科研工作者、学习者对开放获取平台的要求也在不断提高，所以，类似平台应实时关注前沿科技动态和用户需求变化，通过提供高质量、多样化、高透明度的开放获取服务，为科研工作者对开放资源的利用提供方便。

## （二）提供一站式数字化解决方案：SciEngine 科技期刊全流程数字出版与知识服务平台

### 1. 案例概况

2016 年 4 月，SciEngine 科技期刊全流程数字出版与知识服务平台（以下简称"SciEngine"）开始上线运营，这是由中国科技出版传媒股份有限公司自主研发的、我国首个集全流程数字化生产与国际化传播于一体的科技期刊出版服务平台。SciEngine 从国家战略和期刊需求出发，借助中国科技出版传媒股份有限公司出版的丰富、优质、专业的学术期刊内容，集聚中国科学院乃至国内外高水平科研人才，为全球科技界提供优质的学术资源和知识服务，构建国家高端科研论文和科技信息开放交流平台。截至 2023 年 9 月，SciEngine 集聚期刊 430 多种，文章近 39 万余篇，大部分提供免费开放获取服务，总访问量已超过 3800 万次。

### 2. 经验解读

利用信息化技术手段不断搭建功能模块，打造开放获取期刊自主办刊模式。SciEngine 为科技期刊提供了从投稿、审稿、编辑、校对、排版、出版到传播的一站式数字化解决方案，实现了期刊生产过程的自动化、智能化；

SciEngine 还支持多种语言和格式的期刊出版，包括中文、英文等语种，以及 PDF、HTML、XML 等格式，实现了开放期刊获取的国际化。2023 年 6 月，SciEngine 出版平台在第六届世界科技期刊论坛上发布了 3.0 版，新版本的 SciEngine 通过人工智能和大数据技术，进一步提升了论文投审、内容生产、数据仓储、资源发布、学术提升、国际化推广及科学评价等全链条开放科学出版服务。

响应国家开放科学的政策与倡议，为大型科技期刊提供开放获取出版服务。通过不断提升出版服务能力，SciEngine 不断吸引优质期刊合作发展。例如，中国科技期刊卓越行动计划梯队期刊《生物化学与生物物理学报》（*ActaBiochimica et BiophysicaSinica*，ABBS）在海外合作到期后，从 2022 年 1 月开始转回 SciEngine 进行开放获取（OA）出版，为广大科研工作者提供更加开放、便捷的阅读服务；科学出版社创办的中国科技期刊卓越行动计划高起点新刊《国家科学进展》（*National Science Open*）也在 SciEngine 出版，推动了中国科技期刊的国际化和开放化。

与国外开放科学数据库和平台合作，打造科技期刊的国际传播和服务平台。SciEngine 利用中国科技出版传媒股份有限公司出版的丰富、优质、专业的学术期刊内容，经过整合、重组，打造生成各种形态的数字化产品，如电子书籍、数据库、专题集锦等，为全球科技界提供学术资源的开放获取服务。SciEngine 还与 PubMed、CrossRef、GoogleScholar、Altmetric、Web of Science（WoS）等国外知名学术平台跨库对接，实时进行内容资源与应用数据的双向流动，实现了科技期刊的广泛分发和传播，也让 SciEngine 成为国内科技、学术类期刊在国际上开放展示的重要窗口。

3. 启示借鉴

利用最新技术，不断创新与完善开放获取资源的出版与传播途径，推动开放科学的发展。类似 SciEngine 的开放资源平台可以利用人工智能、云计算等最新技术，为用户提供更加智能、多元的开放科学资源出版与获取服务。

对接国内外开放科学数据库和第三方平台，积极融入国际开放科学出版生态。类似 SciEngine 的平台在吸引优质科技内容的同时，要进一步与国际接轨，适应开放获取等发展要求，整合资源、创新服务，不断提高国内开放科学资源的国际知名度。

## （三）新型知识组织与治理典范：清华大学机构知识库

### 1. 案例概况

清华大学机构知识库（以下简称"机构知识库"）是清华大学图书馆建立的一个专门收集、保存、展示和传播清华大学科研学术成果的平台，面向清华全校师生和各机构提供开放获取服务，为科学研究提供丰富的数据支持，从而提高清华大学各机构的科研实力，增强清华大学在国内外的学术声誉与影响力。

机构知识库采用国际通用的 DSpace 系统建设，支持多种元数据标准与协议，如 Dublin Core、OAI-PMH 等。此外，数据库还提供不同的检索与浏览方式，如按关键词、标题、摘要等进行全文检索，以及按作者、机构、主题、年份等分类浏览。另外，机构知识库还提供了多种增值服务，如统计分析、引文分析、RSS 订阅等。截至 2023 年 9 月，知识库共收录清华大学自 2005 年以来的各类科研学术成果，包括 48 所校内院系等机构、3749 位学者的 26.06 万条数据，其中包括 19.1 万篇学术论文、近 6 万篇学位论文、72 部著作、9574 个专利等，绝大多数都采用开放获取的方式供校内外用户使用，展示了清华大学各机构强大的科研实力。

### 2. 经验解读

在清华大学图书馆的主导与协调下，清华大学着手建设开放性、长期性的知识库。清华大学图书馆作为机构知识库的建设者和管理者，不仅负责机构知识库的技术开发和维护，还负责机构知识库的内容采集和审核，以及对师生进行培训和指导。清华大学图书馆还与各院系和研究所建立了良好的沟通与合作关系，形成了一个有效的工作网络，保证了机构知识库资源的增长性、长期性和开放性。在清华大学图书馆的努力下，机构知识库的构建与服务摈弃了储存资料的"档案"数据库模式，从推动 IR（Institutional Repositories 机构资料库）建设转向学者库建设，实现了从以机构为单位管理学术产出，向以学者为单位管理学术产出的转型，提高了机构知识库的影响力，使其成为一个立足服务、面向应用的开放平台。

以关注和满足用户开放性、多样化的需求为重点。清华大学机构知识库以用户为中心，不断改进和完善服务功能，满足用户的多样化、开放性需求。例如，机构知识库提供了个人主页服务，让用户可以自定义展示自己的科研成果；机构知识库提供了学术影响力分析服务，让用户可以了解自己的论文被引用情况；机构知识库提供了开放数据服务，让用户可以共享和获取科研数据等。

联合其他机构知识库，合作互助、开放共享。2012 年首届中国开放获取推介周上，清华大学图书馆联合北京大学、厦门大学等高校图书馆，以及中国科学院文献情报中心、中国科学技术信息研究所、中国农业科学院农业信息研究所、中国科学院高能物理研究所信息中心等 14 家单位，成立"中国机构知识库推进工作组"（China IR Implementation Group），推进机构知识库的内容存缴、技术操作、管理政策、人才培养等工作，动员成员及其他组织进行开放获取及机构知识库宣传、促进国内外机构知识库合作。

除此之外，2015 年，清华大学图书馆还与其他 16 所建立了机构知识库的高校（北京大学、北京理工大学、兰州大学、山东大学、同济大学、武汉大学、西安交通大学、浙江大学等）成立"中国高校机构知识库联盟"，在全国高校范围内开展宣传、推广和创建机构知识库联盟活动，调动全国高校图书馆界、科研界人士的积极性，使得开放获取的理念深入人心，为长期保存数字化资源、促进学术开放交流、加强知识管理、服务教学科研等做出贡献。

3. 启示借鉴

通过建设机构知识库，培育开放科学文化。机构知识库是基于开放获取的理念发展起来的，是机构管理科研成果、传播学术知识、支持全社会科技创新的重要机制。类似清华大学机构知识库的平台，增进了师生对开放科学的认同和支持，营造了一个有利于开放科学发展的环境，促进了开放科学的发展与普及。

利用开放科学的资源与平台进行协作、共享。类似机构知识库的平台不是一个封闭的储存数据库，而是广泛共享、协作、传播与应用的开放科学平台。机构知识库通过数据的互联互通、服务的互补互助，拓展了开放科学的合作伙伴和网络，提升了开放科学的影响力和价值。

## 四 以开源促创新 以创新谋发展

数据共享和代码开源是开放科学实践的重要方面。打造开源社区和平台可以集聚各方力量，在科技产品的开发与应用上取得突破；也可以促进开放资源共享，构建科技创新格局；还可以依托社区培育人才，为开放科学发展提供持续动力。

### （一）打造一站式开源协作平台：GitCode 社区

#### 1. 案例概况

GitCode（https：//gitcode.net/）是 CSDN（中国专业 IT 社区 Chinese Software Developer Network 的简称）为开发者提供开源项目的托管平台，于 2020 年 9 月上线，前身为 CodeChina，2021 年底升级为全新的 GitCode 品牌。

作为一个独立的第三方开源社区，GitCode 社区是个一站式开源协作平台，致力于为大规模开源开放协同创新助力赋能，打造创新成果孵化和新时代开发者培养的开源创新生态。在这个平台，个人开发者和企业组织可以托管、运营、推广自己的开源项目，也可以托管自己的私有代码仓库。截至 2023 年 9 月，GitCode 社区已有 120 多万个个人注册用户、5 万多家组织注册用户、20 多万个开源项目。

#### 2. 经验解读

高效的协同开发。GitCode 社区采用 GitLab 作为代码托管平台，使得全球的开发者可以实时协作、共享代码、追踪更改、解决冲突。GitCode 为他们提供源代码管理功能及开源协作功能，包括 Issue、Wiki、Pages、代码片段、MR、Star、Fork、CI/CD DevOps 等社交编程功能。高效的协同开发模式大大提高了项目的开发效率，也使得跨学科的合作成为可能。

开放的数据共享。基于 CSDN 完善稳定的账户体系，GitCode 社区鼓励成员共享数据，提供数据存储和共享的解决方案。这种开放的数据共享政策促进了数据重用，避免了重复劳动，提高了科研效率。其代码文档托管维护以 Git 为基础，一站式开源协作平台具备软件开发生命周期管理的完整功能，支持 GitHub/GitLab 等加速同步服务，支持 Git 公私仓库托管、运营及推广。通过方便灵活的持续集成发布和安全漏洞扫描，以及开源指数和贡献者确权协议的使用，营造健康、开放、可持续发展的开源社区平台。

透明的学术交流。GitCode 社区有明确的社区管理机制，不定期围绕开源项目举行线上线下活动，鼓励成员在公共论坛上进行学术交流，分享研究结果和思考，并提供丰富的开源直播或录播课程。这些课程由 GitCode 社区上的技术专家讲授，内容涵盖从基础知识到高级技术的各个方面，不仅可以帮助初学者快速入门，也可以帮助有经验的开发者深入了解各种技术知识。GitCode 透明的学术交流方式不仅促进了开源知识传播，也增强了开源项目研究成果的公信力。

3. 启示借鉴

一是通过选择合适的开源平台，为社区用户提供高效便利的服务。GitCode 社区的运转在很大程度上得益于其选择的开源平台 GitLab，不仅为使用者提供了高效的代码托管服务，还集成了 wiki、issue tracker、实时聊天等多种工具，为开源项目的协作和管理提供了便利。

二是通过透明开放的原则，集聚优秀的开源人才与组织。GitCode 社区的众多优秀开源组织与专家通过协作和分享，推动了几十万个开源项目的进展，不仅为营造高效协同、健康开放的开源社区提供了可能，也为推动中国开放科学领域的技术发展做出了贡献。

## （二）助力全球领先技术自主创新：长安链开源社区

### 1. 案例概况

"长安链"（ChainMaker）是在科技部、工信部、国资委等国家部委及北京市政府的指导下，于 2021 年发布的国内首个自主可控区块链软硬件技术体系，由微芯研究院联合头部企业和高校共同研发。自开源以来，长安链底层区块链平台获得了广泛关注，在区块链产业发展加速、开源技术层出不穷的当下，为国内区块链技术的自主创新提供了新的动能。但是，一个区块链底层软件平台，只有开源开放才能具有可持续的生命力。为让更多企业和个人开发者一起加入并推动区块链领域各项核心技术的持续提升，长安链搭建了"长安链开源社区"，它以全自主、高性能的区块链底层技术架构为基础，构建活跃开放、良性互动的开源社区生态，致力于推动区块链技术及产业发展，为全球的区块链创新产业集群提供自主、开放、可控、安全的区块链数字底座，支撑区块链创新产业集群。

2. 经验解读

通过共建共享模式，吸引开发者参与。长安链开源社区秉承开源开放、共建共享的理念，经常举办线上 Meetup 活动，吸纳众多企业和个人开发者加入开源社区，引导他们建设社区生态，推动技术体系的不断提升和迭代更新；并与全球的开发者、用户和生态合作伙伴进行合作，共同推动区块链技术的发展和应用。同时，社区开放源代码下载，并免费提供一系列开发工具和资源，方便开发者进行合约开发、部署和测试，同时为用户提供丰富的区块链应用场景和体验。这种开放的共建共享模式不仅提高了社区的活跃度和参与度，也为社区的技术创新和应用推广提供了有力支持。

通过开放的技术沙龙，助力开发者高效低成本地开发高性能区块链系统。长安链包含区块链核心框架、丰富的组件库和工具集，有独创的区块链底层技术架构和十几个自主研发的核心模块，交易处理能力达 10 万 TPS，具备全球领先水平。通过定期举办技术沙龙，长安链开源社区向社区用户分享这些自主可控、开源开放的区块链底层技术，帮助区块链技术与系统在电子政务、食品溯源、电力、碳交易、跨境贸易、供应链金融等多个民生重点领域落地，开放赋能全社会、多领域应用场景建设，从而打造数字经济新生态。

长安链开源社区通过与高校、科研院所、企业合作开发课程，积极参与区块链人才培养与开源生态建设。2022 年，长安链开源社区的技术团队联合微芯研究院、腾讯等机构，面向北京大学研究生开发了"开源软件开发基础及实践"课程中与区块链相关的部分。长安链开源社区的技术团队提供课程所需教案 PPT、视频、实训实操环境，帮助同学们掌握区块链核心技术与实践，并让学生以开源社区开发者的角色进入团队，讲师跟踪指导并布置学习任务，在开源实践中将理论与应用相结合，确保学生学有所成。

### 3. 启示借鉴

一是要建立开放合作的社区生态。开放科学项目需要建立开放共享的社区生态，长安链开源社区通过开源的方式，促进信息共享、技术交流和合作创新，不断吸引开发者、用户和生态合作伙伴参与社区建设，共同推动技术的发展和应用，提高开放科学项目的活跃度和参与度，为项目的可持续发展提供可能性。

二是要以开放的姿态助力科技的落地应用与人才培养。长安链开源社区的经验表明，只有被落地应用，开放科学才能实现最终的价值。开源开放的技术要赋能应用场景和人才培养，从而推动我国数字经济建设，激发技术创新活力。

## （三）以用户为中心构建良性循环生态：地图慧在线制图工具

### 1. 案例概况

地图慧是一款基于云 GIS（Geographic Information System，地理信息系统）技术的在线地图开放服务平台，由北京超图软件股份有限公司旗下的成都地图慧科技有限公司北京分公司开发和运营，为企业和个人提供简便、开放的地理信息服务，帮助用户管理和分析业务数据，辅助业务决策。地图慧产品采用 SaaS（Software as a Service，软件运营服务）模式，将 GIS 平台系统作为一种开放服务提供给用户，降低了用户使用 GIS 的门槛和成本。用户无须安装任何软件，只需通过浏览器或移动终端访问地图慧产品的网站或应用，就可以制作和分享专业地图。同时，地图慧以开放为基础，整合多种数据源和服务，提供开源代码算法，支持用户自主创新。

### 2. 经验解读

利用开放平台，为用户提供丰富的地理数据服务。地图慧改变了传统项目定制的方式，用在线开放的创新方式，为用户提供大众制图、开放平台等一站式的 SaaS 地图应用服务。其中，大众制图已有近 200 万名免费用户，日制图近 4000 幅；开放平台方面，用户可以依据自身需求，调用地图慧的应用程序接口（Application Programming Interface，API），成为其开放平台的开发者，从而解决自身业务难题、分析业务数据、辅助科学决策。目前，地图慧的 API 年度调用总次数已超过 12 亿次。

利用开源代码算法，促进 GIS 技术的传播和普及。用户可以通过地图慧平台调用多种开源代码算法服务，自定义地理数据的处理和展示方式，实现个性化的地图制作，以及多源数据的整合和分析。同时，地图慧注重与用户的互动和反馈，用户可以通过地图慧产品的社区功能，分享自己制作的地图，浏览和评论其他用户的地图，参与各种主题活动和竞赛等，促进了 GIS 知识的传播和普及。

搭建开放产品功能模块，推进企业应用服务，赋能各行各业。地图慧企业平台拥有 Web、App 两端产品，十大开放产品功能模块，为企业提供智能地图辅助决策，为零售商业运营管理提供全新模式。"一张图管理业务"，实现点线面图层在一张图上叠加展示，数据管理更方便；"海量数据展示"，支持大数据标注以多种可视化方式展示；"多人协作办公"，支持多人协作标点、画区、画线、管理地图，支持不同账号不同权限，保障数据安全性；"统计分析辅助决策"，支持按区划和类别对用户业务数据进行统计分析，辅助商业决策，以及"多路线规划、智能分单、智能预警、业务流管理"等产品功能。目前，地图慧已拥有 30 多万个企业客户，为零售、餐饮连锁、快递物流、家电家居、金融保险、教育等行业打造企业地图服务应用产品。同时，这些行业数据和应用又通过地图慧平台向用户开放，从而更好地赋能行业与企业，实现开发与应用的良性互动和循环。

### 3. 启示借鉴

以开放为核心，让用户感受到科学技术带来的便利。类似地图慧的产品应注重数据资源和功能模块的开放性和可扩展性，为用户提供开放、易用的服务或工具，让用户能够灵活选择和组合不同数据源与服务，实现自己想要的功能和效果。

以应用为中心，为用户提供便捷、高效、专业的开放技术服务，形成开发与应用的良性生态循环。类似地图慧的平台应通过公开数字技术创新所需的数据、源代码、API、开发平台等，加快应用服务，满足不同用户的不同需求。同时，应用服务又通过平台向客户传递新需求，形成良性生态循环。

## 五 推进设施开放 助力科学突破

重大科研基础设施建设是国家科技创新战略的重要组成部分，国家大科学装备、科学数据中心等开放科学基础设施建设提供高质量的科技数据、资源和服务，促进跨学科、跨领域、跨机构的协作和创新，增强社会对开放科学的认识和参与，不断提高国家的科技实力和竞争力，促进国内外科技合作和交流，支撑开放科学可持续发展。

### （一）科学数据驱动开放科研：国家高能物理科学数据中心

#### 1. 案例概况

2019年6月，为落实《科学数据管理办法》和《国家科技资源共享服务平台管理办法》的要求，规范管理国家科技资源共享服务平台，完善科技资源共享服务体系，推动科技资源向社会开放共享，我国发布"国家高能物理科学数据中心""国家基因组科学数据中心"等首批20个国家科学数据中心。

国家高能物理科学数据中心（以下简称"数据中心"）由中国科学院高能物理研究所建设运行，主要由北京数据中心和大湾区分中心组成，以高能物理、中子科学、光子科学、天体物理等领域科研活动中产生的科学数据为核心，面向全球科研人员、专业人士等用户，实现软件工具、数据资源、数据分析等资源能力的交流与开放共享。同时，数据中心还与国内外相关领域的大型数据中心建立广泛合作，目前拥有先进的高能物理数据资源平台，包含近 20PB 存储空间、数万 CPU 核的计算能力、万兆国际网络链路和完善的信息化支撑系统。[①]

2. 经验解读

为专业用户提供开放共享的多元化服务。数据中心以高能物理领域重大科技基础设施产生的科学数据为核心，提供高能物理数据、中子科学数据、光子科学数据、天体物理数据，以及其他相关领域的科学数据资源库，供用户检索、浏览和下载。同时还提供多元化的服务内容，包括动态资讯、标准规范、数据汇交、运行监控、软件工具等，满足不同用户对不同数据资源的开放获取需求。比如，数据中心及时发布与开放科学相关的最新动态资讯，包括国内外重大项目进展、重要论文发表等，为用户提供权威、及时的信息服务；制定一系列与开放科学相关的标准规范，包括数据管理规范、元数据规范等，为用户提供指导；提供便捷安全的数据汇交渠道，用户可以通过在线或离线的方式，将开放性数据提交到数据中心。

与国内外相关大型数据中心建立开放、深入的合作关系。2021 年 7 月，数据中心与国家空间科学数据中心、国家天文科学数据中心签订战略合作协议，在数据技术、数据融合、数据安全、人才培养、宣传推广、国际合作等方面开展深入合作，联合推进科学数据资源建设、技术和应用的创新发展，实现数据资源的互联互通、共享利用，促进国家数据中心之间的科学交流与合作。2022 年 12 月，数据中心与中国科学院国家空间科学中心、高能物理研究所，以及国家空间科学数据中心联合发布"怀柔一号"卫星首批科学数据。公开发布的数据包括首批 75 个伽马射线暴的详细观测数据，为全世界科学家开展伽马射线暴的"多波段、多信使"联合观测研究提供了极大帮助。

数据中心的开放资源支撑相关领域科学研究及成果产出。北京谱仪 III（BESIII）是运行在北京正负电子对撞机（BECPII）上的通用大型磁谱仪，被用来研究物质微观结构和相互作用。2022 年，BESIII 观察到一个新的奇

---

① 国家高能物理科学数据中心官网：https：//www.nhepsdc.cn/。

特态矢量粒子，很可能是世界上首个被发现的含奇异夸克的矢量奇特态强子，有助于人类进一步理解微观世界。数据中心作为 BESIII 实验数据服务的支撑机构，目前已汇集了超过 10PB 的实验数据，并部署了高性能数据计算平台及软件系统，为 BESIII 含粲夸克奇特态的研究提供模拟、事例重建、物理分析等数据服务。

3. 启示借鉴

一是建立标准化的数据开放与共享机制，提供多元化的科学数据服务。以"国家高能物理科学数据中心"为代表的国家科技资源共享服务平台以科学数据为核心，以标准化的手段管理开放数据，提高了科学数据的质量和可信度，提升了科学数据的价值和影响力，促进了跨学科、跨领域的协同创新。

二是与国内外机构开展广泛合作，构建开放的科研协作环境。开放数据是开放科学的核心组成，以"国家高能物理科学数据中心"为代表的开放数据平台应积极参与国内外相关领域的合作，实现数据资源的开放共享与平等利用，为不同领域的科学研究与成果产出提供科学数据支撑。

## （二）重大科研设施促进全球开放共享：地球系统数值模拟装置

### 1. 案例概况

地球系统数值模拟装置（EarthSystem Numerical Simulation Facility）是国家"十二五"重大科技基础设施建设项目，也是怀柔综合性国家科学中心首个正式运行的国家重大科技基础设施。项目于 2018 年 11 月开工，2022年 3 月建成，中国科学院大气物理研究所为项目建设法人，清华大学为共建单位。该装置主要研究地球系统的大气圈、水圈、冰冻圈、岩石圈、生物圈等各圈层之间的相互联系、相互作用，是我国首个具有自主知识产权，以地球系统各圈层数值模拟软件为核心，软、硬件指标相适应，规模及综合技术水平位于世界前列的专用地球系统数值模拟装置，实现了"将地球搬进实验室"。[①]

---

① 地球系统数值模拟装置官网：https：//earthlab. iap. ac. cn/about. aspx? id=105。

### 2. 经验解读

通过课题征集取得了一系列重要成果。自 2021 年 6 月以来，地球系统数值模拟装置进入全面试运行阶段。该装置围绕"超级模拟支撑与管理系统""区域高精度环境模式软件"等 6 个应用和支撑系统完成首轮 50 多个课题征集，在冬奥会等重大活动保障、气候变化国际合作、大气污染防治及天气预报、国家减灾防灾等方面，产生了许多有重要影响的应用成果。2022 年，在来自全球 33 家机构的 112 个气候模式版本注册参加的第六次国际耦合模式比较计划（CMIP6）中，我国自主研发的地球系统模式 CAS-ESM2.0 表现优异，对全球植被指数、总初级生产力等指标的模拟位居世界前列。

基于开放共享带动产业高质量发展。装置正式运行后，加大开放共享力度，提升运行管理水平，坚持与人才培养相结合，在生态环境治理、国家碳达峰碳中和等领域开展前沿基础研究和核心技术研发，力争产出越来越多的原创成果，推动更多的高水平科技成果转化，带动首都气候经济等产业高质量发展。

在全国科技周让公众体验科学之旅。自 2016 年地球系统数值模拟装置原型系统、2019 年地球系统数值模拟装置在全国科技周北京科技周主场展示以来，2023 年 5 月，地球系统数值模拟装置在全国科技周暨北京科技周精彩亮相。2023 年，全国科技周增加了互动体验项目，在遇见科学展区设立了地球系统数值模拟装置高性能计算机模型、洋流涡旋趣味科普 VR 体验，同时在线上展区设立了云展项，为观众带来了一场深度体验盛宴，加深了人们对地球科学的认识。

### 3. 启示借鉴

地球系统数值模拟装置的诞生将显著提升我国地球科学的整体创新能力，在我国解决防灾减灾、环境治理、可持续发展和生态安全等重大科学问题中发挥重要作用，将为我们实现"碳中和""美丽中国"等重大战略目标提供有力的科技支撑。这对我国面向国际科学技术前沿，加快大科学装置建设，并面向全球开放共享具有重要借鉴意义。

### （三）依托重大科研设施实现科学突破：综合极端条件实验装置

#### 1. 案例概况

综合极端条件实验装置（Synergetic Extreme Condition User Facility）位于北京怀柔综合性国家科学中心，由中国科学院物理研究所、吉林大学等单位共同建设，是国家"十二五"重大基础设施项目，也是怀柔科学城第一个开工的国家重大科技基础设施，旨在为国内外用户提供国际一流的极低温、强磁场、超高压、超快光场等极端实验条件，拓展物质科学的研究空间，助力相关前沿领域取得研究突破，促进新物态、新现象、新规律的发现。2017年9月，综合极端条件实验装置正式启动建设；2020年10月，综合极端条件实验装置启动试运行，开始进入科研状态；2022年，综合极端条件实验装置全面转入试运行状态。

#### 2. 经验解读

近年来，利用极端实验条件取得科学研究的创新突破，已成为一种重要的科研范式，并且破解了大量重大科学问题，也有许多创新研究成果应用于实践。之所以说极端条件实验手段的整体水平至关重要，是因为它对一个国家在相关基础研究领域乃至与国民经济、国防工业息息相关的核心领域竞争力都有直接、重要的影响。

面向国内外科学家和产业界开放使用。综合极端条件实验装置共分为四个科学实验平台，即位于北京的物性表征平台、量子调控平台、超快动力学表征平台以及位于吉林的高温高压大体积材料研究平台。该装置作为国家开展综合极端条件下物质科学与技术研究及相关领域研究的重要实验基地，面向国内外广大科学家和产业界用户开放使用。截至2023年5月底，实验装置已收到来自高校、科研院所等90多家单位的近500个课题申请，有部分课题组已在其中开展实验研究。①

---

① 杨桐彤：《综合极端条件实验装置团队：打造探索未知世界的科研"利器"》，《光明日报》2023年5月21日，第7版。

在人才、资金等方面采用开放管理模式。项目建立"开放、共享、流动、合作"的运行管理机制，设立流动岗位和开放基金、聘任兼职人员，形成全新的开放管理模式，积极吸引国内国际顶尖人才和知名团队参与研究，发挥项目的技术条件优势，力争在量子计算核心技术突破、新型高温超导体的发现、物性的超快调控、非常规超导机理的突破等研究方向取得世界顶尖的研究成果。

3. 启示借鉴

聚焦物质科学的基础研究与应用基础研究，科研主体强强联合申请国家重大科技基础设施项目，建设大科学装备工程，面向广大科学和产业界用户开放使用，促进新物态、新现象、新规律的发现，对于提升我国科技基础装置水平、提升我国相关基础科学和高技术领域的原始创新能力至关重要，在引领国家科技进步和促进经济社会发展等方面发挥着重要作用。

# 附　录　国际开放科学相关政策汇总

### 附表1　国际开放科学相关政策

| 序号 | 政策/文件名称（英文） | 政策/文件名称（中文） | 国家（地区）或国际组织 | 发布机构/组织 | 发布年份 |
|---|---|---|---|---|---|
| 1 | Howard Hughes Medical Institute Open Access Policy | 霍华德·休斯医学研究所开放获取政策 | 美国 | 霍华德·休斯医学研究所 | 2007 |
| 2 | Stanford University Open Access Policy | 斯坦福大学开放获取政策 | 美国 | 斯坦福大学 | 2008 |
| 3 | Harvard University Open Access Policy | 哈佛大学开放获取政策 | 美国 | 哈佛大学 | 2008 |
| 4 | National Institutes of Health Open Access Policy | 美国国立卫生研究院开放获取政策 | 美国 | 美国国立卫生研究院 | 2008 |
| 5 | MIT Open Access Policy | 麻省理工学院开放获取政策 | 美国 | 麻省理工学院 | 2009 |
| 6 | Oberlin College Open Access Resolution | 欧伯林学院开放获取决议 | 美国 | 欧伯林学院 | 2009 |
| 7 | University of Kansas Open Access Policy | 堪萨斯大学开放获取政策 | 美国 | 堪萨斯大学 | 2009 |
| 8 | Duke University Open Access Policy | 杜克大学开放获取政策 | 美国 | 杜克大学 | 2010 |
| 9 | Columbia University Open Access Policy | 哥伦比亚大学开放获取政策 | 美国 | 哥伦比亚大学 | 2010 |
| 10 | Rollins College Open Access Policy | 罗林斯学院开放获取政策 | 美国 | 罗林斯学院 | 2010 |
| 11 | Princeton University Open Access Policy | 普林斯顿大学开放获取政策 | 美国 | 普林斯顿大学 | 2011 |
| 12 | Pacific University Open Access Policy | 太平洋大学开放获取政策 | 美国 | 太平洋大学 | 2011 |

| 序号 | 政策/文件名称（英文） | 政策/文件名称（中文） | 国家（地区）或国际组织 | 发布机构/组织 | 发布年份 |
|---|---|---|---|---|---|
| 13 | Georgia Institute of Technology Open Access Policy | 佐治亚理工学院开放获取政策 | 美国 | 佐治亚理工学院 | 2012 |
| 14 | Institute of Education Sciences Open Access Policy | 教育科学研究院开放获取政策 | 美国 | 教育科学研究院 | 2012 |
| 15 | Rice University Open Access Policy | 莱斯大学开放获取政策 | 美国 | 莱斯大学 | 2012 |
| 16 | University of California Open Access Policy | 加州大学开放获取政策 | 美国 | 加州大学 | 2013 |
| 17 | Allegheny College Open Access Policy | 阿勒格尼学院开放获取政策 | 美国 | 阿勒格尼学院 | 2013 |
| 18 | Amherst College Open Access Policy | 阿默斯特学院开放获取政策 | 美国 | 阿默斯特学院 | 2013 |
| 19 | Bryn Mawr College Open Access Policy | 布林莫尔学院开放获取政策 | 美国 | 布林莫尔学院 | 2013 |
| 20 | Columbia University School of Social Work Open Access Policy | 哥伦比亚大学社会工作学院开放获取政策 | 美国 | 哥伦比亚大学社会工作学院 | 2013 |
| 21 | Open Access Policy of the Connecticut College Faculty | 康涅狄格学院开放获取政策 | 美国 | 康涅狄格学院 | 2013 |
| 22 | Oregon State University Open Access Policy | 俄勒冈州立大学开放获取政策 | 美国 | 俄勒冈州立大学 | 2013 |
| 23 | Open Access Policy at the University of Minnesota | 明尼苏达大学开放获取政策 | 美国 | 明尼苏达大学 | 2014 |
| 24 | Microsoft Research Open Access Policy | 微软研究院开放获取政策 | 美国 | 微软研究院 | 2014 |
| 25 | University of Manchester Open Access Policy | 曼彻斯特大学开放获取政策 | 美国 | 曼彻斯特大学 | 2015 |
| 26 | Bill & Melinda Gates Foundation Open Access Policy | 比尔及梅琳达·盖茨基金会开放获取政策 | 美国 | 比尔及梅琳达·盖茨基金会 | 2015 |
| 27 | Boston University Open Access Policy | 波士顿大学开放获取政策 | 美国 | 波士顿大学 | 2015 |

续表

| 序号 | 政策/文件名称(英文) | 政策/文件名称(中文) | 国家(地区)或国际组织 | 发布机构/组织 | 发布年份 |
|---|---|---|---|---|---|
| 28 | University of Delaware Faculty Open Access Policy | 特拉华大学教师开放获取政策 | 美国 | 特拉华大学 | 2015 |
| 29 | Open Access at Bennington College | 本宁顿学院开放获取政策 | 美国 | 本宁顿学院 | 2016 |
| 30 | Florida State University Faculty Senate Open Access Policy | 佛罗里达州立大学开放获取政策 | 美国 | 佛罗里达州立大学 | 2016 |
| 31 | Abilene Christian University: Faculty Open Access Policy | 艾伯林基督大学：教师开放存取政策 | 美国 | 艾伯林基督大学 | 2017 |
| 32 | Florida Gulf Coast University Open Access Policy | 佛罗里达湾岸大学开放获取政策 | 美国 | 佛罗里达湾岸大学 | 2017 |
| 33 | Luther Seminary Open Access Policy | 路德神学院开放获取政策 | 美国 | 路德神学院 | 2017 |
| 34 | Open Science by Design | 开放科学规划 | 美国 | 国家科学院 | 2018 |
| 35 | Marshall University Open Access Policy | 马歇尔大学开放获取政策 | 美国 | 马歇尔大学 | 2020 |
| 36 | Open-Source Science Initiative | 开源科学计划 | 美国 | 国家航空航天局 | 2021 |
| 37 | Open Science Announcements from Federal Agencies | 联邦机构的开放科学公告 | 美国 | 美国联邦机构 | 2023 |
| 38 | Japan Ministry of Education, Culture, Sports, Science & Technology Open Access Policy | 文部科学省开放获取政策 | 日本 | 文部科学省 | 2012 |
| 39 | JST Policy on Open Access | JST 开放获取政策 | 日本 | 日本科学技术振兴机构 | 2013 |
| 40 | Promoting Open Science in Japan | 促进日本开放科学 | 日本 | 内阁府 | 2015 |
| 41 | 科学研究における健全性の向上について | 提高科学研究的透明度 | 日本 | 日本科学委员会 | 2015 |

续表

| 序号 | 政策/文件名称（英文） | 政策/文件名称（中文） | 国家（地区）或国际组织 | 发布机构/组织 | 发布年份 |
|---|---|---|---|---|---|
| 42 | The 5th Science and Technology Basic Plan | 第五个科技基础规划 | 日本 | 内阁府 | 2015 |
| 43 | Kyoto University Open Access Policy | 京都大学开放获取政策 | 日本 | 京都大学 | 2015 |
| 44 | University of Tsukuba Open Access Policy | 筑波大学开放获取政策 | 日本 | 筑波大学 | 2015 |
| 45 | Recommendations Concerning an Approach to Open Science That Will Contributes to Open Innovation | 关于有助于开放创新的开放科学方法的建议 | 日本 | 日本学术会议 | 2016 |
| 46 | Promotion of Openness of Academic Information | 促进学术信息开放获取 | 日本 | 文部科学省 | 2016 |
| 47 | Kyushu University Open Access Policy | 九州大学开放获取政策 | 日本 | 九州大学 | 2016 |
| 48 | Tokushima University Open Access Policy | 德岛大学开放获取政策 | 日本 | 德岛大学 | 2016 |
| 49 | Fifth Science and Technology Foundations Programme | 第五个《科学技术基础计划》 | 日本 | 内阁府科学、技术与创新委员会 | 2016 |
| 50 | JST Policy on Open Access to Research Publications and Research Data Management | JST关于开放获取研究出版物和研究数据管理的政策 | 日本 | 日本科学技术振兴机构 | 2017 |
| 51 | Kobe University Open Access Policy | 神户大学开放获取政策 | 日本 | 神户大学 | 2017 |
| 52 | National Institute of Polar Research Open Access Policy | 国立极地研究所开放获取政策 | 日本 | 国立极地研究所 | 2017 |
| 53 | Comprehensive Strategy for Scientific and Technological Innovation 2017 | 科学技术创新综合战略2017 | 日本 | 内阁府 | 2018 |
| 54 | Integrated Innovation Strategy | 综合创新战略 | 日本 | 内阁府 | 2018 |

续表

| 序号 | 政策/文件名称(英文) | 政策/文件名称(中文) | 国家(地区)或国际组织 | 发布机构/组织 | 发布年份 |
|------|------------------|------------------|----------------|-----------|--------|
| 55 | Growth Strategy 2018 – Reform towards Society 5.0 and Data-driven Society | 未来增长战略 2018：向社会 5.0 数据驱动型社会变革 | 日本 | 日本科学技术振兴机构 | 2018 |
| 56 | Guideline for Establishing Data Policy at National Research and Development Agencies | 国家科研机构制定数据政策指南 | 日本 | 内阁府 | 2018 |
| 57 | Hiroshima University Open Access Policy | 广岛大学开放获取政策 | 日本 | 广岛大学 | 2018 |
| 58 | Kanazawa University Open Access Policy | 金泽大学开放获取政策 | 日本 | 金泽大学 | 2018 |
| 59 | Yokohama National University Open Access Policy | 横滨国立大学开放获取政策 | 日本 | 横滨国立大学 | 2018 |
| 60 | Hokkaido University Open Access Policy | 北海道大学开放获取政策 | 日本 | 北海道大学 | 2019 |
| 61 | Nara Institute of Science and Technology Open Access Policy | 奈良先端科学技术大学院大学开放获取政策 | 日本 | 奈良先端科学技术大学院大学 | 2019 |
| 62 | Osaka University Open Access Policy | 大阪大学开放获取政策 | 日本 | 大阪大学 | 2020 |
| 63 | Tottori University Open Access Policy | 鸟取大学开放获取政策 | 日本 | 鸟取大学 | 2020 |
| 64 | The 6th Basic Plan for Science, Technology and Innovation | 第六期科学技术与创新基本计划 | 日本 | 内阁府 | 2021 |
| 65 | Fundamentals of the Management and Use of Research Data Using Public Funds | 关于管理和使用公共资助的科学数据的基本政策 | 日本 | 综合科学技术创新会议 | 2021 |
| 66 | University of Fukui Open Access Policy | 福井大学开放获取政策 | 日本 | 福井大学 | 2021 |

续表

| 序号 | 政策/文件名称(英文) | 政策/文件名称(中文) | 国家(地区)或国际组织 | 发布机构/组织 | 发布年份 |
|---|---|---|---|---|---|
| 67 | Georg-August University Göttingen Open Access Policy | 哥廷根大学开放获取政策 | 德国 | 哥廷根大学 | 2005 |
| 68 | Open Access Declaration of the Humboldt University Berlin | 柏林洪堡大学开放获取政策 | 德国 | 柏林洪堡大学 | 2006 |
| 69 | University of Potsdam Open Access Policy | 波茨坦大学开放获取政策 | 德国 | 波茨坦大学 | 2006 |
| 70 | Open Access Policy of TFH Wildau | 维尔道应用技术大学开放获取政策 | 德国 | 维尔道应用技术大学 | 2007 |
| 71 | Fraunhofer-Gesellschaft Open Access Policy | 弗劳恩霍夫协会开放存取政策 | 德国 | 弗劳恩霍夫协会 | 2008 |
| 72 | Free University of Berlin Open Access Policy | 柏林自由大学开放存取政策 | 德国 | 柏林自由大学 | 2008 |
| 73 | Freiburg University Open Access Policy | 弗莱堡大学开放存取政策 | 德国 | 弗莱堡大学 | 2010 |
| 74 | Karlsruhe Institute of Technology (KIT) Open Access Policy | 卡尔斯鲁厄理工学院开放获取政策 | 德国 | 卡尔斯鲁厄理工学院 | 2010 |
| 75 | German Public Science Strategy 2020 | 德国公众科学战略2020 | 德国 | 德国联邦教研部 | 2010 |
| 76 | Friedrich-Alexander University Erlangen-Nuremberg (FAU) Open Access Policy | 埃尔朗根-纽伦堡大学开放获取政策 | 德国 | 埃尔朗根-纽伦堡大学 | 2011 |
| 77 | Open Access Resolution of Leibniz University Hannover | 汉诺威大学开放获取政策 | 德国 | 汉诺威大学 | 2011 |
| 78 | Julius Maximilian University of Würzburg Open Access Policy | 维尔茨堡大学开放获取政策 | 德国 | 维尔茨堡大学 | 2011 |
| 79 | Open Access Resolution of the Justus Liebig University Giessen | 吉森大学开放获取政策 | 德国 | 吉森大学 | 2011 |

| 序号 | 政策/文件名称(英文) | 政策/文件名称(中文) | 国家(地区)或国际组织 | 发布机构/组织 | 发布年份 |
|---|---|---|---|---|---|
| 80 | University of Bamberg Open Access Policy | 班贝格大学开放获取政策 | 德国 | 班贝格大学 | 2011 |
| 81 | Open Access Publishing at the University of Hohenheim | 霍恩海姆大学开放获取政策 | 德国 | 霍恩海姆大学 | 2011 |
| 82 | Open Access Policy of the University of Stuttgart | 斯图加特大学开放获取政策 | 德国 | 斯图加特大学 | 2011 |
| 83 | Open Access Policy of the University of Bremen | 不来梅大学开放获取政策 | 德国 | 不来梅大学 | 2011 |
| 84 | Wuppertal Institut für Klima, Umwelt, Energie Open Access Policy | 伍珀塔尔气候、环境、能源研究所开放获取政策 | 德国 | 伍珀塔尔气候、环境、能源研究所 | 2011 |
| 85 | Saarland University Open Access Policy | 萨尔兰大学开放获取政策 | 德国 | 萨尔兰大学 | 2012 |
| 86 | Dresden University of Technology Open Access Policy | 德累斯顿工业大学开放获取政策 | 德国 | 德累斯顿工业大学 | 2012 |
| 87 | Open Access Resolution of the University of Ulm | 乌尔姆大学开放获取政策 | 德国 | 乌尔姆大学 | 2012 |
| 88 | Open Access Resolution of the Westfälische Wilhelms-Universität Münster | 明斯特大学开放获取政策 | 德国 | 明斯特大学 | 2012 |
| 89 | Open Access Policy of the University of Konstanz | 康斯坦茨大学开放获取政策 | 德国 | 康斯坦茨大学 | 2012 |
| 90 | Christian-Albrechts University of Kiel Open Access Policy | 基尔大学开放存取政策 | 德国 | 基尔大学 | 2013 |
| 91 | German National Library of Science and Technology Open Access Policy | 德国国家科技图书馆开放获取政策 | 德国 | 德国国家科技图书馆 | 2013 |
| 92 | Policy of Openness in Research and Teaching | 汉堡工业大学开放获取政策 | 德国 | 汉堡工业大学 | 2013 |

| 序号 | 政策/文件名称(英文) | 政策/文件名称(中文) | 国家(地区)或国际组织 | 发布机构/组织 | 发布年份 |
|---|---|---|---|---|---|
| 93 | Open Access Policy of the Hannover Medical School | 汉诺威医学院开放获取政策 | 德国 | 汉诺威医学院 | 2013 |
| 94 | Ruhr University Bochum Open Access Resolution | 波鸿鲁尔大学开放获取政策 | 德国 | 波鸿鲁尔大学 | 2013 |
| 95 | Open Access Declaration of TH Köln | 科隆应用技术大学开放获取政策 | 德国 | 科隆应用技术大学 | 2013 |
| 96 | University of Heidelberg Open Access Policy | 海德堡大学开放获取政策 | 德国 | 海德堡大学 | 2013 |
| 97 | Efficiency and Standards for Article Charges | ESAC 倡议 | 德国 | 马克斯普朗克数字图书馆与德国研究基金会（DFG）等 | 2014 |
| 98 | Open Access Policy of the University of Leipzig | 莱比锡大学开放获取政策 | 德国 | 莱比锡大学 | 2014 |
| 99 | Open Access Policy Leuphana University Lüneburg | 吕讷堡大学开放获取政策 | 德国 | 吕讷堡大学 | 2014 |
| 100 | Open Access at TU Dortmund University | 多特蒙德工业大学开放获取政策 | 德国 | 多特蒙德工业大学 | 2014 |
| 101 | TUM Open Access Policy | 慕尼黑工业大学开放获取政策 | 德国 | 慕尼黑工业大学 | 2014 |
| 102 | Open Access Publishing at the Technical University of Ilmenau | 伊尔梅瑙工业大学开放获取政策 | 德国 | 伊尔梅瑙工业大学 | 2014 |
| 103 | Carl von Ossietzky University of Oldenburg Open Access Policy | 奥登堡大学开放获取政策 | 德国 | 奥登堡大学 | 2015 |
| 104 | Open Access Policy Philipps University Marburg | 马尔堡大学开放获取政策 | 德国 | 马尔堡大学 | 2015 |
| 105 | Open Access Policy of the Chemnitz University of Technology | 开姆尼茨工业大学开放获取政策 | 德国 | 开姆尼茨工业大学 | 2015 |

| 序号 | 政策/文件名称(英文) | 政策/文件名称(中文) | 国家(地区)或国际组织 | 发布机构/组织 | 发布年份 |
|---|---|---|---|---|---|
| 106 | Open Access Policy and Strategy of the Technische Universität Clausthal | 克劳斯塔尔工业大学开放获取政策 | 德国 | 克劳斯塔尔工业大学 | 2015 |
| 107 | Kaiserslautern University of Technology Open Access Policy | 凯泽斯劳滕工业大学开放获取政策 | 德国 | 凯泽斯劳滕工业大学 | 2015 |
| 108 | Open Access Strategy of the University of Bayreuth | 拜罗伊特大学开放获取政策 | 德国 | 拜罗伊特大学 | 2015 |
| 109 | University of Rostock Open Access Policy | 罗斯托克大学开放获取政策 | 德国 | 罗斯托克大学 | 2015 |
| 110 | University of Lübeck Open Access Policy | 吕贝克大学开放获取政策 | 德国 | 吕贝克大学 | 2015 |
| 111 | Bauhaus University Weimar Open Access Policy | 魏玛包豪斯大学开放获取政策 | 德国 | 魏玛包豪斯大学 | 2016 |
| 112 | RWTH Aachen University Open Access Policy | 亚琛工业大学开放获取政策 | 德国 | 亚琛工业大学 | 2016 |
| 113 | Foundation University of Hildesheim Open Access Publishing Guidelines | 希尔德斯海姆大学开放获取政策 | 德国 | 希尔德斯海姆大学 | 2016 |
| 114 | Trier University Open Access Policy | 特里尔大学开放获取政策 | 德国 | 特里尔大学 | 2016 |
| 115 | Open Access Declaration of the University of Vechta | 费希塔大学开放获取宣言 | 德国 | 费希塔大学 | 2016 |
| 116 | Open-Access-Policy of the University Hamburg | 汉堡大学开放获取政策 | 德国 | 汉堡大学 | 2016 |
| 117 | Information Centre for Life Sciences Open Access Policy | 生命科学信息中心开放获取政策 | 德国 | 德国国家医学图书馆—生命科学信息中心 | 2016 |
| 118 | Federal Waterways Engineering and Research Institute of Germany Open Access Policy | 德国联邦水道工程研究所开放获取政策 | 德国 | 德国联邦水道工程研究所 | 2017 |

续表

| 序号 | 政策/文件名称(英文) | 政策/文件名称(中文) | 国家(地区)或国际组织 | 发布机构/组织 | 发布年份 |
|---|---|---|---|---|---|
| 119 | Goethe University Frankfurt Open Access Policy | 法兰克福大学开放获取政策 | 德国 | 法兰克福大学 | 2017 |
| 120 | Open Access Policy Martin Luther University HalleWittenberg | 哈雷-维滕贝格大学开放获取政策 | 德国 | 哈雷-维滕贝格大学 | 2017 |
| 121 | Reutlingen University Open Access Policy | 罗伊特林根大学开放获取政策 | 德国 | 罗伊特林根大学 | 2017 |
| 122 | TU Berlin's Open Access Policy | 柏林工业大学开放获取政策 | 德国 | 柏林工业大学 | 2017 |
| 123 | Open Access Policy of the University of Osnabrück | 奥斯纳布吕克大学开放获取政策 | 德国 | 奥斯纳布吕克大学 | 2017 |
| 124 | Open Access Strategy of the Hochschule Mittweida-University of Applied Sciences | 米特韦达应用科技大学开放获取政策 | 德国 | 米特韦达应用科技大学 | 2017 |
| 125 | Open-Access-Policy of the University of Siegen | 锡根大学开放获取政策 | 德国 | 锡根大学 | 2017 |
| 126 | Open Access Policy of TU Braunschweig | 布伦瑞克工业大学开放获取政策 | 德国 | 布伦瑞克工业大学 | 2020 |
| 127 | German Research Foundation Open Access | 德国研究基金会开放获取政策 | 德国 | 德国研究基金会 |  |
| 128 | Vrije University Amsterdam Open Access Policy | 阿姆斯特丹自由大学开放获取政策 | 荷兰 | 阿姆斯特丹自由大学 | 2005 |
| 129 | Open Access Publication Policy of Wageningen University & Research | 瓦赫宁根大学开放获取政策 | 荷兰 | 瓦赫宁根大学 | 2005 |
| 130 | Eindhoven University of Technology Open Access Policy | 埃因霍温理工大学开放获取政策 | 荷兰 | 埃因霍温理工大学 | 2010 |

| 序号 | 政策/文件名称(英文) | 政策/文件名称(中文) | 国家(地区)或国际组织 | 发布机构/组织 | 发布年份 |
|---|---|---|---|---|---|
| 131 | Erasmus University Rotterdam Open Access Policy | 鹿特丹伊拉斯姆斯大学开放获取政策 | 荷兰 | 鹿特丹伊拉斯姆斯大学 | 2010 |
| 132 | Royal Netherlands Academy of Arts & Sciences (KNAW) Open Access Policy | 荷兰皇家艺术与科学学院开放获取政策 | 荷兰 | 荷兰皇家艺术与科学学院 | 2011 |
| 133 | 2025-Vision for Science Choices for the Future | 2025 科学战略 | 荷兰 | 教育、文化和科学部 | 2014 |
| 134 | Auteurswet | 著作权法 | 荷兰 | 议会 | 2015 |
| 135 | Radboud University Open Access Policy | 拉德堡德大学开放获取政策 | 荷兰 | 拉德堡德大学 | 2015 |
| 136 | Digital Agenda for the Netherlands Innovation, Trust, Acceleration | 荷兰创新、信任、加速的数字议程 | 荷兰 | 经济事务部 | 2016 |
| 137 | NWO Open Access Policy for Projects Funded from 1-1-2016 to 1-1-2021 | NWO 2016-2020 资助项目开放获取政策 | 荷兰 | 荷兰科学研究组织 | 2016 |
| 138 | Tilburg University Open Access Policy | 蒂尔堡大学开放获取政策 | 荷兰 | 蒂尔堡大学 | 2016 |
| 139 | Dutch Research Council Open Science | 荷兰研究理事会开放科学政策 | 荷兰 | 荷兰研究理事会 | 2016 |
| 140 | Utrecht University Open Science Programme 2018-2021 | 乌得勒支大学开放科学计划 2018~2021 | 荷兰 | 乌德勒支大学 | 2017 |
| 141 | National Plan Open Science | 开放科学国家计划 | 荷兰 | 教育、文化和科学部 | 2017 |
| 142 | University of Groningen Open Access Policy | 格罗宁根大学开放获取政策 | 荷兰 | 格罗宁根大学 | 2017 |
| 143 | Roadmap Open Access 2018-2020 | VSNU 2018~2020 开放获取路线图 | 荷兰 | 荷兰大学协会 | 2018 |
| 144 | Netherlands Code of Conduct for Research Integrity 2018 | 荷兰科研诚信行为准则 | 荷兰 | 荷兰大学协会 | 2018 |

| 序号 | 政策/文件名称(英文) | 政策/文件名称(中文) | 国家(地区)或国际组织 | 发布机构/组织 | 发布年份 |
|---|---|---|---|---|---|
| 145 | TU Delft Strategic Plan Open Science 2020-2024 Research and Education in the Open Era | 代尔夫特理工大学开放科学战略计划2020~2024：开放时代的研究和教育 | 荷兰 | 代尔夫特理工大学 | 2019 |
| 146 | Curious and Committed-the Value of Science | 好奇与承诺——科学的价值 | 荷兰 | 教育、文化和科学部 | 2019 |
| 147 | Research Data Management | NWO科学数据管理政策 | 荷兰 | 荷兰科学研究组织 | 2019 |
| 148 | ZonMw Open Access Beleid | ZonMw开放获取政策 | 荷兰 | 荷兰卫生研究与发展组织 | 2019 |
| 149 | Open Access Policy Framework 2021 | 开放获取政策框架（2021年） | 荷兰 | 荷兰科学研究组织 | 2020 |
| 150 | NWO Open Access Policy for Projects Funded from 1-1-2016 to 1-1-2021 | NWO开放获取政策（2021年以后） | 荷兰 | 荷兰科学研究组织 | 2020 |
| 151 | Strategy Evaluation Protocol | 战略评价协议（2021~2027） | 荷兰 | 荷兰大学协会、荷兰皇家艺术和科学院、荷兰科学研究组织 | 2020 |
| 152 | UM Open Science Policy | 马斯特里赫特大学开放科学政策 | 荷兰 | 马斯特里赫特大学 | 2022 |
| 153 | NWO Strategy 2023-2026 | 2023~2026年NWO战略 | 荷兰 | 荷兰科学研究组织 | 2022 |
| 154 | Open Science：A Practical Guide for Early Career Researchers | 开放科学：早期职业研究人员的实用指南 | 荷兰 | 荷兰大学图书馆联盟、荷兰国家图书馆（UKB）等（NWO） | 2023 |
| 155 | Knaw Policy on Open Access and Digital Preservation | KNAW开放获取与数字保存政策 | 荷兰 | 荷兰皇家艺术和科学院 | — |

| 序号 | 政策/文件名称(英文) | 政策/文件名称(中文) | 国家(地区)或国际组织 | 发布机构/组织 | 发布年份 |
|---|---|---|---|---|---|
| 156 | Room for Everyone's Talent: Towards a New Balance in the Recognition and Rewards of Academics | 为每个人的才能提供空间,在承认和重视科研人员方面实现新的平衡 | 荷兰 | 荷兰大学协会、荷兰皇家艺术和科学院、荷兰科学研究组织等 | — |
| 157 | Open Access Infrastructure Research for Europe | 欧洲开放获取基础设施研究项目 | 欧盟 | 欧盟委员会 | 2009 |
| 158 | Open Science for the 21st Century: A Declaration of All European Academies | 21世纪的开放科学:全欧科学院的宣言 | 欧洲地区 | 全欧科学院 | 2012 |
| 159 | National Institute for Nuclear Physics Open Access | 国家核物理研究所开放获取政策 | 意大利 | 国家核物理研究所 | 2012 |
| 160 | Open Access at the University of Luxembourg | 卢森堡大学开放获取政策 | 卢森堡 | 卢森堡大学 | 2013 |
| 161 | French National Research Agency Open Science | 法国国家研究局开放获取政策 | 法国 | 法国国家研究局 | 2013 |
| 162 | Policy Recommendations for Open Access to Research Data in Europe | 关于欧洲研究数据开放存取的政策建议 | 欧盟 | 欧盟委员会 | 2013 |
| 163 | European Charter for Access to Research Infrastructures | 欧盟科研基础设施开放共享章程 | 欧盟 | 欧盟委员会 | 2016 |
| 164 | Amsterdam Call for Action on Open Science | 阿姆斯特丹开放科学行动倡议 | 欧盟 | 欧盟委员会 | 2016 |
| 165 | The Transition towards an Open Science System | 面向开放科学体系的转型 | 欧盟 | 欧盟理事会 | 2016 |
| 166 | Health Research Board Open Science | 健康研究委员会开放科学政策 | 爱尔兰 | 健康研究委员会 | 2016 |
| 167 | Open Innovation, Open Science, Open to the World | 开放创新、开放科学、向世界开放 | 欧盟 | 欧盟委员会 | 2016 |

续表

| 序号 | 政策/文件名称(英文) | 政策/文件名称(中文) | 国家(地区)或国际组织 | 发布机构/组织 | 发布年份 |
|---|---|---|---|---|---|
| 168 | Guidelines to the Rules on Open Access to Scientific Publications and Open Access to Research Data in Horizon 2020 | 地平线2020科学出版物和研究数据开放获取规则指南 | 欧盟 | 欧盟委员会 | 2017 |
| 169 | Guidelines on FAIR Data Management in Horizon 2020 | 2020计划框架下的FAIR数据管理指南 | 欧盟 | 欧盟委员会 | 2017 |
| 170 | Next-generation Metrics: Responsible Metrics and Evaluation for Open Science | 下一代指标:适应开放科学的负责任指标和评价 | 欧盟 | 欧盟委员会 | 2017 |
| 171 | Evaluation of Research Careers Fully Acknowledging Open Science Practices | 充分认可开放科学实践的研究职业评价 | 欧盟 | 欧盟委员会 | 2017 |
| 172 | The European Code of Conduct for Research Integrity | 欧洲科研诚信行为准则 | 欧洲地区 | 全欧科学院 | 2017 |
| 173 | Evaluation of Research Endeavours that Fully Recognise the Practice of Open Science | 全面认可开放科学实践的研究事业评估 | 欧盟 | 欧盟委员会 | 2017 |
| 174 | Implementation Roadmap for the European Open Science Cloud | 欧洲开放科学云实施路线图 | 欧盟 | 欧盟委员会 | 2018 |
| 175 | Open Science and Its Role in Universities: A Roadmap for Cultural Change | 开放科学及其在大学中的角色:文化变革的路线图 | 欧洲地区 | 欧洲研究型大学联盟 | 2018 |
| 176 | LIBER Open Science Roadmap | LIBER开放科学路线图 | 欧洲地区 | 欧洲研究型图书馆协会 | 2018 |
| 177 | Open Science Roadmap | 开放科学路线图 | 欧洲地区 | 欧洲研究型大学联盟 | 2018 |

| 序号 | 政策/文件名称（英文） | 政策/文件名称（中文） | 国家（地区）或国际组织 | 发布机构/组织 | 发布年份 |
|---|---|---|---|---|---|
| 178 | Copyright and Related Rights in the Digital Single Market and Amending Directives | 数字单一市场版权指令 | 欧盟 | 欧洲议会、欧盟理事会 | 2018 |
| 179 | A Framework for the Free Flow of Non-Personal Data in the European Union | 欧盟非个人数据自由流动框架 | 欧盟 | 欧洲议会、欧盟理事会 | 2018 |
| 180 | Plan S | S计划 | 欧盟 | 欧盟委员会 | 2018 |
| 181 | European Open Science Cloud Initiative | 欧洲开放科学云计划 | 欧盟 | 欧盟委员会 | 2018 |
| 182 | European Open Science Cloud（EOSC）Strategic Implementation Plan | 欧洲开放科学云（EOSC）战略实施计划 | 欧盟 | 欧盟委员会科研与创新总司 | 2019 |
| 183 | Directive on Open Data and the Re-use of Public Sector Information | 关于公开数据和公共部门信息再利用的指令 | 欧盟 | 欧洲议会、欧盟理事会 | 2019 |
| 184 | Commission Recommendation on Access to and Preservation of Scientific Information | 委员会关于获取和保存科学信息的建议 | 欧盟 | 欧盟委员会 | 2019 |
| 185 | The Economic Impact of Open Data：Opportunities for Value Creation in Europe | 开放数据的经济影响：欧洲创造价值的机会 | 欧盟 | 欧盟委员会 | 2020 |
| 186 | Perspectives on the Future of Open Science | 关于开放科学未来的观点 | 欧盟 | 欧盟委员会 | 2021 |
| 187 | Open Science at EMBL | EMBL的开放科学 | 欧盟 | 欧洲分子生物学实验室 | 2021 |
| 188 | Open Science and Intellectual Property Rights | 关于开放科学与知识产权的报告 | 欧盟 | 欧盟委员会 | 2022 |
| 189 | CERN Open Science Policy | 开放科学政策 | 欧洲核子研究组织 | 欧洲核子研究组织 | 2022 |
| 190 | CERN Publishes Comprehensive Open Science Policy | 欧洲核子研究中心公布了全面的开放科学政策 | 欧洲核子研究组织 | 欧洲核子研究组织 | 2022 |

续表

| 序号 | 政策/文件名称(英文) | 政策/文件名称(中文) | 国家(地区)或国际组织 | 发布机构/组织 | 发布年份 |
|---|---|---|---|---|---|
| 191 | Open Science and Intellectual Property Rights | 开放科学与知识产权的报告 | 欧盟 | 欧盟委员会 | 2022 |
| 192 | General Data Protection Regulation | 通用数据保护条例 | 欧盟 | 欧盟议会 | 2016年通过;2018年正式生效 |
| 193 | FAIR Data Principles (Findable, Accessible, Interoperable and Reusable) | 科学数据 FAIR 原则(可发现、可访问、可互操作、可重用) | Forcell 社区 | Forcell 社区 | 2016 |
| 194 | Horizon Europe | 地平线欧洲 | 欧盟 | 欧盟委员会 | 2020 |
| 195 | National Research Fund Open Access | 国家研究基金开放获取政策 | 欧盟 | 国家研究基金 | 2021 |
| 196 | Research Foundation Flanders Open Access | 弗兰德研究基金会开放获取政策 | 比利时 | 弗兰德研究基金会 | 2017 |
| 197 | EU White Paper on Public Science | 欧盟公众科学白皮书 | 欧盟 | 欧盟委员会 | 2015 |
| 198 | Making Open Science a Reality | 让开放科学变为现实 | 经济合作与发展组织 | 经济合作与发展组织 | 2015 |
| 199 | Co-ordination and Support of International Research Data Networks | 协调和支持国际研究数据网络 | 经济合作与发展组织 | 经济合作与发展组织 | 2017 |
| 200 | Open Research Agenda Setting | 开放的研究议程设置 | 经济合作与发展组织 | 经济合作与发展组织 | 2017 |
| 201 | Digital Platforms for Facilitating Access to Research Infrastructures | 促进访问研究基础设施的数字平台 | 经济合作与发展组织 | 经济合作与发展组织 | 2017 |
| 202 | Business Models for Sustainable Research Data Repositories | 可持续研究数据存储库的商业模式 | 经济合作与发展组织 | 经济合作与发展组织 | 2017 |

| 序号 | 政策/文件名称(英文) | 政策/文件名称(中文) | 国家(地区)或国际组织 | 发布机构/组织 | 发布年份 |
|---|---|---|---|---|---|
| 203 | Open and Inclusive Collaboration in Science：A Framework | 开放、包容的科学合作 | 经济合作与发展组织 | 经济合作与发展组织 | 2018 |
| 204 | UNESCO, WHO and the UN High Commissioner for Human Rights Call for "Open Science" | 教科文组织、世卫组织和联合国人权事务高级专员呼吁"开放科学" | 联合国 | 联合国教科文组织 | 2020 |
| 205 | Enhanced Access to Publicly Funded Data for Science, Technology and Innovation | 增强对科学、技术和创新公共资助数据的获取 | 经济合作与发展组织 | 经济合作与发展组织 | 2020 |
| 206 | Policy Note：Why Open Science is Key to Combatting COVID-19 | OECD对冠状病毒(COVID-19)的政策反应：为什么开放科学对于对抗COVID-19至关重要 | 经济合作与发展组织 | 经济合作与发展组织 | 2020 |
| 207 | Policy Note：Fostering Science and Innovation in the Digital Age | 政策说明：促进数字时代的科学和创新 | 经济合作与发展组织 | 经济合作与发展组织 | 2020 |
| 208 | UNESCO Recommendation on Open Science | UNESCO开放科学建议书 | 联合国 | 联合国教科文组织 | 2021 |
| 209 | UNESCO Supports the Elimination of Vaccine Patents and Promotes Open Science | 联合国教科文组织支持取消疫苗专利并推动开放科学 | 联合国 | 联合国教科文组织 | 2021 |
| 210 | Recommendation for Scientists and Researchers | 科学和科研人员建议书 | 联合国 | 联合国教科文组织 | 2018 |
| 211 | UNESCO Strategy for Promoting Open Access to Scientific Information and Research Results | UNESCO促进开放获取科学信息与研究成果战略 | 联合国 | 联合国教科文组织 | 2011 |
| 212 | UNESCO Recommendation on Open Educational Resources | UNESCO开放教育资源建议书 | 联合国 | 联合国教科文组织 | 2019 |

# Abstract

The world today is undergoing momentous changes unseen in a century. Human production and life are facing unprecedented challenges. Global challenges such as the COVID-19 pandemic, climate change and loss of biodiversity have accelerated cooperation and exchanges among countries. The need for open science has long been discussed, but there is a lack of international norms or policy guidance on open science. To this end, in 2021 the 41ˢᵗ session of the General Conference of the United Nations Educational, Scientific and Cultural Organization (UNESCO) reviewed and approved the *Recommendation on Open Science*, the first global standard-setting framework for international open science policy and practice, marking a new stage of global consensus in open science. On 14 December 2023, the United Nations Educational, Scientific and Cultural Organization (UNESCO) released *Open Science Outlook 1*. The report presents an update on the implementation of UNESCO Recomme-ndation on Open Science, reflecting the positive contributions made in promoting sustainable development practices in 2023. As a global scientific research power, China plays a pivotal role in global open science governance. Promoting open science development is crucial for leading future directions of science and becoming a world science and technology power.

Thegeneral secretary of the Communist Party of China (CPC), Chinese President Xi Jinping has repeatedly stressed that "to solve the problem of common development, mankind needs international cooperation and openness and sharing more than ever before". As the capital city, Beijing has taken "building an open innovation ecosystem and taking a new path to actively integrate into the global innovation network" as an important task during the 14th Five-Year Plan period.

Open science is a new scientific paradigm and norm based on the application of digital technology and centered around the entire research lifecycle process. Emphasizing the openness, application and participation of science to the whole society, open science can eliminate access barriers in the process of scientific research, enable researchers to share research results, data, facilities or tools, promote free dissemination of science, accelerate the opening of talents, and optimize the research ecology, so as to play an important role in promoting the construction of an international science and technology innovation center in Beijing. Based on current new situation of global open science development, this report studies the development trend and overall situation of open science in Beijing from a systematic perspective, carries out research on the development index of open science, and explores important issues such as open access development, open data sharing, open cooperation and exchange, open science infrastructure construction, and integrated development of open science and open innovation. Drawing on the experience and practices of open science development in major countries and regions around the world, this study explores new ideas and countermeasures for the development of open science in Beijing to provide important references for building the "Beijing model" of open science.

*Annual Report on Open Science Development in Beijing* ( *2023* ) contains six parts: general report, index, international situation, special subject, cases, and appendix. The general report mainly analyzes the status quo, characteristics, trends, problems, and challenges of open science development at the global, China and Beijing levels, and puts forward ideas and countermeasures for the development of open science in Beijing in view of the problems in the process of promoting open science in Beijing, such as insufficient top-level design, lack of concept understanding, serious phenomenon of "practice island", and weak infrastructure. The index part focuses on the construction of Beijing International Science and Technology In-novation Center. Based on the internal connection and interaction between open science and regional innovation, an open science development index system is constructed from multiple dimensions such as the foundation, practice vitality, environmental support, and global influence of open science. Accordingly, the development level of open science in Beijing from 2018 to 2022 is calculated and analyzed. At the same time, this paper compares Beijing with some domestic provinces and cities and international cities to grasp the overall progress of open science development in Beijing, revealing that open science in Beijing has shown a good development trend in recent years, such as continuously consolidated development foundation, strengthened practice vitality, optimized supporting environment, and enhanced global influence. In terms of the basic conditions for open science development and the output of research results, it has shown a strong scale advantage, and the practice of open science has become increasingly significant. However, it is still a difficulty for Beijing to transform the scale advantage into a development advantage and improve global influence and competitiveness. The special subject part focuses on key practical areas such as open access, scientific data and infrastructure, as well as important topics such as the digital transformation of research in the era of open science, integrated development of open science and open innovation, innovation in research organization models, and international scientific and technological cooperation and exchange, to provide a decision-making basis for Beijing to comprehensively promote open science practice. From an international perspective, the international part analyzes and presents the development trends and promotion measures of open science in international organizations such as UNESCO and the European Union, as well as countries such as Germany, the Netherlands, the United States, and Japan, and summarizes and analyzes their trends and charac-teristics, to provide reference for promoting open science in China and even in Beijing. The case part collects practical cases that have been carried out in Beijing, including the practice carried out at the level of government departments, alliance organizations and institutions, as well as rich open science practice by related facilities and platforms and in different disciplines, so as to provide inspiration for better promoting open science practice. The appendix collects and organizes international policies related to open science.

**Keywords**: Open Science; Scientific Data; Open Innovation; Beijing

# Contents

## I　General Report

**Abstract**：Since the beginning of the 21st century, with the vigorous development of digital technology, the demand for open scientific research in the scientific community and the whole society has been continuously increasing. Open science practices characterized by openness, transparency, democracy, responsibility, and inclusiveness have emerged globally. In 2021, UNESCO reviewed and approved the Recommendation on Open Science, making open science a global consensus and ushering in new development opportunities for open science. It is an inevitable path for Beijing to move towards a world-class city and become a key hub for global scientific and technological innovation. In line with the trend of the times, China has actively implemented the open science initiative, deeply participated in open science, and actively promoted the practice at the national and local levels. However, we still faces many problems and challenges, such as the change of researchers' concepts, the improvement of brand reputation, and the balance of stakeholders' rights and interests, and open science in the whole sense is still a great challenge. Beijing serves as a leader in the practice of open science in China. For Beijing, promoting open science not only conforms to global development situation, but also addresses major development challenges and the internal demand for the construction of an international science and technology innovation center. In recent years, Beijing has gradually consolidated basic conditions for open science development, increasingly activated relevant practice, continuously optimized the environment, and gradually increased the global influence, playing an increasingly important role in promoting the construction of an international science and technology innovation center. However, with problems in the policy mechanism, concept understanding, multi-subject interaction, and infrastructure, Beijing should further promote the practice of open science by strengthening top-level design and policy supply, accelerating the full opening of publicly funded research results, building a global open science platform, constructing an open science governance system, and creating a cultural environment oriented by open science values.

**Keywords**: Open Science; Practice Roadmap; Scientific Governance System; International Sci&Tech Innovation Center; Beijing

# Ⅱ   Exponential Report

### B.2   Beijing Open Science Development Index Report

*Li Mei, Yang Ping, Zhang Min and Zhang Shiyun* / 048

**Abstract**: Cities are the spatial carriers of open science development, shouldering the historical mission of promoting scientific development, carrying innovative activities, and demonstrating innovation-driven development. In recent years, closely focusing on the construction of an international science and technology innovation center, Beijing has actively promoted the practice of open science, given full play to the basic role of open science, stimulated innovation vitality, and supported and driven high-quality development in the region. This report explores the development of open science from the city level, focuses on the construction of Beijing International Science and Technology Innovation Center, emphasizes the internal connection and mutual integration and promotion between open science and regional innovation, and constructs the development index system of open science in Beijing from multiple dimensions such as the foundation, practice vitality, environmental support, and global influence of open science. Based on this, the development level of open science in Beijing from 2018 to 2022 is calculated and analyzed. At the same time, this paper compares Beijing with some domestic provinces and cities and international cities, and the results show that: (1) From 2018 to 2022, open science development in Beijing presents an overall upward trend, showing the trends of continuously consolidated foundation, strengthened practice vitality, optimized supporting environment, and increased global influence; (2) the comparison among six provinces and cities in China reveals that Beijing has prominent overall advantages in open science development, and the development in "Guangzhou, Zhejiang and Jiangsu Provinces and Shanghai" has accelerated especially in terms of talent reserve. At the same time, the open source innovation field in Guangzhou and Zhejiang provinces shows vigorous vitality; (3) The comparison with some global science and technology innovation cities reveals that Beijing has excellent performance in terms of scientific research scale and strength, practice performance, and global influence, with gradually prominent scale effect, but there is still great room for improvement in relative indicators such as the proportion of open access papers in the total number and the proportion of literatures with data in the total number, and indicators like publication normalization and citation influence. Based on this, countermeasures and suggestions are put forward for Beijing from the put forward proposals on transforming its scale advantage into a development advantage, promoting open scientific practice in an all-round way, and enhancing the global impact, and integrating into the global open science system.

**Keywords:** Open Science; Open Innovation; Environmental Support; Practice Vitality; Beijing

# Ⅲ  Special Topic Reports

**B**.3  Development Status and Trends of Open Access in

Publicly Funded Institutions　　　　　*Cui Haiyuan* / 097

**Abstract**：Open access of publicly funded institutions is essential to promote the development of open science andtechnology innovation. This paper introduces the origin, concept, background, and development status of open access movement, investigates open access policies and services of publicly funded institutions, summarizes international development experience, analyzes the development trend in the future, and provides reference for the formulation, implementation, and development of open access policies in Beijing. Through analyzing the current situation of open access in publicly funded institutions in Beijing and comparing it with relevant international progress, this paper studies and puts forward suggestionsfor open accessdevelopment in publicly funded institutions in Beijing. It is suggested that Beijing can accelerate the process of open science by giving priority to open access to the results and scientific data of publicly funded research projects through formulating an open access policy. Beijing also needs to improve the services for project results release, build open science infrastructure, a scientific data center, and open academic service platforms, and focus on enhancingservice capabilities of open science.

**Keywords**：Open Science；Open Access；Publicly Funded Institutions；Beijing

**B**.4  The Status and Suggestions on Scientific Data in Beijing

*Hu Lianglin* / 116

**Abstract**：Scientific data has been recognized as the most important fundamental strategic resource and one of the core elements of open science, and the construction of scientific data centers and the open sharing of scientific data have achieved significant progress home and abroad. However, Beijing has been found that its influence is inconsistent with the actual situation. This article attempts to explore the reasons and gives out some suggestions, which include strengthening the top-level planning, releasing the policy, setting special funds, building Scientific Data Centers network and activating the economic value of scientific data.

**Keywords**: Scientific Data; Scientific Data Center; Open Science; Beijing

**B**.5 Current Situation and Countermeasures of the Development of Open Science Infrastructure in Beijing *Dong Cheng* / 133

**Abstract**: Open science infrastructure serves as the materialfoundationfor the implementation of the open science concept. It is playing a special important role in the current situation of profoundtransformation of scientific research paradigms and the severe situation of China's technology being suppressed by the United States. This paper is divided into three logical parts: connotation and classification of open science infrastructure, the current situation and existing problems of the construction in Beijing, and development suggestions. Based on*UNESCO Recommendation on Open Science*and the actual situation of Beijing, this study summarizes the four characteristics of open science infrastructure: development inheritance, public welfare, resource diversity, and open governance, and makes classification and analysis from the dimensions of development stage and support resource types, and then proposes the concept of Open Science Native Infrastructure. This paper systematically expounds the achievements of the construction of open science infrastructure in Beijingfrom three aspects: the establishment of state-level scientific researchinfrastructure in Beijing, the opening and sharing ofmunicipal scientific and technological resources, and the establishment of open science platforms by institutions, and points out theproblems in personnel, business logic, resource quality, service for small and medium-sized enterprises, and international cooperation. Finally, some suggestions are put forward for the construction of open science infrastructure in Beijing, such as restructuring and key construction, strengthening the construction of high quality and important science and technology resources, international cooperation, and strengthening the cultivation of data professionals.

**Keywords:** Open Science; Infrastructure; Science &Technology Resources Sharing; Science Data; Science Instruments

## B.6 Current Situation and Development Strategy of the Integration of Open Science and Open Innovation in Beijing

*Huang Jinxia, Wang Yuanxin and Peng Yuanyuan / 150*

**Abstract:** With the global consensus on open science, the ecological governanceof open innovation has become a strategic goal, and the integration of open innovation in the field of science and technology has become an important way to promote the development of science and technology innovation in many countries or regions. The integrated development of open science and open innovation will make it possible to establish an integrated innovation chain from scientific exploration to technological innovation. Beijinghas promoted high-quality development of open innovation by promoting the development of open science elements such as openscience and technology infrastructure construction, international science and technology cooperation, and science and technology evaluation. Beijing has shown strong momentum in the integrated development of open science and innovation. Relevant policies and measures in Beijingstill need to be implemented in detail in terms of the aspects such as the inclusiveness of key innovation entities, the scale of technological resource openness, the planning of innovation infrastructure, and the social benefits of scientific and technological achievements. Beijing needs tostrengthen the top-level design of the open innovation ecology, broaden the ways of exchange and cooperation among multipleentities, accelerate the global flow of scientific and technological innovation elements, and strive to enhance theopen innovation culture.

**Keywords:** Open Science; Open Innovation Ecology; Integration of Open Innovation; Beijing

**B**.7  Current Situation and Countermeasuresof Digital Research

Development in Beijing under the Background of Open

Science                                                                          *Yang Jing* / 166

**Abstract:** With the wide application and penetration of digital technology in the field of scientific research, infrastructure such as high-performance computing, high-speed research networks, and mass data storageevolves rapidly, leading to the rise and rapid developmentof digital scientific research. Currently, data-intensive and computation-intensive research, as well as open science, are becoming new trends in the development of digital research. Digital research and open science promote and influence each other in terms of concepts, basic conditions, methods, and other aspects, providing an important way forinformation integration and researchacross time and space, disciplines, and departments, and promoting the comprehensive upgrading of research management, research environment, and research activities. By reviewing the development history and cutting-edge progress of digital research in major countries around the world, this papersummarizes the trend of collaborative development between digital research and open science in the world. It also reviews and summarizes the current situation and characteristics of digital research in China, the advantages, current situation, and problems of digital research development in Beijing, putting forward countermeasures and suggestions for Beijing to develop digital scientific research to assist open science in the new era from five aspects: overall planning, research facilities, talent cultivation, international cooperation, and security.

**Keywords**: Open Science; Digital Research; Digital Technology; Research Paradigm; Beijing

**B**. 8  Research Organization Modelin Beijing in the Context of Open Science

*Sun Yanyan*, *Zhang Hong* / 186

**Abstract**: Open science has promoted the innovation of global research organization model, and data-intensive research organization model, network organization model, and citizen science organization model have become new development trends, attracting widespread attention from governments, academia, industry, and the public. Beijing is a high ground for open science, relying on the National Science Data Center and the Capital Sci&Tec Platform to carry out open science practice, and exploring to form new research organization models such as data-intensive research organization model, small core and large network model, and open source community model. Among them, the data-intensive research organization model includes new research organization models based on open sharing of massive scientific data and intelligent analysis tools, the informatization management model of scientific research results based on institutional repositories of research institutions, and the innovative application model of scientific data based on innovation competitions. However, compared with the experience of developed countries, there are still some problems in Beijing to be solved, such as the urgent need to strengthen open science and innovation community, the lack of influential open science platforms, open source community operation, and international development. Multi-subject collaborative governance mechanisms, such as central-local collaboration, industry-university-research collaboration, cross-field integrated development, and public participation, should be adopted to solve those problems. Moreover, Beijing should also give full play to the radiating and driving role of the Beijing International Science and Technology Innovation

Center, and continuously improve the organizational model of scientific research from the aspects of building open science and innovation community, constructing global open science exchange platform, expanding and strengthening open source communities, and popularizing citizen science , so as to become a major science center and innovation high ground in the world.

**Keywords**: Open Science; Research Organization Model; Data Intensive Research; Citizen Science

**B**.9　Current Situation and Countermeasures of International Science and Technology Cooperation and Exchange in Beijing in the Context of Open Science

*Zhang Hong, Sun Yanyan* / 202

**Abstract**: Open science and international scientific and technological cooperation and exchange are naturally correlated and strongly interacted. With global common issues becoming increasingly prominent and open science becoming a development trend, countries around the worldare paying more attention to international scientific and technological cooperation and exchanges, committed to promoting international research cooperation represented by big science programs, gradually expanding the scope of open sharing of scientific data and research facilities, and creating a better policy environment for the flow of talent and other elements. In the process of building an international science and technology innovation center, Beijing has actively complied with the requirements of open science development, deeply promoted international science and technology cooperation and exchanges, and actively practiced and achieved certain results in international scientific research cooperation, open sharing of scientific data and facilities, platform construction, talent exchange, and open environment, but it also faces certain challenges and problems. In the future, international science and technology cooperation and exchanges need to be promoted fromtop-level planning, special support, strengthening sharing, and improving supporting facilities, so as to better adapt to the development trend of open science.

**Keywords:** Open Science; International Scientific and Technological Cooperation and Communication; Scientific Data; Major Facilities; Talent Exchange; Beijing

# Ⅳ International Report

**B**.10 International Open Science Policy and Promotion Initiatives

*ZhangMin, Yang Yuhan, Jia Ping, Peng Hao and Xiao Wen* / 218

**Abstract:** This papersystematically reviews the policy trends and promotion measures of open science from two dimensions: international organizations and developed countries. The four major international organizations, the Organization for Economic Cooperation and Development (OECD), the European Union (EU), the United Nations Educational, Scientific and Cultural Organization (UNESCO), and the International Council for Science (ISC), are pioneers in promoting the development of open science. They have formulated relevant proposals and standard documents, and advocated to establish a global open science partnership, releaserelevant research results and guidelines, emphasize open data sharing, promote the construction of openscience infrastructure, and build a global open sharing platform. Germany, the Netherlands, the United States, and Japanhave successively introducedtheir own laws, strategies, policies, and guidance frameworks related to open science, and laid out relevant projects. Scientific research institutions have actively responded to introduce their own open access policies, data management policies and guidelines, and established relevant projects to promote open science. From the perspective of the institutional mechanismguaranteeing open science, the government and public institutions should provide policy system support, legal guarantee, and financial support, and establish a multi-institutional coordination system to create a good atmosphere for open science. Scientific research institutions, universities and social organizations should establish relevant alliances or associations to jointly promote the development of open science. The government should provide funding and infrastructure support for open scientific development. The leading forces supporting open science in different countries are quite different. In Japan, it is dominated by the government and scientific research institutions, while relevant associations and alliancesdominate in the Netherlands. In Germany, scientific research institutions such as the Max Planck Society play a dominant role while in the United States, business organizations and public-private partnerships also play an important role in open science and are actively promoted by the government.

**Keywords:** Open Science; Open Access; Open Data; Open Infrastructure; Citizen Science

# V  Case Report

**B**.11  Report on Typical Cases of Open Science Practice in Beijing

*Research Group* / 266

**Abstract:** This report focuses on the field of open science practice, selecting 14 representative cases from the Beijing region to analyze their practice. At the government level, the country relies onresearch institutions in Beijing to deploy new national informatization infrastructure, and local governments actively build platforms for scientific and technological conditions and publicly funded results management and release, to serve regional innovation and lead and support open scientific development. At the organizational level, multiple entitiespool resources, create open science alliances, consortia and foundations, build project incubation platforms, build cross-border collaboration networks, and spread open concepts and culture. At the institutional level, with universities and research institutes as the main body, many institutional repositories and platforms for open access and knowledge service have been established, promoting the open access, application and service of scientific resources, and greatly improvingresearch efficiency. In addition, open sourcecommunities with domestic and international influence have been built, making important contributions to the open source ecosystem in China and even globally. The practice of open science in disciplines such as high-energy physics and earth sciences is particularly eye-catching. Driven by scientific data centers, global open cooperationhas been promoted and major scientific breakthroughs have been achieved.

**Keywords**: Open Science; Scientific Data; Open Access; Infrastructure; Open Source Innovation

社会科学文献出版社

# 皮 书

## 智库成果出版与传播平台

### ❖ 皮书定义 ❖

皮书是对中国与世界发展状况和热点问题进行年度监测，以专业的角度、专家的视野和实证研究方法，针对某一领域或区域现状与发展态势展开分析和预测，具备前沿性、原创性、实证性、连续性、时效性等特点的公开出版物，由一系列权威研究报告组成。

### ❖ 皮书作者 ❖

皮书系列报告作者以国内外一流研究机构、知名高校等重点智库的研究人员为主，多为相关领域一流专家学者，他们的观点代表了当下学界对中国与世界的现实和未来最高水平的解读与分析。

### ❖ 皮书荣誉 ❖

皮书作为中国社会科学院基础理论研究与应用对策研究融合发展的代表性成果，不仅是哲学社会科学工作者服务中国特色社会主义现代化建设的重要成果，更是助力中国特色新型智库建设、构建中国特色哲学社会科学"三大体系"的重要平台。皮书系列先后被列入"十二五""十三五"" 十四五"时期国家重点出版物出版专项规划项目；自2013年起，重点皮书被列入中国社会科学院国家哲学社会科学创新工程项目。

# 皮书网

（网址：www.pishu.cn）

发布皮书研创资讯，传播皮书精彩内容
引领皮书出版潮流，打造皮书服务平台

## 栏目设置

◆ **关于皮书**

何谓皮书、皮书分类、皮书大事记、
皮书荣誉、皮书出版第一人、皮书编辑部

◆ **最新资讯**

通知公告、新闻动态、媒体聚焦、
网站专题、视频直播、下载专区

◆ **皮书研创**

皮书规范、皮书出版、
皮书研究、研创团队

◆ **皮书评奖评价**

指标体系、皮书评价、皮书评奖

## 所获荣誉

◆ 2008 年、2011 年、2014 年，皮书网均
在全国新闻出版业网站荣誉评选中获得
"最具商业价值网站"称号；

◆ 2012 年，获得"出版业网站百强"称号。

## 网库合一

2014年，皮书网与皮书数据库端口合
一，实现资源共享，搭建智库成果融合创
新平台。

皮书网

"皮书说"
微信公众号

# 权威报告·连续出版·独家资源

# 皮书数据库
## ANNUAL REPORT(YEARBOOK)
## DATABASE

## 分析解读当下中国发展变迁的高端智库平台

### 所获荣誉

- 2022年，入选技术赋能"新闻+"推荐案例
- 2020年，入选全国新闻出版深度融合发展创新案例
- 2019年，入选国家新闻出版署数字出版精品遴选推荐计划
- 2016年，入选"十三五"国家重点电子出版物出版规划骨干工程
- 2013年，荣获"中国出版政府奖·网络出版物奖"提名奖

皮书数据库　　"社科数托邦"
　　　　　　　　微信公众号

### 成为用户

登录网址www.pishu.com.cn访问皮书数据库网站或下载皮书数据库APP，通过手机号码验证或邮箱验证即可成为皮书数据库用户。

### 用户福利

- 已注册用户购书后可免费获赠100元皮书数据库充值卡。刮开充值卡涂层获取充值密码，登录并进入"会员中心"—"在线充值"—"充值卡充值"，充值成功即可购买和查看数据库内容。
- 用户福利最终解释权归社会科学文献出版社所有。

数据库服务热线：010-59367265
数据库服务QQ：2475522410
数据库服务邮箱：database@ssap.cn
图书销售热线：010-59367070/7028
图书服务QQ：1265056568
图书服务邮箱：duzhe@ssap.cn

社会科学文献出版社　皮书系列
SOCIAL SCIENCES ACADEMIC PRESS (CHINA)
卡号：242625912659
密码：

# 法律声明

"皮书系列"（含蓝皮书、绿皮书、黄皮书）之品牌由社会科学文献出版社最早使用并持续至今，现已被中国图书行业所熟知。"皮书系列"的相关商标已在国家商标管理部门商标局注册，包括但不限于LOGO（▧）、皮书、Pishu、经济蓝皮书、社会蓝皮书等。"皮书系列"图书的注册商标专用权及封面设计、版式设计的著作权均为社会科学文献出版社所有。未经社会科学文献出版社书面授权许可，任何使用与"皮书系列"图书注册商标、封面设计、版式设计相同或者近似的文字、图形或其组合的行为均系侵权行为。

经作者授权，本书的专有出版权及信息网络传播权等为社会科学文献出版社享有。未经社会科学文献出版社书面授权许可，任何就本书内容的复制、发行或以数字形式进行网络传播的行为均系侵权行为。

社会科学文献出版社将通过法律途径追究上述侵权行为的法律责任，维护自身合法权益。

欢迎社会各界人士对侵犯社会科学文献出版社上述权利的侵权行为进行举报。电话：010-59367121，电子邮箱：fawubu@ssap.cn。

社会科学文献出版社

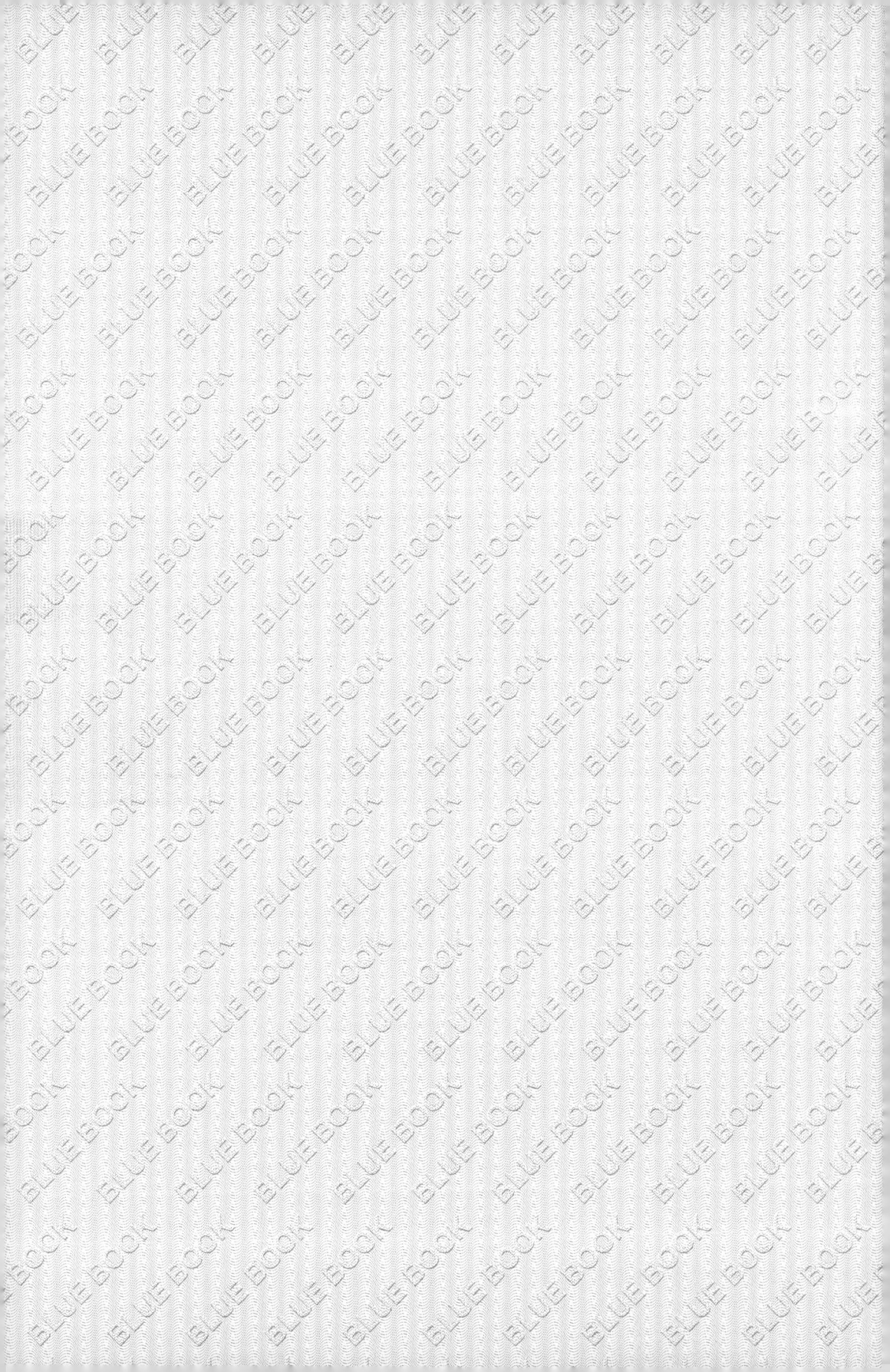